“十二五”普通高等教育本科国家级规划教材

# 移动通信实验与实训

## （第二版）

章坚武　姚英彪　骆懿　编著

西安电子科技大学出版社

## 内 容 简 介

本书是章坚武编著的"十二五"国家级规划教材《移动通信》的配套实验与实训教材。全书主要由五大部分组成:第一部分为基础知识，第二部分为仿真实验，第三部分为3G信号实时捕获及分析实验，第四部分为硬件测试实验，第五部分为手机编程实验。附录给出了仿真实验的MATLAB源码及实验中所使用的大型仪器使用说明。

本书可作为高等院校通信及电子信息专业学生的实验指导教材，也可供从事移动通信以及相关专业的工程技术人员参考。

**图书在版编目(CIP)数据**

**移动通信实验与实训**/章坚武，姚英彪，骆懿编著. —2版. —西安：西安电子科技大学出版社，2017.7

"十二五"普通高等教育本科国家级规划教材

ISBN 978-7-5606-4518-6

Ⅰ. ① 移…　Ⅱ. ① 章… ②姚… ③骆…　Ⅲ. ① 移动通信-实验-高等学校-教材

Ⅳ. ① TN929.5

**中国版本图书馆CIP数据核字(2017)第139513号**

策划编辑　马乐惠

责任编辑　武翠琴　马乐惠

出版发行　西安电子科技大学出版社(西安市太白南路2号)

电　　话　(029)88242885　88201467　　邮　　编　710071

网　　址　www.xduph.com　　电子邮箱　xdupfxb001@163.com

经　　销　新华书店

印刷单位　陕西天意印务有限责任公司

版　　次　2017年7月第2版　2017年7月第2次印刷

开　　本　787毫米×1092毫米　1/16　印张 13.5

字　　数　319千字

印　　数　3 001～6 000册

定　　价　26.00元

ISBN 978-7-5606-4518-6/TN

**XDUP 4810002-2**

# 前　　言

本书是章坚武编著的“十二五”国家级规划教材《移动通信》的配套实验与实训教材。同时，本书是根据大部分普通高校实验室现状及目前市场上移动通信实验设备现状，从培养学生工程创新能力出发编写而成的。

全书主要由五大部分组成：

第一部分为基础知识，对 MATLAB 软件、通信仿真的概念及步骤等进行概略介绍。

第二部分为仿真实验，通过 MATLAB 仿真实验，可以使学生更好地掌握数字调制及解调原理、扩频原理、同步原理、Rake 接收机原理及数字通信系统的误码率分析等内容。

第三部分为 3G 信号实时捕获及分析实验，因为要用到一些大型仪器，所以这部分内容为演示实验。通过演示，可以让学生对 CDMA2000、WCDMA 及 TD－SCDMA 等实际信号和工作原理有一个全面的了解。

第四部分为硬件测试实验，分为两个方面：一方面是移动通信网络实验，可以让学生全面了解 GSM、CDMA 系统的业务工作流程；另一方面是信号放大测试实验，在相应的测试设备支持下，可以完成对直放站、基站放大器、塔顶放大器等的测试工作。

第五部分为手机编程实验，主要包括基于 Android、iPhone 和 Windows Phone 7 的手机编程实验。

附录给出了仿真实验的 MATLAB 源码及实验中所使用的大型仪器使用说明。

在自制了部分硬件设备的基础上，以上仿真与实验均已通过实际检测。我们将为使用本教材的教师提供实验指导书，一些示教实验我们将通过“移动通信”浙江省精品课程网站予以支持。

本书由章坚武教授、姚英彪教授、骆懿高级实验师编写，章坚武统稿。研究生李国强、张磊、崔璐璐、陈权、沈磊、章谦骅、沈炜、杨佳佳、严爱博、黄佳森等先后参与了本书实验项目测试、硬件设备制作及部分编写工作，在此一并表示感谢！

由于编著者水平有限，书中难免有不妥之处，敬请读者批评指正。

作者邮箱地址：zhangjianwu2001@163. com。

编著者

2017 年 3 月

# 目　　录

## 第一部分　基 础 知 识



## 第二部分　仿 真 实 验



## 第三部分　3G 信号实时捕获及分析实验



## 第四部分　硬件测试实验

## 第五部分　手机编程实验



## 附　　录

# 第一部分　基础知识

# 第一章　绪　　论

## 第一节　MATLAB 简介

### 一、MATLAB 介绍

MATLAB 的名字是由 MATrix 和 LABoratory 两个词的前三个字母组合而成的。它是 MathWorks 公司于 1982 年推出的一套高性能的数值计算和可视化数学软件，被誉为“巨人肩上的工具”。由于使用 MATLAB 进行编程运算与人进行科学计算的思路和表达方式完全一致，因此不像学习其他高级语言(如 Basic、Fortran 和 C 等)那样难于掌握，用 MATLAB 编写程序犹如在演算纸上排列出公式与求解问题，所以又被称为演算纸式科学算法语言。MATLAB 包含一般数值分析、矩阵运算、数字信号处理、建模和系统控制与优化等应用程序，并集应用程序和图形于一个便于使用的集成环境中。在这个环境下，用户对所要求解的问题，只需简单地列出数学表达式，其结果便会以数值或图形方式显示出来。

MATLAB 的含义是矩阵实验室，主要用于方便矩阵的存取，其基本元素是无需定义维数的矩阵。MATLAB 自问世以来就以数值计算称雄。MATLAB 进行数值计算的基本单位是复数数组(或称阵列)，这使得 MATLAB 高度“向量化”。经过多年的完善和扩充，MATLAB 现已发展成为线性代数课程的标准工具。由于它不需定义数组的维数，并给出了矩阵函数、特殊矩阵等专门的库函数，使之在求解诸如信号处理、建模、系统识别、控制、优化等领域的问题时，显得大为简捷、高效、方便，这是其他高级语言所不能比拟的。美国许多大学的实验室都安装有 MATLAB，供学习和研究之用。目前，MATLAB 已成为攻读学位的大学生、硕士生、博士生必须掌握的基本工具之一。

MATLAB 中包括了被称作工具箱(TOOLBOX)的各类应用问题的求解工具。工具箱实际上是对 MATLAB 进行扩展应用的一系列 MATLAB 函数(称为 M 文件)，它可用来求解各类学科的问题，包括信号处理、图像处理、控制系统辨识、神经网络等。随着 MATLAB 版本的不断升级，其所含的工具箱的功能也越来越丰富，因此，应用范围也越来越广泛，成为涉及数值分析的各类工程师最常用的工具。

MATLAB 7.0.1 中包括了图形界面编辑 GUI，改变了以前单一的“在指令窗通过文本形的指令进行各种操作”的状况，让用户也可以像使用 VB、VC、VJ 和 Delphi 等那样进行一般的可视化的程序编辑。在命令窗口键入 SIMULINK，就会出现 SIMULINK 窗口。以往十分困难的系统仿真问题，用 SIMULINK 只需拖动鼠标即可轻而易举地解决，这也是近来 MATLAB 受到重视的原因所在。

### 二、MATLAB 集成开发环境

运行 MATLAB 的可执行文件，将自动创建 MATLAB 指令窗(Command Window)，如

图 0-1 所示。

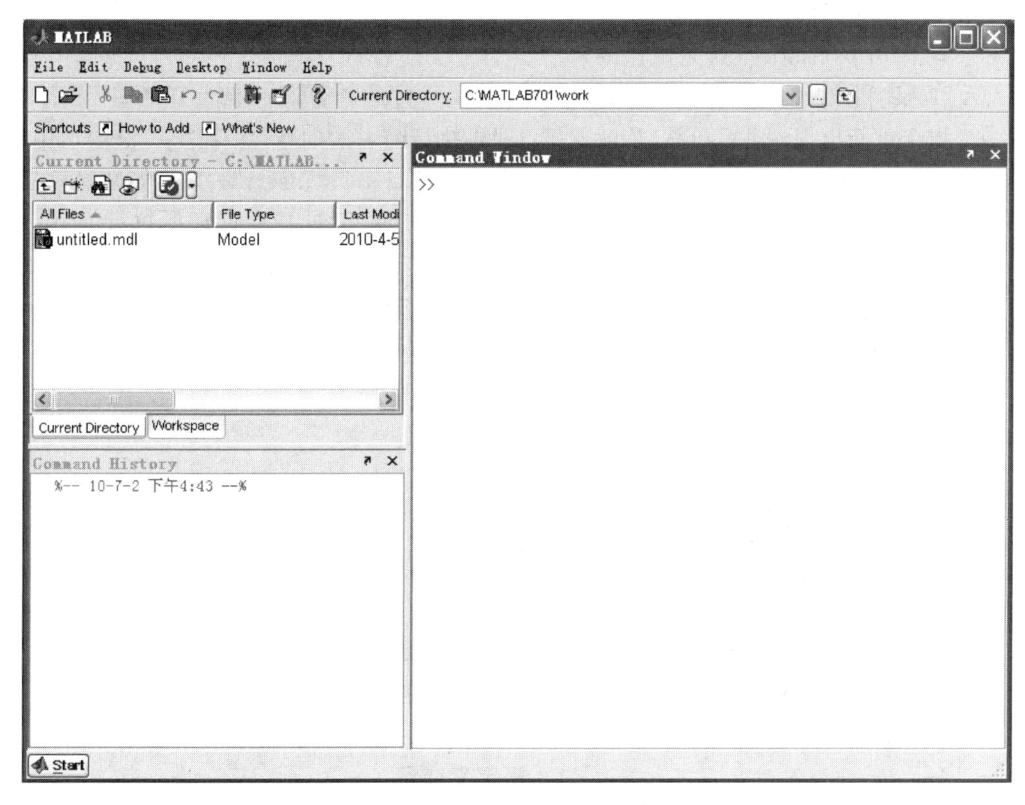


图 0-1 MATLAB 指令窗

在 MATLAB 指令窗中有 File、Edit、Debug、Desktop、Window、Help 等六个主要功能菜单，每个功能菜单下又各有下一层功能菜单。如果你是个初学者，可以在指令窗键入 demo，你将获得一个学习的好帮手。一旦发现指令不知如何使用时，help 命令将告诉你使用的方法。例如：

```
help sin
SIN    Sine.
SIN(X) is the sine of the elements of X.
Overloaded methods
help sym/sin.m
```

在 MATLAB 下进行基本数学运算，只需在提示号“>>”之后直接输入运算式并按“Enter”键即可。例如：

```
(10 * 19+2/4-34)/2 * 3
ans
= 234.7500
```

MATLAB 会将运算结果直接存入一变数 ans 中，代表 MATLAB 运算后的答案，并在屏幕上显示其数值。如果在上述的运算式结尾加上“;”，则计算结果不会显示在指令视窗上，要得知计算值只需键入该变数值即可。

MATLAB 可以将计算结果以不同精确度的数字格式显示，我们可以直接在指令视窗键入各个数字显示格式的指令，例如：

>>format short（这是默认的）

MATLAB 利用“↑”“↓”两个游标键可以将所执行过的指令调回来重复使用。按下“↑”则前一次指令重新出现，之后再按“Enter”键，即再执行前一次的指令。而“↓”键的功用则是往后执行指令。其他在键盘上的几个键，如“→”“←”“Delete”“Insert”，其功能则显而易见，试用即知，无需多加说明。当要暂时执行作业系统(例如 DOS)的指令而还要执行 MATLAB 时，可以利用“!”加上原作业系统的指令，例如“! dir”“! format a:”。

“Ctrl+C”(即同时按“Ctrl”及“C”两个键)可以用来中止执行中的 MATLAB 工作。有三种方法可以结束 MATLAB：① 按 exit 键；② 按 quit 键；③ 直接关闭 MATLAB 的指令视窗。

## 三、MATLAB 基本操作

### 1. 变量及其命名规则与赋值语句

MATLAB 中的变量及其命名规则如下：

(1) 变量名的大小写是敏感的。

(2) 变量名的第一个字符必须为英文字母，而且变量名不能超过 31 个字符。

(3) 变量名可以包含下连字符、数字，但不能为空格符、标点。

MATLAB 中常用的预定义变量如表 0-1 所示。

**表 0-1 预定义变量**

| 名 称 | 含 义 |
|---|---|
| ans | 预设的计算结果的变量名 |
| eps | MATLAB 定义的正的极小值=2.2204$e^{-16}$ |
| pi | 内建的 $\pi$ 值 |
| inf | $\infty$值，无限大 ($\frac{1}{0}$) |
| NaN | 无法定义一个数目 ($\frac{0}{0}$) |
| i 或 j | 虚数单位 $i=j=\sqrt{-1}$ |
| nargin | 函数输入参数个数 |
| nargout | 函数输出参数个数 |
| realmax | 最大的正实数 |
| realmin | 最小的正实数 |
| flops | 浮点运算次数 |

在提示号“>>”之后键入 clear，则去除所有定义过的变量名称。

MATLAB 书写表达式的规则与手写算式差不多，如果一个指令过长可以在结尾加上“...”(代表此行指令与下一行连续)。例如：

```
3 * ...
6
ans =
18
```

**2. 常用数学函数**

MATLAB 常用数学函数如表 0-2～表 0-7 所示。

**表 0-2　三角函数和双曲函数**

| 名　称 | 含　义 | 名　称 | 含　义 |
| --- | --- | --- | --- |
| sin | 正弦 | cosh | 双曲余弦 |
| cos | 余弦 | tanh | 双曲正切 |
| tan | 正切 | coth | 双曲余切 |
| cot | 余切 | asinh | 反双曲正弦 |
| asin | 反正弦 | acosh | 反双曲余弦 |
| acos | 反余弦 | atanh | 反双曲正切 |
| atan | 反正切 | acoth | 反双曲余切 |
| acot | 反余切 | sech | 双曲正割 |
| sec | 正割 | csch | 双曲余割 |
| csc | 余割 | asech | 反双曲正割 |
| asec | 反正割 | acsch | 反双曲余割 |
| acsc | 反余割 | atan2 | 四象限反正切 |
| sinh | 双曲正弦 | | |

**表 0-3　指 数 函 数**

| 名　称 | 含　义 | 名　称 | 含　义 |
| --- | --- | --- | --- |
| exp | e 为底的指数 | log2 | 2 为底的对数 |
| log | 自然对数 | pow2 | 2 的幂 |
| log10 | 10 为底的对数 | sqrt | 平方根 |

**表 0-4　复 数 函 数**

| 名　称 | 含　义 | 名　称 | 含　义 |
| --- | --- | --- | --- |
| abs | 绝对值 | imag | 复数虚部 |
| angle | 相角 | real | 复数实部 |
| conj | 复数共轭 | | |

**表 0－5　圆整函数和求余函数**

| 名称 | 含　义 | 名称 | 含　义 |
|---|---|---|---|
| ceil | 向＋∞圆整 | rem | 求余数 |
| fix | 向 0 圆整 | round | 向靠近整数圆整 |
| floor | 向－∞圆整 | sign | 符号函数 |
| mod | 模除求余 | | |

**表 0－6　矩阵变换函数**

| 名　称 | 含　义 |
|---|---|
| fiplr | 矩阵左右翻转 |
| fipud | 矩阵上下翻转 |
| fipdim | 矩阵特定维翻转 |
| rot90 | 矩阵反时针 90°翻转 |
| diag | 产生或提取对角阵 |
| tril | 产生下三角 |
| triu | 产生上三角 |

**表 0－7　其 他 函 数**

| 名　称 | 含　义 |
|---|---|
| min | 最小值 |
| max | 最大值 |
| mean | 平均值 |
| median | 中位数 |
| std | 标准差 |
| diff | 相邻元素的差 |
| sort | 排序 |
| length | 个数 |
| norm | 欧氏(Euclidean)长度 |
| sum | 总和 |
| prod | 总乘积 |
| dot | 内积 |
| cumsum | 累计元素总和 |
| cumprod | 累计元素总乘积 |
| cross | 外积 |

### 3. 常用系统命令

MATLAB 常用系统命令如表 0－8 所示。

**表 0－8 系统命令**

| 命 令 | 含 义 | 命 令 | 含 义 |
|---|---|---|---|
| help | 在线帮助 | what | 显示指定的 MATLAB 文件 |
| helpwin | 在线帮助窗口 | lookfor | 在 Help 里搜索关键字 |
| helpdesk | 在线帮助工作台 | which | 定位函数或文件 |
| demo | 运行演示程序 | path | 获取或设置搜索路径 |
| ver | 版本信息 | echo | 命令回显 |
| readme | 显示 Readme 文件 | cd | 改变当前的工作目录 |
| who | 显示当前变量 | pwd | 显示当前的工作目录 |
| whos | 显示当前变量的详细信息 | dir | 显示目录内容 |
| clear | 清空工作空间的变量和函数 | unix | 执行 UNIX 命令 |
| pack | 整理工作空间的内存 | dos | 执行 DOS 命令 |
| load | 把文件调入变量到工作空间 | ! | 执行操作系统命令 |
| save | 把变量存入文件中 | computer | 显示计算机类型 |
| quit/exit | 退出 MATLAB | | |

### 4. 关系与逻辑运算

在执行关系与逻辑运算时，MATLAB 将输入的不为零的数值都视为真（True）而将输入的为零的数值则视为否（False）。运算的输出值将判断为真者以 1 表示，而判断为否者以 0 表示。各个运算元须用于两个大小相同的阵列或是矩阵中的比较。

MATLAB 中的关系运算指令如表 0－9 所示，逻辑运算指令如表 0－10 所示，逻辑关系函数如表 0－11 所示。

**表 0－9 关系运算**

| 指 令 | 含 义 |
|---|---|
| < | 小于 |
| <= | 小于等于 |
| > | 大于 |
| >= | 大于等于 |
| == | 等于 |
| ~= | 不等于 |

**表 0-10 逻辑运算**

| 指 令 | 含 义 |
|---|---|
| & | 逻辑 and |
| \| | 逻辑 or |
| ~ | 逻辑 not |

**表 0-11 逻辑关系函数**

| 指 令 | 含 义 |
|---|---|
| xor | 不相同取 1，否则取 0 |
| any | 只要有非 0 就取 1，否则取 0 |
| all | 全为 1 取 1，否则为 0 |
| isnan | 为数 nan 取 1，否则为 0 |
| isinf | 为数 inf 取 1，否则为 0 |
| isfinite | 有限大小元素取 1，否则为 0 |
| ischar | 是字符串取 1，否则为 0 |
| isequal | 相等取 1，否则取 0 |
| ismember | 两个矩阵是属于关系取 1，否则取 0 |
| isempty | 矩阵为空取 1，否则取 0 |
| isletter | 是字母取 1，否则取 0(可以是字符串) |
| isstudent | 学生版取 1 |
| isprime | 质数取 1，否则取 0 |
| isreal | 实数取 1，否则取 0 |
| isspace | 空格位置取 1，否则取 0 |

## 四、MATLAB 矩阵运算

MATLAB 的运算事实上是以阵列（Array）及矩阵(Matrix）方式在做运算，而这二者的基本运算性质不同，阵列强调元素对元素的运算，而矩阵则采用线性代数的运算方式。

当宣告一变数为阵列或是矩阵时，如果要个别键入元素，须用中括号“[ ]”将元素置于其中。阵列由一维元素构成，而矩阵由多维元素构成。在 MATLAB 的内部资料结构中，每一个矩阵都是一个以行为主(Column-oriented)的阵列，因此对于矩阵元素的存取，我们可用一维或二维的索引(Index)来定址。

MATLAB 中经典的算术运算符如表 0-12 所示。

**表 0－12　经典的算术运算符**

| 运　算 | 运　算　符 | MATLAB 表达式 |
|---|---|---|
| 加 | + | a+b |
| 减 | － | a－b |
| 乘 | * | a * b |
| 除 | /或 \ | a/b 或 a\b |
| 幂 | ^ | a^b |

## 五、MATLAB 字符串及其处理

在 MATLAB 工作空间中，字符串是以向量形式来存储的，我们把用单引号所包含的内容来表示字符串。字符串内的单引号是由两个连续的单引号来表示的。MATLAB 中常用的字符串函数如表 0－13 所示。

**表 0－13　字符串函数**

| 指　令 | 含　　义 |
|---|---|
| abs | 字符串到 ASCII 转换 |
| dec2hex | 十进制数到十六进制字符串转换 |
| fprintf | 把格式化的文本写到文件中或显示屏上 |
| hex2dec | 十六进制字符串转换成十进制数 |
| hex2num | 十六进制字符串转换成 IEEE 浮点数 |
| int2str | 整数转换成字符串 |
| lower | 字符串转换成小写 |
| num2str | 数字转换成字符串 |
| setstr | ASCII 转换成字符串 |
| sprintf | 用格式控制，数字转换成字符串 |
| sscanf | 用格式控制，字符串转换成数字 |
| str2mat | 字符串转换成一个文本矩阵 |
| str2num | 字符串转换成数字 |
| upper | 字符串转换成大写 |
| eval(string) | 求字符串的值 |
| blanks(n) | 返回一个有 n 个零或空格的字符串 |
| deblank | 去掉字符串中后拖的空格 |
| feval | 求由字符串给定的函数值 |
| findstr | 从一个字符串内找出字符串 |
| isletter | 字母存在时返回真值 |
| isspace | 空格字符存在时返回真值 |
| isstr | 输入是一个字符串，返回真值 |
| lasterr | 返回上一个 MATLAB 所产生错误的字符串 |
| strcmp | 字符串相同，返回真值 |
| strrep | 用一个字符串替换另一个字符串 |
| strtok | 在一个字符串里找出第一个标记 |

## 六、MATLAB 控制语句

### 1. for 循环语句

for 循环允许一组命令以固定的和预定的次数重复。for 循环的一般形式是：

```
for 变数 = 矩阵
    运算式；
end
```

在 for 和 end 语句之间的运算式按数组中的每一列执行一次。在每一次迭代中，x 被指定为数组的下一列，即在第 n 次循环中，x=array(:，n)。

for 循环不能用 for 循环内重新赋值循环变量 n 来终止。在 for 循环内可接受任何有效的 MATLAB 数组。for 循环可按需要嵌套。为了得到最大的速度，在 for 循环(while 循环)被执行之前，应预先分配数组。

### 2. while 循环语句

while 循环以不定的次数求一组语句的值。while 循环的一般形式是：

```
while 条件式
    运算式；
end
```

只要在条件式里的所有元素为真，就执行 while 和 end 语句之间的运算式。通常，条件式的求值给出一个标量值，但数组值也同样有效。在数组情况下，所得到数组的所有元素必须都为真。就是说，只要条件式成立，运算式就会一直被执行。可以利用 break 命令跳出 while 循环。while 循环可按需要嵌套。

### 3. if-else-end 分支语句

最简单的 if-else-end 结构是：

```
if 条件式
  运算式；
end
```

如果在条件式中的所有元素都为真(非零)，那么就执行 if 和 end 语句之间的运算式。

如果有两个选择，则 if-else-end 结构是：

```
if 条件式
  运算式；
  else
      运算式；
end
```

在这里，如果条件式为真，则执行第一组运算式；如果条件式为假，则执行第二组运算式。

### 4. switch-case 语句

一般的 switch-case 语句格式为

```
switch num
    case n1
        command;
    case n2
        command;
    case n3
        command;
    ⋮
    otherwise
        command;
end
```

一旦 num 为其中的某个值或字符串时，就执行所对应的指令，没有对应的值或字符串时，则执行 otherwise 后的语句。

## 七、MATLAB 编程语言

MATLAB 程序大致分为两类，即 M 脚本文件（M-script）和 M 函数文件（M-funtion），它们均是普通的文本文件。M 脚本文件中包含一组由 MATLAB 语言编写的语句，它类似于 DOS 下的批处理文件。M 脚本文件的执行方式很简单，用户只需在 MATLAB 的提示符“>>”下键入该 M 文件的文件名，MATLAB 就会自动执行该 M 文件中的各条语句，并将结果直接返回到 MATLAB 的工作区。M 函数格式是 MATLAB 程序设计的主流，一般情况下，不建议使用 M 脚本文件编程。

MATLAB 的 M 函数是由 function 语句引导的，其基本格式如下：

```
function[返回变量列表] =函数名(输入变量列表)
[注释(由%引导)]
[检查输入变量和输出变量的格式]
[函数体语句]
```

在 M 函数中，输入变量和返回变量的个数分别由 nargin 和 nargout 两个变量确定，并且这两个变量是 MATLAB 自动生成的，只要进入该函数就可以使用。如果输入变量的数目大于 1，则应该用括号“()”将它们包围起来，中间用逗号来分割。注释语句段的每行语句都应该由百分号“%”引导，百分号后面的内容不执行，只起注释作用。用户使用 help 命令可以显示出注释语句段的内容。此外，正规的变量个数检查也是必要的。如果输入变量或返回变量格式不正确，则应该给出相应的提示。我们将通过下面的例子来演示函数编程的格式与方法。

假设要生成一个 $n \times m$ 阶 Hilbert 矩阵，其中第 $i$ 行第 $j$ 列的元素值等于 $1/(i+j-1)$。在这个 M 函数中如果只有一个输入信号，则生成一个方阵（即 $m=n$）。同时，这个 M 函数具有参数检测功能，它在发现输入参数和输出参数的个数有错时会给出错误信息。

```
function A=HilbertExample(n,m)
%HilbertExample———M-function Demonstration
%      A=HilbertExample(n,m) generates an n by m Hilbert matrix A.
%      A=HilbertExample(n) generates an n by n square Hilbert matrix.
%      HilbertExample(n,m) displays only the Hilbert matrix, but do not return
%      any matrix back to the calling function
%

%输出信号的个数大于1时报错
if nargout>1
    error('too many output arguments.');
end
%只有一个输入信号时产生方阵
if nargin==1
    m=n;
%否则，如果输入信号个数等于0或大于2时报错
elseif(nargin==0|nargin>2)
error('wrong number of input arguments.');
end
%产生一个n行m列的全零矩阵
B=zeros(n, m);
%计算每个矩阵元素的数值
for i=1:n
for j=1:m
        B(i, j)=1/(i+j-1);
    end
end
%当输出信号个数等于1时返回这个矩阵
if nargout==1
    A=B;
%否则，直接显示这个矩阵
elseif nargout==0
    disp(B);
end
```

保存这个M函数到文件HilbertExample.m中，然后把MATLAB的当前工作目录设置为这个M文件所在的目录(这点很重要，否则，MATLAB将提示找不到文件)，此时就可以运行这个M函数了。下面的程序段列出了针对这个M函数的各种操作及其结果。

```
>> help HilbertExample
HilbertExample———M-function Demonstration
    A=HilbertExample(n, m) generates an n by m Hilbert matrix A.
    A=HilbertExample(n) generates an n by n square Hilbert matrix.
    HilbertExample(n, m) displays only the Hilbert matrix, but do not return
```

```
    any matrix back to the calling function

>> HilbertExample
??? Error using ==> HilbertExample
wrong number of input arguments.

>> HilbertExample(3)
    1.0000    0.5000    0.3333
    0.5000    0.3333    0.2500
    0.3333    0.2500    0.2000

>> HilbertExample(3, 4)
    1.0000    0.5000    0.3333    0.2500
    0.5000    0.3333    0.2500    0.2000
    0.3333    0.2500    0.2000    0.1667

>> C=HilbertExample(3, 4)

C =

    1.0000    0.5000    0.3333    0.2500
    0.5000    0.3333    0.2500    0.2000
    0.3333    0.2500    0.2000    0.1667
```

## 第二节 通信仿真

仿真是衡量系统性能的工具，通过仿真模型的仿真结果可以推断原系统的性能，从而为新系统的建立或原系统的改进提供可靠的参考。通过仿真，可以降低新系统失败的可能性，消除系统中潜在的瓶颈，防止对系统中某些功能部件造成过量的负载，可以优化系统的整体性能，因此，仿真是科学研究和工程建设中不可缺少的方法。

实际的通信系统是一个功能结构相当复杂的系统，对这个系统做出的任何改变(如改变某个参数的设置、改变系统的结构等)都可能影响到整个系统的性能和稳定。因此，在对原有的通信系统做出改进或建立一个新系统之前，需要对这个系统进行建模和仿真，通过仿真结果衡量方案的可行性，从中选择最合理的系统配置和参数设置，然后再应用于实际系统中，这个过程就是通信仿真。

### 一、通信仿真的概念

通信仿真是衡量通信系统性能的工具。通信仿真可以分为离散事件仿真和连续仿真。在离散事件仿真中，仿真系统只对离散事件做出响应，而在连续仿真中，仿真系统要对输入信号产生连续的输出信号。离散事件仿真是对实际通信系统的一种简化，它的仿真建模比较简单，整个仿真过程需要花费的时间也比连续仿真少。虽然离散事件仿真舍弃了一些仿真细节，在有些场合显得不够具体，但仍然是通信仿真的主要形式。

与一般的仿真过程类似，在对通信系统实施仿真之前，首先需要研究通信系统的特性，通过归纳和抽象，建立通信系统的仿真模型。图0-2所示是关于通信系统仿真流程的一个示意图。从图中可以看到，通信系统仿真是一个循环往复的过程，它从当前系统出发，通过分析建立起一个能够在一定程度上描述原通信系统的仿真模型，然后通过仿真实验得到相关的数据，通过对仿真数据的分析得到相应的结论，最后把这个结论应用到对当前通信系统的改造中。如果改造后通信系统的性能并不像仿真结果那样令人满意，还需要重新实施通信系统仿真，这时候改造后的通信系统就成了当前系统，并且开始新一轮的通信系统仿真过程。

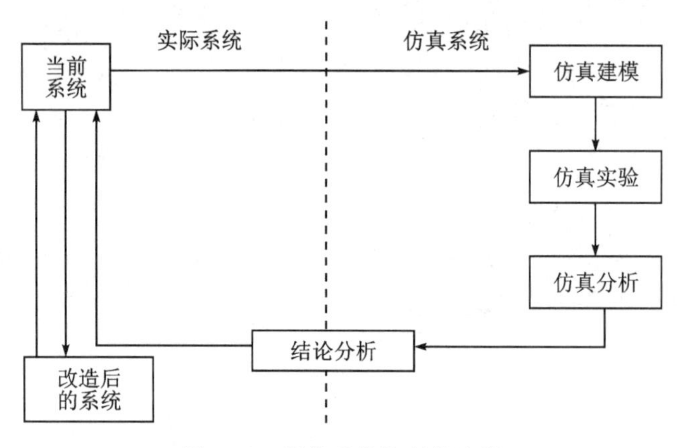


图0-2 通信系统仿真的流程

值得注意的是，在整个通信系统的仿真过程中，人为因素自始至终起着相当重要的作用。除了仿真程序的运行之外，通信仿真的每个步骤都需要进行人工干预，由人对当前的情况做出正确的判断。因此，通信仿真并不是一个机械的过程，它实际上是人的思维活动在计算机协助下的一种延伸。

## 二、通信仿真的一般步骤

通信系统仿真一般分成三个步骤，即仿真建模、仿真实验和仿真分析。应该注意的是，通信仿真是一个螺旋式发展的过程，因此这三个步骤可能需要循环执行多次之后才能够获得令人满意的仿真结果。

**1. 仿真建模**

仿真建模是根据实际通信系统建立仿真模型的过程，它是整个通信仿真过程中的一个关键步骤，因为仿真模型的好坏直接影响着仿真的结果以及仿真结果的真实性和可靠性。

仿真模型是对实际系统的一种模拟和抽象，但又不是完全的复制。简单的仿真模型容易被理解和操作，但是由于它忽略了很多关于实际系统的细节，因而在一定程度上影响了仿真的可靠性。如果仿真模型比较复杂，虽然它是对实际系统的一种忠实反映，但是其中包含了过多的相互作用因素，这些因素不仅需要消耗过多的仿真时间，而且使仿真结果的分析过程变得相当复杂。因此，仿真模型的建立需要综合考虑其可行性和简单性。在仿真建模过程中，我们可以先建立一个相对简单的仿真模型，然后再根据仿真结果和仿真过程的需要逐步增加仿真模型的复杂度。

仿真模型一般是一个数学模型。数学模型有多种分类方式，包括确定性模型和随机模型、静态模型和动态模型等。确定性模型的输入变量和输出变量都是固定数值，而在随机模型中，至少有一个输入变量是随机的。静态模型不需要考虑时间变化因素，而动态模型的输入输出变量则需要考虑时间变化因素。一般情况下通信仿真模型是一个随机动态系统。

在仿真建模过程中，首先需要分析实际系统存在的问题或设立系统改造的目标，并且把这些问题和目标转化成数学变量和公式。例如，我们可以设定改造后的系统或新系统，使之达到系统最大容量的误帧率或误码率等。

有了这些具体的仿真目标后，下一步就是获取实际通信系统的各种运行参数，如通信系统占用的带宽及其频率分布，系统对于特定输入信号产生的输出等。同时，对于通信系统中的各个随机变量，可以采集这些变量的数据，然后通过数学工具来确定随机变量的分布特性。

有了上面的准备工作，就可以通过仿真软件来建立模型了。最简单的工具是采用C语言等编程工具直接编写仿真程序，这种方法的优点是效率高，缺点是不够灵活，没有一个易于实现的人机交互界面，不便于对仿真结果进行分析。除此之外，还可以采用专门的仿真软件来建立仿真模型，比较常用的仿真软件包括MATLAB、OPNET、NS2等，这些软件具有各自不同的特点，适用于不同层次的通信仿真。例如，物理层仿真通常采用MATLAB，而网络层仿真则适合采用OPNET。

在完成仿真模型的软件实现之后，还需要对这个仿真模型的有效性进行初步的验证。一种简便的验证方法是采用特定的已知输入信号，这个输入信号分别通过仿真模型和实际系统，产生两种输出信号。如果仿真模型的输出信号与实际系统的输出信号比较吻合，则说明这个仿真模型与原系统具有较好的相似性。当这两种输出信号差别很大时，最好先检查一下仿真模型的内部连接和设置，找出造成这种差异的原因。

仿真建模的最后一步是做好仿真模型的文档工作，这是最容易被大家忽略的。很多情况下，我们在完成系统的设计之后就迫不及待地运行仿真程序，待发现仿真结果与预期目标相差甚远时才回过头来焦头烂额地检查仿真模型的内部结构。这时候，往往原先的很多参数设置和条件假设都变得不可理解，这非常不利于修改参数和结构，不利于找错和排错。

**2. 仿真实验**

仿真实验是一个或一系列针对仿真模型的测试。在仿真实验过程中，通常需要多次改变仿真模型输入信号的数值，以观察和分析仿真模型对这些输入信号的反应以及仿真系统在这个过程中表现出来的性能。需要强调的一点是，仿真过程中使用的输入数据必须具有一定的代表性，即能够从各个角度显著地改变输出信号的数值。

实施仿真之前需要确定的另外一个因素是性能尺度。性能尺度指的是能够衡量仿真过程中系统性能的输出信号的数值(或根据输出信号计算得到的数值)，因此，在实施仿真之前，首先需要确定仿真过程中应该收集哪些仿真数据，这些数据以什么样的格式存在，以及收集多少数据。

在明确了仿真系统对输入信号和输出信号的要求之后，最好把这些设置整理成一份简单的文档。编写文档是一个好习惯，它能够帮助我们回忆起仿真在设计过程中的一些细节。当然，文档的编写不一定要求很规范，并且文档大小应该视仿真设计的规模而定。

最后，还应该明确各个输入信号的初始位置以及仿真系统内部各个状态的初始值。仿真的运行实际上是计算机的计算过程，这个过程一般不需要人工干预，花费的时间由仿真的复杂度确定。如果需要比较仿真系统在不同参数设置下的性能，应该使仿真系统在取不同参数值时具有相同的输入信号(或相同的随机输入信号)，这样才能够保证分析和比较的客观性和可靠性。

对于需要较长时间的仿真，应该尽可能地使用批处理方式，使得仿真过程在完成一种参数配置的仿真之后，能够自动启动针对下一个参数配置的下一个仿真。这种方式可以减少仿真过程中的人工干预，提高系统的利用率和仿真效率。

**3. 仿真分析**

仿真分析是通信仿真流程中的最后一个步骤。在仿真分析过程中，用户已经从仿真过程中获得了足够多的关于系统性能的信息，但是这些信息只是一些原始数据，一般还需要经过数值分析和处理后才能够获得衡量系统性能的尺度，从而获得对仿真系统性能的一个总体评价。常用的系统性能尺度包括平均值、方差、标准差、最大值和最小值等，它们从不同的角度描绘了仿真系统的性能。

如果仿真过程需要一定的时间才能达到平衡状态，在对输出数据进行分析处理时一般要忽略最初的若干个数据，而只考虑平衡之后的输出。对于仿真尺度不随时间变化的平衡系统，还可能涉及对输出变量稳定状态的求解。

另外，需要注意的是，即使仿真过程中收集的数据正确无误，由此得到的仿真结果并不一定就是准确的。造成这种结果的原因是输入信号恰好与仿真系统的内部特性相吻合，或者输入的随机信号不具有足够的代表性。

图表是最简洁的说明工具，它具有很强的直观性，便于分析和比较，因此，仿真分析的结果一般都绘制成图表形式。我们使用的仿真工具一般都具有很强的绘制图表的功能，能够便捷地绘制各种类型的图表。

以上就是通信仿真的一个循环。应该强调的是，仿真分析并不一定意味着通信仿真过程的完全结束。如果仿真分析得到的结果达不到预期的目标，用户还需要重新修改通信仿真模型，这时候仿真分析就成为了另外一个循环的开始。

# 第二部分　仿 真 实 验

# 第二章　数字调制及解调仿真实验

## 实验一　四相相移键控(QPSK)调制及解调

### 一、实验目的

(1) 掌握 QPSK 调制及解调的原理和特性。

(2) 熟悉 MATLAB 仿真软件的使用。

### 二、实验内容

(1) 编写 MATLAB 程序，仿真 QPSK 调制及相干解调的过程。

(2) 观察同相支路和正交支路两路基带信号的特征及其与输入 NRZ 码的关系。

(3) 观察同相支路和正交支路调制解调过程中各信号的变化。

(4) 观察功率谱的变化。

(5) 分析仿真中观察到的数据，撰写实验报告。

### 三、实验原理

#### 1. QPSK 调制原理

QPSK 是一种正交相移键控，又叫四相绝对相移调制。

QPSK 利用载波的四种不同相位来表征数字信息。由于每一种载波相位代表两个比特信息，因此，对于输入的二进制数字序列应该先进行分组，将每两个比特编为一组，然后用四种不同的载波相位来表征。我们把组成双比特码元的前一信息比特用 a 表示，后一信息比特用 b 表示。双比特码元中的两个信息比特 a、b 通常是按格雷码排列的，它们与载波相位的关系如表 1-1 所示，矢量关系如图 1-1 所示。图 1-1(a)表示 A 方式(Ⅱ/4 系统)时 QPSK 信号的矢量图，图 1-1(b)表示 B 方式(Ⅱ/2 系统)时 QPSK 信号的矢量图。

表 1-1　双比特码元与载波相位的关系

| 双比特码元 | | 载波相位 | |
|---|---|---|---|
| a | b | A 方式 | B 方式 |
| 0 | 0 | 225° | 0° |
| 1 | 0 | 315° | 90° |
| 1 | 1 | 45° | 180° |
| 0 | 1 | 135° | 270° |

由于正弦和余弦的互补特性，对于载波相位的四种取值，在 A 方式中，为 45°、135°、

225°、315°，数据 $I_k$、$Q_k$ 通过处理后输出的成形波形幅度有两种取值，为$\pm\sqrt{2}/2$；在 B 方式中，为 0°、90°、180°、270°，数据 $I_k$、$Q_k$ 通过处理后输出的成形波形幅度有三种取值，为+1、−1、0。

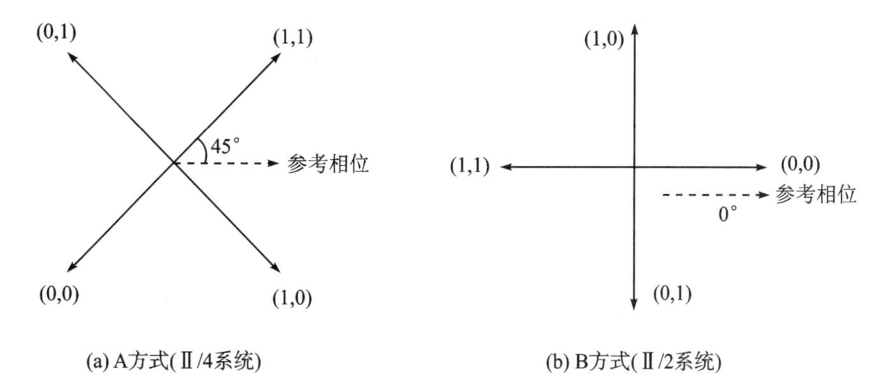


图 1－1　QPSK 信号的矢量图

下面以 A 方式的 QPSK 为例，说明 QPSK 信号相位的合成方法。

串/并变换器将输入的二进制序列依次分为两个并行序列，然后通过基带成形得到双极性序列(从 D/A 转换器输出，幅度为$\pm\sqrt{2}/2$)。设两个双极性序列中的二进制数字分别为 a 和 b，每一对 ab 称为一个双比特码元。双极性的 a、b 脉冲通过两个平衡调制器分别对同相载波及正交载波进行二相调制，得到如图 1－2 中虚线所示的矢量，将两路输出叠加，即得到 QPSK 调制信号，其相位编码关系如表 1－2 所示。

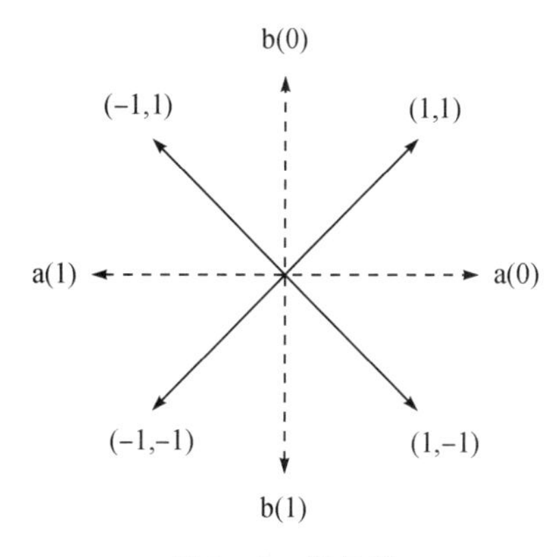


图 1－2　矢量图

**表 1－2　QPSK 信号相位编码逻辑关系**

| a | 1 | −1 | −1 | 1 |
|---|---|---|---|---|
| b | 1 | 1 | −1 | −1 |
| a 路平衡调制器输出 | 0° | 180° | 180° | 0° |
| b 路平衡调制器输出 | 90° | 90° | 270° | 270° |
| 合成相位 | 45° | 135° | 225° | 315° |

用调相法产生 QPSK 信号的调制器框图如图 1－3 所示。

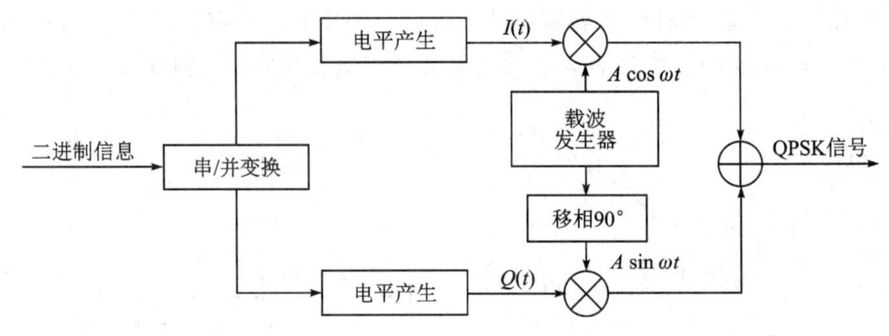


图 1－3　产生 QPSK 信号的调制器框图

由图 1－3 可以看到，QPSK 的调制器可以看作是由两个 BPSK 调制器构成的，输入的串行二进制信息序列经过串/并变换，变成两路速率减半的序列，电平发生器分别产生双极性的二电平信号 $I(t)$ 和 $Q(t)$，然后对 $A\cos\omega t$ 和 $A\sin\omega t$ 进行调制，相加后即可得到 QPSK 信号。经过串/并变换后形成的两个支路如图 1－4 所示，一路为单数码元，另外一路为偶数码元，这两个支路互为正交，一个称为同相支路，即 I 支路；另一个称为正交支路，即 Q 支路。

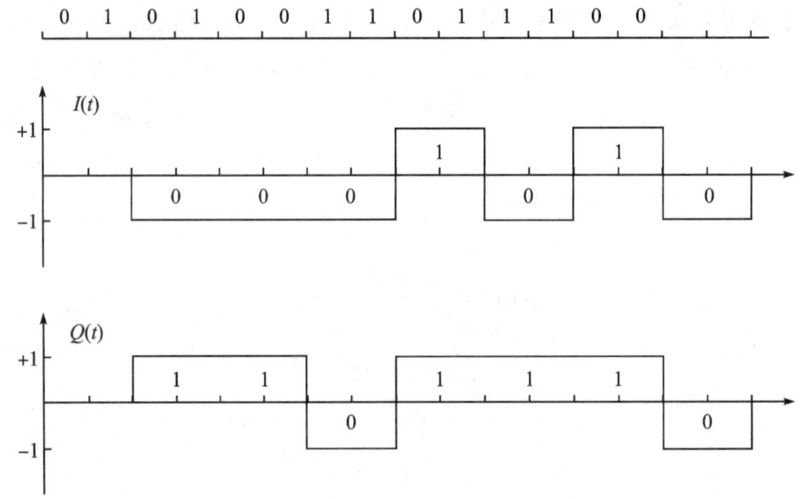


图 1－4　二进制码经串/并变换后码型

**2. QPSK 相干解调原理**

由于 QPSK 可以看做是两个正交 2PSK 信号的合成，故它可以采用与 2PSK 信号类似的解调方法进行解调，即由两个 2PSK 信号相干解调器构成，其原理框图如图 1－5 所示。

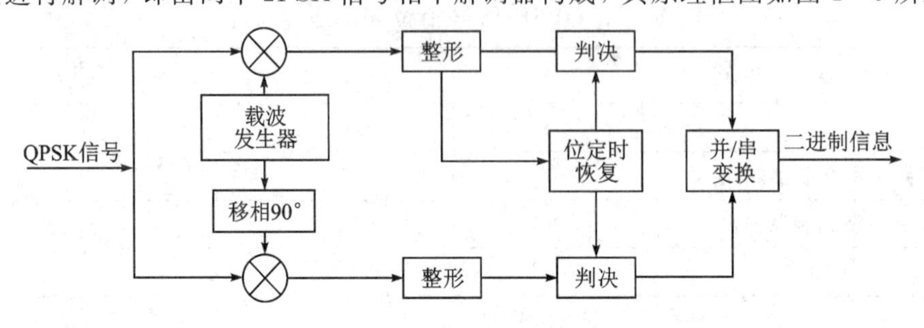


图 1－5　QPSK 解调原理框图

**3. 星座图**

星座显示是示波器显示的数字等价形式，将正交基带信号的I支路和Q支路分别接入示波器的两个输入通道，通过示波器的“X－Y”功能即可很清晰地看到调制信号的星座图。

我们知道QPSK信号可以用正交调制方法产生。在它的星座图中，四个信号点之间的任何过渡都是可能的，如图1－6(a)所示。OQPSK信号将正交支路信号偏移$T/2$($T$为一个周期)，结果是消除了已调信号中突然相移180°的现象，每隔$T/2$信号相位只可能发生±90°的变化。因而星座图中信号点只能沿正方形四边移动，如图1－6(b)所示。MSK信号配置图如图1－6(c)所示，1比特区间仅使用圆周的1/4，信号点必是轴上四个点中的任何一个，因此，相位必然连续。

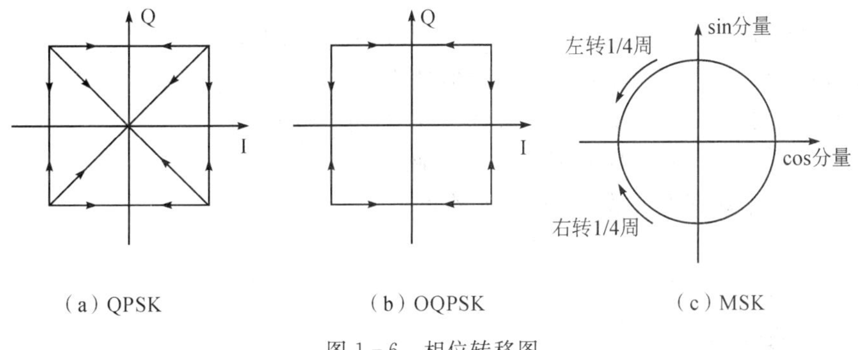


图1－6　相位转移图

## 四、实验步骤

(1) 预习QPSK调制及相干解调的原理，独立画出系统方框图。
(2) 根据系统方框图，画出仿真流程图。
(3) 编写MATLAB程序并上机调试。
(4) 观察并分析各阶段波形、数据。
(5) 修改相关参数，观察波形变化。
(6) 撰写实验报告。

## 五、思考题

3G移动通信系统普遍采用QPSK调制，试简要说明其技术优势。

# 实验二　MSK、GMSK 调制及相干解调

## 一、实验目的

(1) 掌握 MSK 调制及相干解调的原理和特性。

(2) 了解 MSK 调制与 GMSK 调制的差别。

## 二、实验内容

(1) 编写 MATLAB 程序，仿真 MSK 调制及相干解调的过程。

(2) 观察同相支路和正交支路两路基带信号的特征及其与输入 NRZ 码的关系。

(3) 观察同相支路和正交支路调制解调过程中各信号的变化。

(4) 对程序做修改，进行 GMSK 调制及解调仿真。

(5) 分析仿真中观察到的数据，撰写实验报告。

## 三、实验原理

### 1. MSK 调制原理

MSK 称为最小频移键控调制，是一种恒包络调制。这是因为 MSK 属于二进制连续相位频移键控(CPFSK)的一种特殊情况，它不存在相位跃变点，因此在带限系统中，能保持恒包络特性。

恒包络调制有以下优点：极低的旁瓣能量；可使用高效率的 C 类功率放大器；容易恢复用于相干解调的载波；已调信号峰平比低。

MSK 是 CPFSK 满足调制系数 $h=0.5$ 时的特例：当 $h=0.5$ 时，满足在码元交替点相位连续的条件，且是频移键控为保证良好的误码性能所允许的最小调制指数；此时波形的相关性为 0，待传送的两个信号是正交的。MSK 能比 PSK 传送更高的比特速率。

二进制 MSK 信号的表达式可写为

$$S_{\mathrm{MSK}}(t)=\cos\left[\omega_c t+\frac{\pi}{2T_s}a_k t+\varphi_k\right],\quad (k-1)T_s\leqslant t\leqslant kT_s \tag{2-1}$$

或者

$$S_{\mathrm{MSK}}(t)=\cos[\omega_c t+\theta(t)] \tag{2-2}$$

这里

$$\theta(t)=\frac{\pi}{2T_s}a_k t+\varphi_k,\quad (k-1)T_s\leqslant t\leqslant kT_s \tag{2-3}$$

式中，$\omega_c$ 为载波角频率；$T_s$ 为码元宽度；$a_k$ 为第 $k$ 个码元中的信息，其取值为 $\pm1$；$\varphi_k$ 为第 $k$ 个码元的相位常数，它在时间 $(k-1)T_s\leqslant t\leqslant kT_s$ 中保持不变。

由式(2-1)可见，当 $a_k=+1$ 时，信号的频率为

$$f_2=\frac{1}{2\pi}\left(\omega_c+\frac{\pi}{2T_s}\right) \tag{2-4}$$

当 $a_k=-1$ 时，信号的频率为

$$f_1=\frac{1}{2\pi}\left(\omega_c-\frac{\pi}{2T_s}\right) \tag{2-5}$$

由此可得频率间隔为

$$\Delta f=f_2-f_1=\frac{1}{2T_s} \tag{2-6}$$

调制系数为

$$h=\Delta fT_s=\frac{1}{2T_s}\times T_s=\frac{1}{2}=0.5$$

MSK 信号的频率间隔如图 2-1(a)所示，MSK 信号的波形如图 2-1(b)所示。由图 2-1(b)中的波形可以看出，“+”信号与“-”信号在一个码元期间恰好相差 1/2 周，即相差 π。下面我们就来说明 MSK 信号的频率间隔是如何确定的。

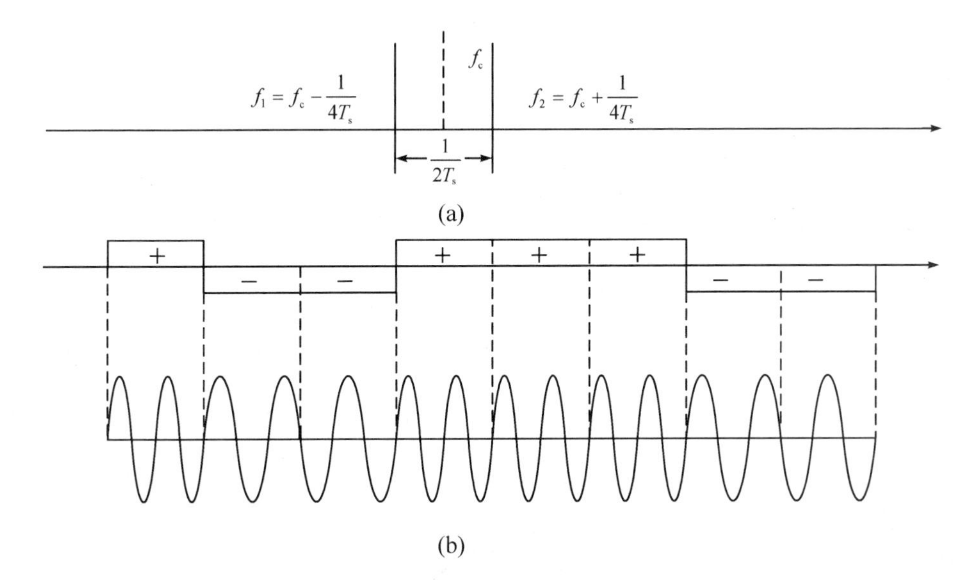


图 2-1　MSK 信号的频率间隔与波形

对于一般的频移键控(2FSK)，两个信号波形具有以下的相关系数：

$$\rho=\frac{\sin[2\pi(f_2-f_1)T_s]}{2\pi(f_2-f_1)T_s}+\frac{\sin[4\pi f_cT_s]}{4\pi f_cT_s} \tag{2-7}$$

式中，$f_c=(f_1+f_2)/2$，是载波频率。

MSK 是一种正交调制，其信号波形的相关系数等于零。因此，对 MSK 信号来说，式(2-7)应为零，也就是式(2-7)的右边两项均应为零。第一项等于零的条件是 $2\pi(f_2-f_1)T_s=k\pi$ ($k=1, 2, 3, \cdots$)，令 $k$ 等于其最小值 1，则

$$f_2-f_1=\frac{1}{2T_s}$$

这正是 MSK 信号所要求的频率间隔。式(2-7)第二项等于零的条件是 $4\pi f_cT_s=n\pi$ ($n=1, 2, 3, \cdots$)，即

$$T_s=n\cdot\left(\frac{1}{4}\right)\frac{1}{f_c} \tag{2-8}$$

这说明，MSK 信号在每一个码元周期内，必须包含 1/4 载波周期的整数倍。由此可得

$$f_c = n\frac{1}{4T_s} = \left(N+\frac{m}{4}\right)\frac{1}{T_s} \tag{2-9}$$

式中，$N$ 为正整数；$m=0$，1，2，3。

相应地有

$$\begin{cases} f_2 = f_c + \dfrac{1}{4T_s} = \left(N+\dfrac{m+1}{4}\right)\dfrac{1}{T_s} \\ f_1 = f_c - \dfrac{1}{4T_s} = \left(N+\dfrac{m-1}{4}\right)\dfrac{1}{T_s} \end{cases} \tag{2-10}$$

图 2-1(b)中的信号波形是 $N=1$、$m=3$ 的特殊情况。

相位常数 $\varphi_k$ 的选择应保持信号相位在码元转换时刻是连续的。根据这一要求，由式(2-3)可以导出以下的相位递归条件(或称为相位约束条件)，即

$$\begin{aligned}\varphi_k &= \varphi_{k-1} + (a_{k-1}-a_k)\left[\frac{\pi}{2}(k-1)\right] \\ &= \begin{cases} \varphi_{k-1}, & a_k = a_{k-1} \\ \varphi_{k-1} \pm (k-1)\pi, & a_k \neq a_{k-1} \end{cases}\end{aligned} \tag{2-11}$$

式(2-11)表明，MSK 信号在第 $k$ 个码元的相位常数不仅与当前的 $a_k$ 有关，而且与前面的 $a_{k-1}$ 及相位常数 $\varphi_{k-1}$ 有关。或者说，前后码元之间存在着相关性。对于相干解调来说，$\varphi_k$ 的起始参考值可以假定为零，因此，从式(2-11)可以得到：

$$\varphi_k = 0 \text{ 或 } \pi\ (\text{模 } 2\pi) \tag{2-12}$$

式(2-3)中的 $\theta(t)$ 称为附加相位函数，它是 MSK 信号的总相位减去随时间线性增长的载波相位后而得到的剩余相位。式(2-3)是一直线方程，其斜率为 $\frac{\pi a_k}{2T_s}$，截距为 $\varphi_k$。另外，由于 $a_k$ 的取值为 $\pm1$，故 $\frac{\pi a_k}{2T_s}t$ 是分段线性的相位函数(以码元宽度 $T_s$ 为段)。在任一个码元期间内，$\theta(t)$ 的变化量总是 $\frac{\pi}{2}$。当 $a_k=+1$ 时，增大 $\frac{\pi}{2}$；当 $a_k=-1$ 时，减小 $\frac{\pi}{2}$。

图 2-2(a)是针对一特定数据序列画出的附加相位函数；图 2-2(b)表示的是附加相位路径的网格图，它是附加相位函数由零开始可能经历的全部路径。$\varphi_k$ 与 $a_k$ 之间的关系举例如表 2-1 所示。

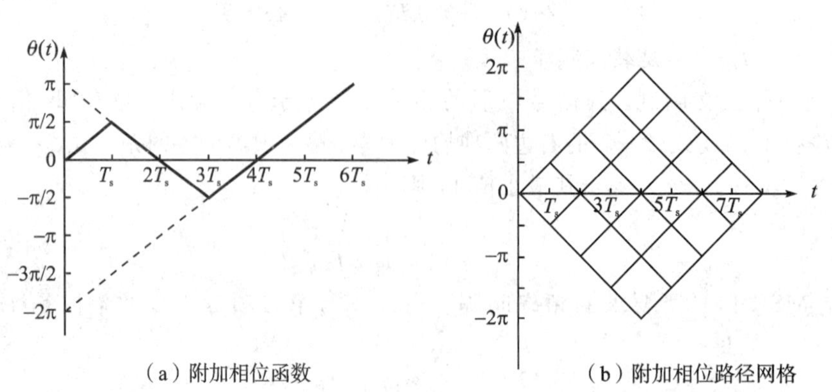


图 2-2　附加相位函数 $\theta(t)$ 及附加相位路径网格

**表 2-1　相位常数 $\varphi_k$ 与 $a_k$ 的关系**

| $k$ | 1 | 2 | 3 | 4 | 5 | 6 |
|---|---|---|---|---|---|---|
| $a_k$ | 1 | $-1$ | $-1$ | 1 | 1 | 1 |
| $\varphi_k$ | 0 | $\pi$ | $\pi$ | $-2\pi$ | $-2\pi$ | $-2\pi$ |
| $\varphi_k$(模 $2\pi$) | 0 | $\pi$ | $\pi$ | 0 | 0 | 0 |

由以上讨论可知，MSK 信号具有如下特点：

(1) 已调信号的振幅是恒定的。

(2) 信号的频率偏移严格地等于 $\pm\frac{1}{4T_s}$，相应的调制系数 $h=(f_2-f_1)T_s=\frac{1}{2}$。

(3) 以载波相位为基准的信号相位在一个码元期间内准确地线性化变化 $\pm\frac{\pi}{2}$。

(4) 在一个码元期间内，信号应包括 1/4 载波周期的整数倍。

(5) 在码元转换时刻，信号的相位是连续的，或者说，信号的波形没有突跳。

下面我们讨论 MSK 信号的调制与解调方法。

MSK 信号表达式可正交展开为下式：

$$
\begin{aligned}
S_{\text{MSK}}(t) &= \cos\left(\omega_c(t)+\frac{\pi}{2T_s}a_k t+\varphi_k\right) \\
&= \cos\varphi_k\cos\left(\frac{\pi}{2T_s}t\right)\cos\omega_c t-a_k\cos\varphi_k\sin\left(\frac{\pi}{2T_s}t\right)\sin\omega_c t
\end{aligned} \tag{2-13}
$$

式中，等号后面的第一项是同相分量，也称 I 分量；第二项是正交分量，也称 Q 分量。$\cos\left(\frac{\pi}{2T_s}t\right)$和 $\sin\left(\frac{\pi}{2T_s}t\right)$称为加权函数(或称调制函数)。$\cos\varphi_k$ 是同相分量的等效数据，$-a_k\cos\varphi_k$是正交分量的等效数据，它们都与原始输入数据有确定的关系。令 $\cos\varphi_k=I_k$，$-a_k\cos\varphi_k=Q_k$，代入式(2-13)可得

$$
S_{\text{MSK}}(t) = I_k\cos\left(\frac{\pi}{2T_s}t\right)\cos\omega_c t+Q_k\sin\left(\frac{\pi}{2T_s}t\right)\sin\omega_c t \tag{2-14}
$$

根据上面的描述可构成一种 MSK 调制器，其方框图如图 2-3 所示。

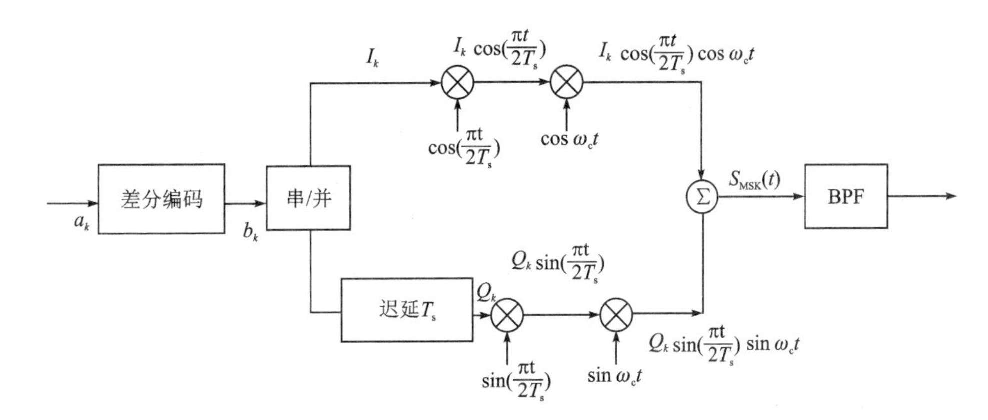


图 2-3　MSK 调制原理框图

MSK 基带波形只有两种，如图 2-4 所示。

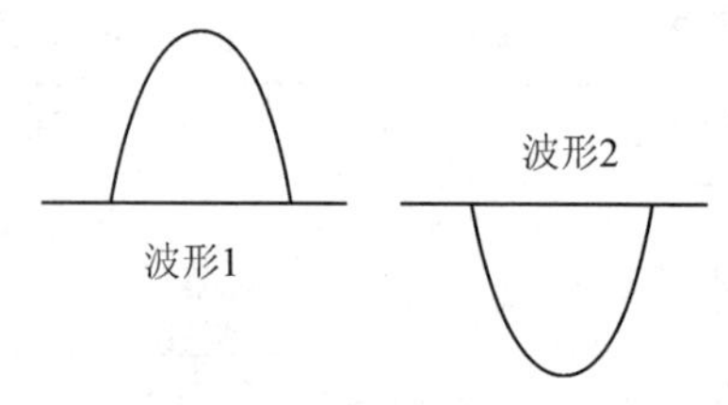


图 2-4　MSK 基带波形

在 MSK 调制中，成形信号取出原理为：由于成形信号只有两种波形选择，因此当前数据取出的成形信号只与它的前一位数据有关。如果当前数据与前一数据相同，则数据第一次保持时，输出的成形信号不变(如果前一数据对应波形 1，那么当前数据仍对应波形 1)；从第二次保持开始，输出的成形信号与前一信号相反(如果前一数据对应波形 1，那么当前数据对应波形 2)。如果当前数据与前一数据相反，则数据第一次跳变时，输出的成形信号与前一信号相反(如果前一数据对应波形 1，那么当前数据对应波形 2)；从数据第二次跳变开始，输出的成形信号不变(如果前一数据对应波形 1，那么当前数据仍对应波形 1)。MSK 的基带成形信号波形如图 2-5 所示。

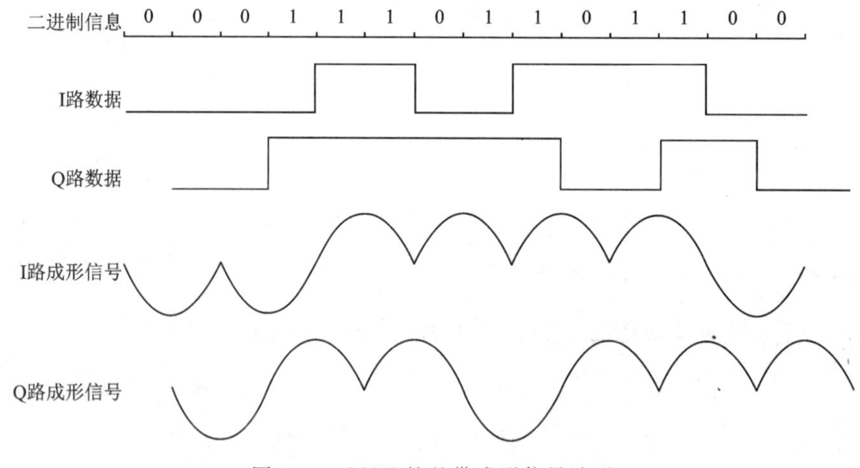


图 2-5　MSK 的基带成形信号波形

**2. MSK 解调原理**

MSK 信号的解调与 FSK 信号相似，可以采用相干解调方式，也可以采用非相干解调方式。本实验模块中采用一种相干解调的方式。

已知：

$$S(t) = I_k \cos\left(\frac{\pi}{2T_s}t\right)\cos\omega_c t + Q_k \sin\left(\frac{\pi}{2T_s}t\right)\sin\omega_c t$$

把该信号进行正交解调，可得 $I_k$ 路：

$$\left[I_k \cos\left(\frac{\pi}{2T_s}t\right)\cos\omega_c t + Q_k \sin\left(\frac{\pi}{2T_s}t\right)\right]\cos\omega_c t$$

$$= \frac{1}{2}I_k \cos\left(\frac{\pi}{2T_s}t\right) + \frac{1}{4}I_k \cos\left[\left(2\omega_c + \frac{\pi}{2T_s}\right)t\right] + \frac{1}{4}I_k \cos\left[\left(2\omega_c - \frac{\pi}{2T_s}\right)t\right]$$

$$- \frac{1}{4}Q_k \cos\left[\left(2\omega_c + \frac{\pi}{2T_s}\right)t\right] + \frac{1}{4}Q_k \cos\left[\left(2\omega_c - \frac{\pi}{2T_s}\right)t\right]$$

$Q_k$ 路：

$$\left[I_k\cos\left(\frac{\pi}{2T_s}t\right)\cos\omega_c t+Q_k\sin\left(\frac{\pi}{2T_s}t\right)\right]\sin\omega_c t$$

$$=\frac{1}{2}Q_k\sin\left(\frac{\pi}{2T_s}t\right)+\frac{1}{4}I_k\sin\left[\left(2\omega_c+\frac{\pi}{2T_s}\right)t\right]+\frac{1}{4}I_k\sin\left[\left(2\omega_c-\frac{\pi}{2T_s}\right)t\right]$$

$$-\frac{1}{4}Q_k\sin\left[\left(2\omega_c+\frac{\pi}{2T_s}\right)t\right]+\frac{1}{4}Q_k\sin\left[\left(2\omega_c-\frac{\pi}{2T_s}\right)t\right]$$

我们需要的是$\frac{1}{2}I_k\cos\left(\frac{\pi}{2T_s}t\right)$、$\frac{1}{2}Q_k\sin\left(\frac{\pi}{2T_s}t\right)$两路信号，所以必须将其他频率成分$\left(2\omega_c+\frac{\pi}{2T_s}\right)$、$\left(2\omega_c-\frac{\pi}{2T_s}\right)$通过低通滤波器滤除掉，然后对$\frac{1}{2}I_k\cos\left(\frac{\pi}{2T_s}t\right)$、$\frac{1}{2}Q_k\sin\left(\frac{\pi}{2T_s}t\right)$采样，即可还原成 $I_k$、$Q_k$ 两路信号。

根据上面的描述可构成一种 MSK 解调器，其方框图如图 2－6 所示。

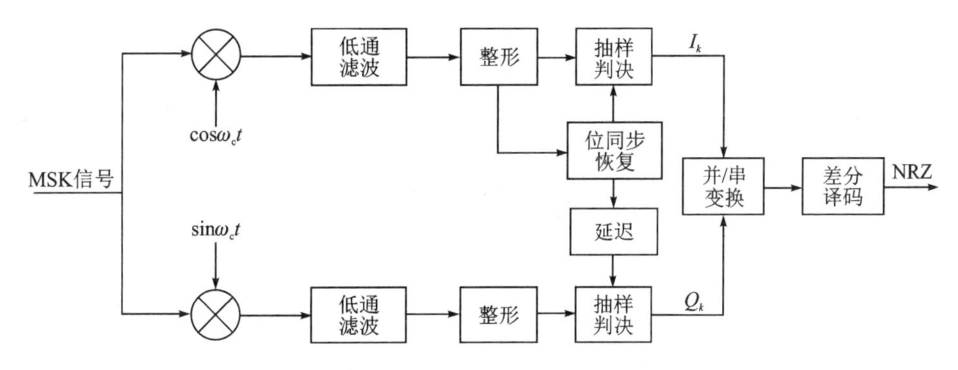


图 2－6　MSK 解调原理框图

将得到的 MSK 调制信号正交解调，通过低通滤波器得到基带成形信号，并对由此得到的基带信号的波形进行电平比较，得到数据，再将此数据经过 CPLD 的数字处理，就可解调得到 NRZ 码。

在实际系统中，相干载波是通过载波同步获取的，相干载波的频率和相位只有与调制端载波相同时，才能完成相干解调。由于载波同步不是本实验的内容，因此在本模块中的相干载波是直接从调制端引入的，解调器中的载波与调制器中的载波同频同相。

**3. GMSK 调制及相干解调原理**

GMSK 调制方式是在 MSK 调制器之前加入一个基带信号预处理滤波器，即高斯低通滤波器，由于这种滤波器能将基带信号变换成高斯脉冲信号，其包络无陡峭边沿和拐点，因而达到了改善 MSK 信号频谱特性的目的。基带的高斯低通滤波平滑了 MSK 信号的相位曲线，因此稳定了信号的频率变化，这使得发射频谱上的旁瓣水平大大降低。

实现 GMSK 信号调制的关键是设计一个性能良好的高斯低通滤波器，它必须具有如下特性：

（1）有良好的窄带和尖锐的截止特性，以滤除基带信号中多余的高频成分。

（2）脉冲响应过冲量应尽量小，防止已调波瞬时频率偏移过大。

（3）输出脉冲响应曲线的面积对应的相位为 $\pi/2$，使调制系数为 1/2。

以上要求是为了抑制高频分量，防止过量的瞬时频率偏移以及满足相干检测的需要。

高斯低通滤波器的冲击响应为

$$h(t) = \sqrt{\pi}\exp(-\pi^2\alpha^2t^2) \tag{2-15}$$

式中，$\alpha=\sqrt{\frac{2}{\ln 2}}B_b$；$B_b$ 为高斯滤波器的 3 dB 带宽。

该滤波器对单个宽度为 $T_b$ 的矩形脉冲的响应为

$$g(t) = Q\left[\frac{2\pi B_b}{\sqrt{\ln 2}}\left(t-\frac{T_b}{2}\right)\right]-Q\left[\frac{2\pi B_b}{\sqrt{\ln 2}}\left(t+\frac{T_b}{2}\right)\right] \tag{2-16}$$

式中，

$$Q(t) = \int_t^{\infty}\frac{1}{\sqrt{2\pi}}\exp\left(-\frac{\tau^2}{2}\right)\mathrm{d}\tau \tag{2-17}$$

当 $B_b$、$T_b$ 取不同值时，$g(t)$的波形如图 2-7 所示。

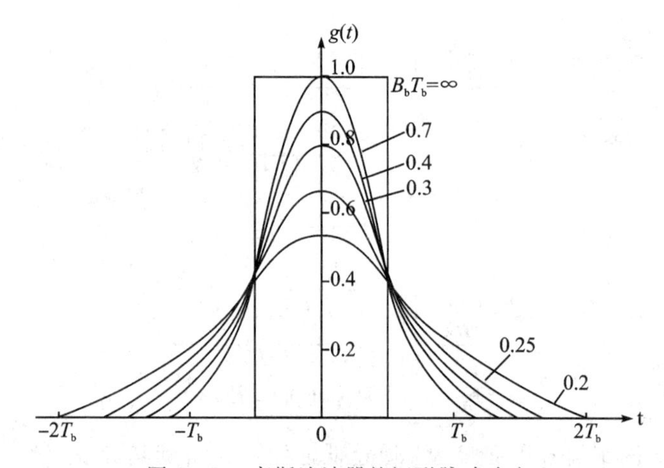


图 2-7　高斯滤波器的矩形脉冲响应

GMSK 信号的表达式为

$$S(t) = \cos\left\{\omega_c t+\frac{\pi}{2T_s}\int_{-\infty}^{t}\left[\sum a_n g\left(\tau-nT_s-\frac{T_s}{2}\right)\right]\mathrm{d}\tau\right\} \tag{2-18}$$

GMSK 的相位路径如图 2-8 所示。

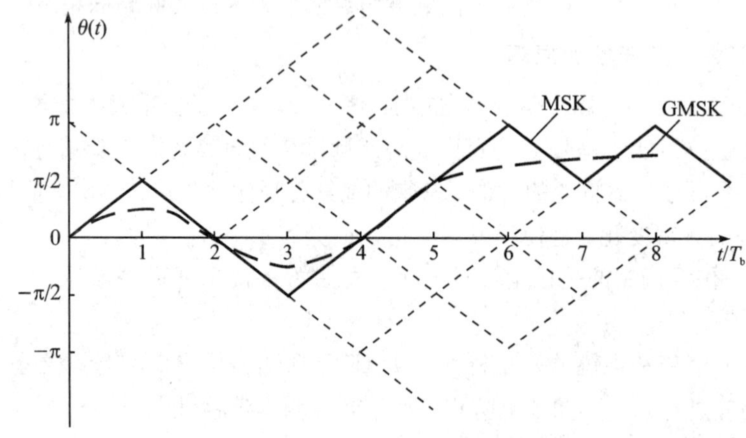


图 2-8　GMSK 的相位路径

从图 2－7 和图 2－8 可以看出，GMSK 通过引入可控的码间干扰(即部分响应波形)来达到平滑相位路径的目的，它消除了 MSK 相位路径在码元转换时刻的相位转折点。从图中还可以看出，GMSK 信号在一个码元周期内的相位增量不像 MSK 那样固定为 $\pm\pi/2$，而是随着输入序列的不同而不同。

由式(2－18)可得

$$\begin{aligned} S(t) &= \cos[\omega_c t + \theta(t)] \\ &= \cos\theta(t)\cos\omega_c t - \sin\theta(t)\sin\omega_c t \end{aligned} \tag{2-19}$$

式中，

$$\begin{aligned} \theta(t) &= \frac{\pi}{2T_s}\int_{-\infty}^{t}\left[\sum a_n g\left(\tau - nT_s - \frac{T_s}{2}\right)\right]d\tau \\ &= \theta(kT_s) + \Delta\theta(t), \quad kT_s \leqslant t \leqslant (k+1)T_s \end{aligned} \tag{2-20}$$

虽然 $g(t)$理论上是在$-\infty<t<+\infty$范围内取值，但实际中需要对 $g(t)$进行截短，仅取$(2N+1)T_s$ 区间，这样可以证明 $\theta(t)$在码元变换时刻的取值 $\theta(kT_s)$是有限的。

图 2－9 描述了 GMSK 信号的功率谱密度。图中，横坐标为归一化频率$(f-f_c)T_s$，纵坐标为频谱密度，参变量 $B_sT_s$ 为高斯低通滤波器的归一化 3 dB 带宽 $B_s$ 与码元长度 $T_s$ 的乘积，$B_sT_s=\infty$的曲线是 MSK 信号的功率谱密度。由图可见，GMSK 信号的频谱随着 $B_sT_s$ 值的减小而变得紧凑起来。需要说明的是，GMSK 信号频谱特性的改善是通过降低误比特率性能换来的，前置滤波器的带宽越窄，输出功率谱就越紧凑，误比特率性能就变得越差。不过，当 $B_sT_s=0.25$ 时，误比特率性能下降并不严重。

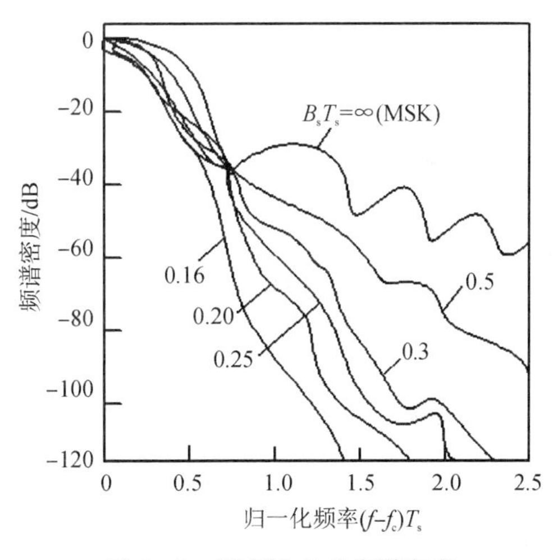


图 2－9　GMSK 的功率谱密度

GMSK 信号的解调可以采用相干解调，也可采用非相干解调。相干解调的原理与 MSK 相干解调相同，可参阅 MSK 相干解调原理。

## 四、实验步骤

(1) 预习 MSK、GMSK 调制及相干解调的原理，独立画出系统方框图。

(2) 根据系统方框图，画出仿真流程图。

(3) 编写 MATLAB 程序并上机调试。

(4) 观察并分析各阶段波形、数据。

(5) 修改相关参数，观察波形变化。

(6) 比较分析 MSK、GMSK 之间的异同。

(7) 撰写实验报告。

## 五、思考题

(1) GMSK 与 MSK 中的相位路径各有什么特点？有什么异同？原因是什么？

(2) GSM 系统中采用 GMSK 而不是 MSK，试说明 GMSK 得到应用的原因。

# 实验三　正交振幅调制(QAM)及解调

## 一、实验目的

(1) 掌握 QAM 调制及解调的原理和特性。

(2) 了解星座图的原理及用途。

## 二、实验内容

(1) 编写 MATLAB 程序，仿真 QAM 调制及相干解调的过程。

(2) 观察同相支路和正交支路两路基带信号的特征及其与输入 NRZ 码的关系。

(3) 观察同相支路和正交支路调制解调过程中各信号的变化。

(4) 观察星座图在不同噪声环境下的变化。

(5) 分析仿真中观察到的数据，撰写实验报告。

## 三、实验原理

在现代通信中，提高频谱利用率一直是人们关注的焦点之一。近年来，随着通信业务需求的迅速增长，寻找频谱利用率高的数字调制方式已成为数字通信系统设计、研究的主要目标之一。正交振幅调制 QAM(Quadrature Amplitude Modulation)就是一种频谱利用率很高的调制方式，在中、大容量数字微波通信系统、有线电视网络高速数据传输、卫星通信系统等领域得到了广泛应用。在移动通信中，随着微蜂窝和微微蜂窝的出现，信道传输特性发生了很大变化，过去在传统蜂窝系统中不能应用的正交振幅调制也引起了人们的重视。

### 1. QAM 调制原理

单独使用振幅或相位携带信息时，不能充分地利用信号平面，这可以从矢量图中信号矢量端点的分布直接观察到。多进制振幅调制(MQAM)时矢量端点在一条轴上分布，多进制相位调制时矢量端点在一个圆上分布。随着进制数 $M$ 的增大，这些矢量端点之间的最小距离也随之减小。但如果我们可以充分利用整个平面，将矢量端点重新合理的分布，则有可能在不减小最小距离的情况下，增加信号矢量的端点数量。基于上述概念，我们可以引出振幅与相位相结合的方式，这种方式常称为数字复合调制方式。一般的复合调制称为幅相键控(APK)，两个正交载波幅相键控称为正交振幅调制(QAM)。

正交振幅调制是用两个独立的基带数字信号对两个相互正交的同频载波进行抑制载波的双边带调制，利用这种已调信号在同一带宽内频谱正交的性质来实现两路并行的数字信息传输。

$M$ 进制正交振幅调制信号的一般表达式为

$$S_{\mathrm{MQAM}}(t)=\sum_{n}A_{n}g(t-nT_{\mathrm{s}})\cos(\omega_{\mathrm{c}}t+\theta_{n}) \tag{3-1}$$

式中，$A_n$ 是基带信号幅度，$g(t-nT_s)$是宽度为 $T_s$ 的单个基带信号波形。式(3-1)还可以变换为正交表示形式，即

$$S_{\mathrm{MQAM}}(t)=\sum_n A_n g(t-nT_s)\cos(\omega_c t+\theta_n)$$

$$=\left[\sum_n A_n g(t-nT_s)\cos\theta_n\right]\cos\omega_c t-\left[\sum_n A_n g(t-nT_s)\sin\theta_n\right]\sin\omega_c t \quad (3-2)$$

令 $X_n=A_n\cos\theta_n$，$Y_n=A_n\sin\theta_n$，则式(3-2)变为

$$S_{\mathrm{MQAM}}(t)=\left[\sum_n X_n g(t-nT_s)\right]\cos\omega_c t-\left[\sum_n Y_n g(t-nT_s)\right]\sin\omega_c t$$

$$=X(t)\cos\omega_c t-Y(t)\sin\omega_c t \quad (3-3)$$

其中，$X(t)=\sum_n X_n g(t-nT_s)$，$Y(t)=\sum_n Y_n g(t-nT_s)$。

QAM 中的振幅 $X_n$ 和 $Y_n$ 可以表示为

$$\begin{cases}X_n=c_n A\\Y_n=d_n A\end{cases} \quad (3-4)$$

其中，$A$ 是固定振幅，$c_n$ 和 $d_n$ 由输入数据决定，同时它们也决定了已调 QAM 信号在信号空间中的坐标点。

QAM 信号调制原理图如图 3-1 所示。图中，输入的二进制序列经过串/并转换器输出速率减半的两路并行序列，再分别经过 2 电平到 $L$ 电平的变换，形成 $L$ 电平的基带信号。为了抑制已调信号的带外辐射，该 $L$ 电平的基带信号还要经过预调制低通滤波器，形成 $X(t)$ 和 $Y(t)$，再分别对同相载波和正交载波相乘，最后将两路信号相加，即可得到 QAM 信号。

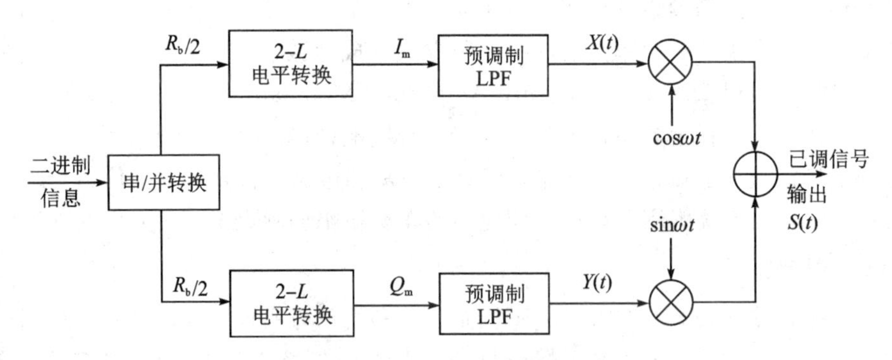


图 3-1　QAM 信号调制原理图

**2. QAM 的星座图**

信号矢量端点的分布图称为星座图。通常，可以用星座图来描述 QAM 信号的空间分布状态。对于 $M=16$ 的 16QAM 来说，有多种分布形式的信号星座图。两种具有代表意义的信号星座图如图 3-2 所示。在图 3-2(a)中，信号点的分布呈方形，故称为方形 16QAM 星座，也称为标准型 16QAM 星座。在图 3-2(b)中，信号点的分布呈星形，故称为星形 16QAM 星座。

若信号点之间的最小距离为 $2A$，且所有信号点等概率出现，则信号平均功率为

$$P_s=\frac{A^2}{M}\sum_{n=1}^{M}(c_n^2+d_n^2) \quad (3-5)$$

对于方形 16QAM，信号平均功率为

$$P_s=\frac{A^2}{M}\sum_{n=1}^{M}(c_n^2+d_n^2)=\frac{A^2}{16}(4\times2+8\times10+4\times8)=10A^2$$

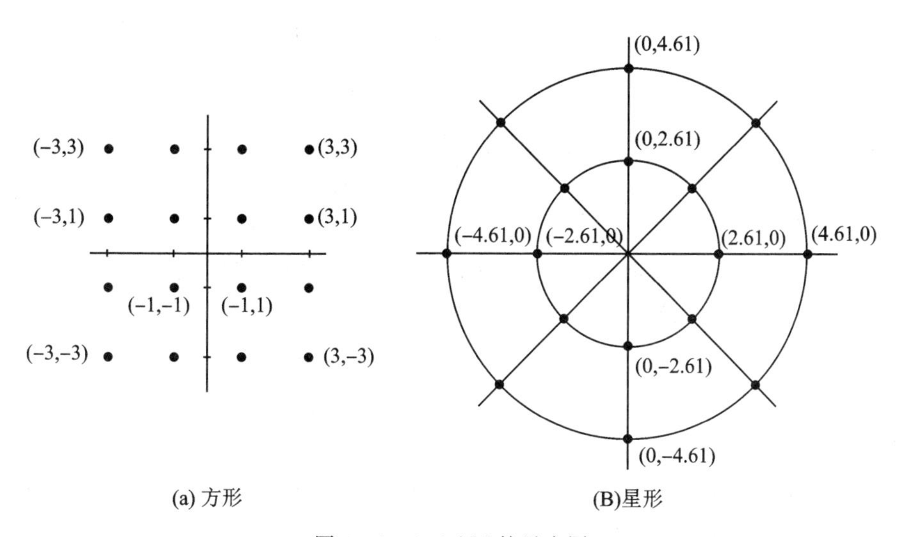


图 3-2　16QAM 的星座图

对于星形 16QAM，信号平均功率为

$$P_s=\frac{A^2}{M}\sum_{n=1}^{M}(c_n^2+d_n^2)=\frac{A^2}{16}(8\times 2.61^2+8\times 4.61^2)=14.03A^2$$

可见，两者功率相差 1.4 dB。另外，两者的星座结构也有重要的差别：一是星形 16QAM 只有 2 种振幅值，而方形 16QAM 有 3 种振幅值；二是星形 16QAM 只有 8 种相位值，而方形 16QAM 有 12 种相位值。这两点使得在衰落信道中，星形 16QAM 比方形 16QAM 更具有吸引力。

$M=4$，16，32，…，256 时，MQAM 信号的星座图如图 3-3 所示。其中，$M=4$，16，64，256 时星座图为矩形，而 $M=32$，128 时星座图为十字形。前者 $M$ 为 2 的偶次方，即每个符号携带偶数个比特信息；后者 $M$ 为 2 的奇次方，每个符号携带奇数个比特信息。

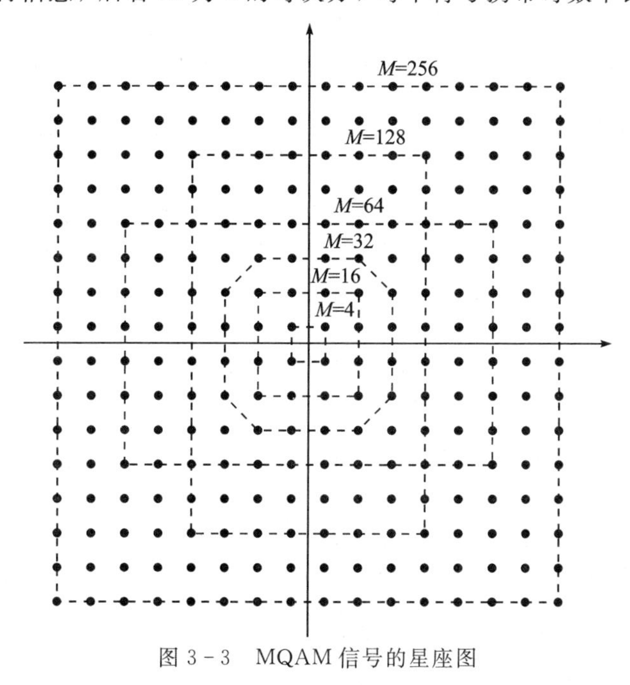


图 3-3　MQAM 信号的星座图

若已调信号的最大幅度为1，则 MPSK 信号星座图上信号点间的最小距离为

$$d_{\mathrm{MPSK}} = 2\sin\left(\frac{\pi}{M}\right) \tag{3-6}$$

而 MQAM 信号矩形星座图上信号点间的最小距离为

$$d_{\mathrm{MQAM}} = \frac{\sqrt{2}}{L-1} = \frac{\sqrt{2}}{\sqrt{M}-1} \tag{3-7}$$

式中，$L$ 为星座图上信号点在水平轴和垂直轴上投影的电平数，$M=L^2$。

由式(3-6)和式(3-7)可以看出，当 $M=4$ 时，$d_{4\mathrm{PSK}}=d_{4\mathrm{QAM}}$，实际上，4PSK 和 4QAM 的星座图相同；当 $M=16$ 时，$d_{16\mathrm{AQM}}=0.47$，而 $d_{16\mathrm{PSK}}=0.39$，$d_{16\mathrm{PSK}}<d_{16\mathrm{QAM}}$。这表明，16QAM 系统的抗干扰能力优于 16PSK。

**3. MQAM 解调原理**

MQAM 信号可以采用正交相干解调方法，其解调原理图如图 3-4 所示。解调器输入信号与本地恢复的两个正交载波信号相乘后，经过低通滤波输出两路多电平基带信号 $X(t)$ 和 $Y(t)$。多电平判决器对多电平基带信号进行判决和检测，再经 $L$ 电平到 2 电平转换和并/串转换器，最终输出二进制数据。

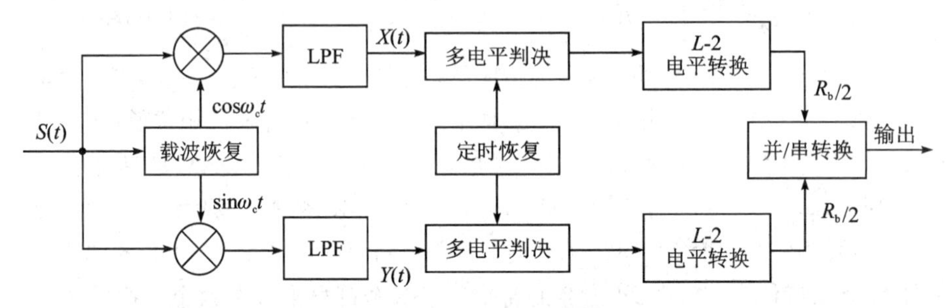


图 3-4　MQAM 解调原理

相干解调原理我们已经熟知，这里主要是对经过相乘后得到的同相与正交两路相互独立正交的多电平基带信号 $\hat{X}(t)$ 和 $\hat{Y}(t)$ 进行判决与检测，然后还原为二进制序列。

MQAM 信号为

$$\begin{aligned} S_{\mathrm{MQAM}}(t) &= \left[\sum_n X_n g(t-nT_s)\right]\cos\omega_c t - \left[\sum_n Y_n g(t-nT_s)\right]\sin\omega_c t \\ &= X(t)\cos\omega_c t - Y(t)\sin\omega_c t \end{aligned} \tag{3-8}$$

式中，$X_n$ 和 $Y_n$ 取值为 $\pm1$，$\pm3$，…，$\pm(L-1)$。

解调判决时，采用判决电平 $\pm m$，此判决电平取在信号电平间隔的中间值，即 $m=0$，$\pm2$，$\pm4$，…，$\pm(L-2)$ 为判决电平时：

若 $X_n>m$，则 $X_n(m)=0$；若 $X_n<m$，则 $X_n(m)=1$。

若 $Y_n>m$，则 $Y_n(m)=0$；若 $Y_n<m$，则 $Y_n(m)=1$。

对于 16QAM，式(3-8)中 $X_n$ 和 $Y_n$ 取值为 $\pm1$，$\pm3$。解调时，信号电平间隔的中间值为 $m=0$，$\pm2$。以下支路为例，若 $Y_n>m$，则 $Y_n(m)=1$；若 $Y_n<m$，则 $Y_n(m)=0$。

当四电平码 $Y_n$ 在不同电平 0，$\pm2$ 时，根据判决结果，$\hat{Y}_n(0)$，$\hat{Y}_n(+2)$，$\hat{Y}(-2)$ 之间的关系列于表 3-1。表中 $a_1$ 和 $a_0$（经串/并转换电路后，输出四路并行数据的低位）分别表示

$Y(t)$支路的逻辑状态。

**表 3-1　四电平码判决结果**

| $Y_n$ | $a_1$ | $a_0$ | $\hat{Y}_n(0)$ | $\hat{Y}_n(+2)$ | $\hat{Y}_n(-2)$ |
|---|---|---|---|---|---|
| +3 | 1 | 1 | 1 | 1 | 1 |
| +1 | 1 | 0 | 1 | 0 | 1 |
| −1 | 0 | 1 | 0 | 0 | 1 |
| −3 | 0 | 0 | 0 | 0 | 0 |

根据表 3-1 的判决结果，再按下式进行逻辑运算，即可恢复出调制解调器输入的二进制数据。

$$a_1=\hat{Y}_n(0)，a_0=\hat{Y}_n(0)\oplus\hat{Y}_n(+2)\oplus\hat{Y}_n(-2)+\hat{Y}_n(-2)$$

同理，根据上述原理，由上支路也可以恢复出原二进制数据。

## 四、实验步骤

(1) 预习 QAM 调制及解调原理，独立画出系统方框图。

(2) 根据系统方框图，画出仿真流程图。

(3) 编写 MATLAB 程序并上机调试。

(4) 观察并分析各阶段波形、数据。

(5) 修改相关参数，观察波形变化。

(6) 撰写实验报告。

## 五、思考题

QAM 的星座图有什么特点？体现了哪些调制特性？

# 实验四 OFDM调制及解调

## 一、实验目的

(1) 了解OFDM调制及解调的原理。

(2) 学会用星座图分析系统性能。

## 二、实验内容

(1) 编写MATLAB程序，实现OFDM系统的调制及解调。

(2) 绘出各步骤图形并分析系统特性。

## 三、实验原理

正交频分多路复用OFDM(Orthogonal Frequency Division Multiplexing)被认为是下一代宽带无线通信的关键技术。它具有以下优势：

(1) 频谱效率高；

(2) 能有效抵抗多径；

(3) 传输数据速率高；

(4) 信道均衡简单；

(5) 实现简单。

OFDM技术可以看成是由传统的频分复用技术(FDM)发展而来的。在FDM系统中，不同用户占用不同频率的信道，在接收端用带通滤波器分离各个用户的信号，各信道间必须有一定的保护间隔。OFDM系统的子载波间隔已达最小，所选的子载波间隔使得不同子载波上的波形在时域上相互正交且在频域上相互重叠。不同子载波间不需要保护间隔，可使系统频谱效率最大化，如图4-1所示。

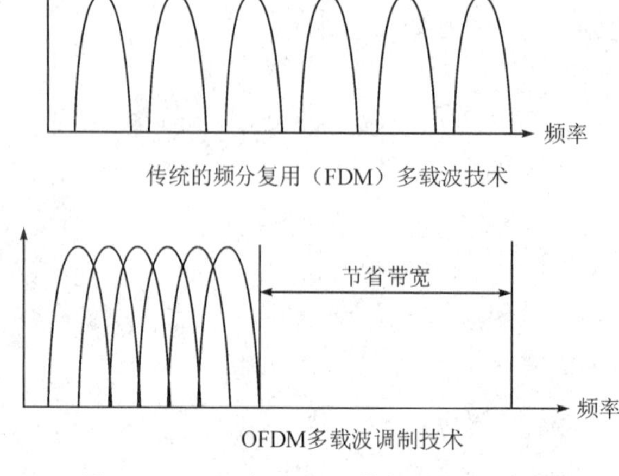


图4-1 FDM与OFDM带宽利用率的比较

OFDM 最核心的思想是采用并行传输技术降低子路上的传输速率，这使得 OFDM 符号长度比系统采样间隔长得多，从而极大地降低了时间弥散信道引入的符号间干扰(ISI)对信号的影响。不仅如此，OFDM 系统还引入循环前缀(CP)来消除时间弥散信道的影响，只要 CP 的长度大于多径信道的最大时延，就可以完全消除符号间干扰(ISI)和子载波间干扰(ICI)。

OFDM 系统可以采用 IFFT/FFT 进行相应的调制和解调操作，这使得系统的实现变得非常简单，且具有较低的成本。

OFDM 系统的原理如图 4-2 所示。

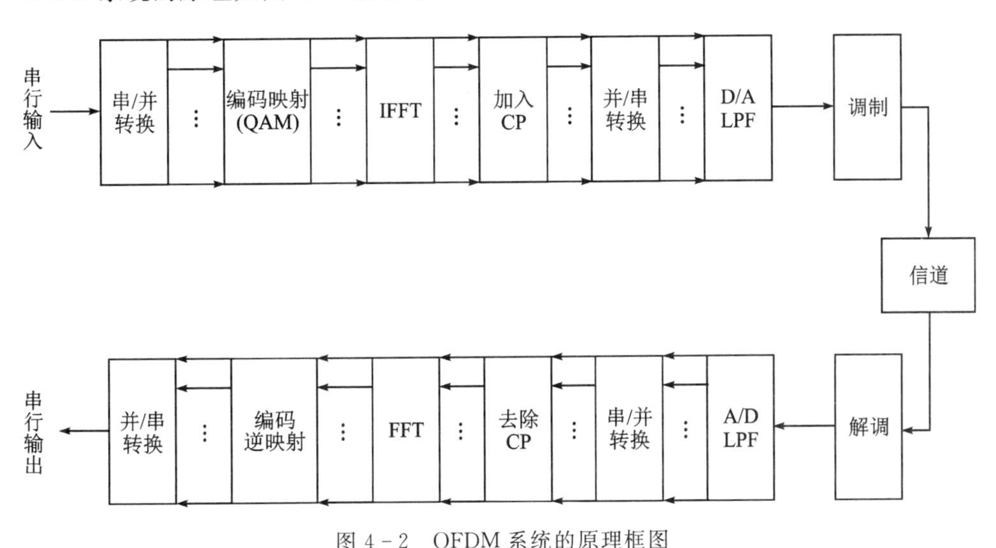


图 4-2　OFDM 系统的原理框图

在发射端，首先对信源符号进行串/并转换，然后对每一支路上的信号进行 QAM 或 QPSK 调制。再对每路信号进行 IFFT 变换，即 OFDM 调制。然后进行并/串转换，再在串行数据前加入循环前缀，就形成 OFDM 码元。经过成形滤波、D/A 转换后由射频单元发送出去。

信号经无线信道传播后，在接收端首先进行下变频、A/D 转换、低通滤波和去除循环前缀等操作。在完成时间和频率同步后，用 FFT 变换分解出频域信号。然后进行 QAM 或 QPSK 解调和并/串转换，得到原始信息。

OFDM 系统最主要的缺点是对频偏比较敏感，而且具有较大的峰值平均功率比(PARP)。

本实验只仿真 OFDM 系统的一条载波，即一个子信道，而实际系统可能有多个子信道。首先，使用 MATLAB 产生随机数作为信源，转化为 0/1 比特流。然后，对比特流每 4 个为一组，转化为十进制数。经过 QAM 调制映射为复信号，对复信号进行 IFFT 变换，即 OFDM 调制，然后对每个 OFDM 码元加循环前缀。再进行并/串、D/A 转换，调制到射频上发送出去(仿真对这部分略去)。在调制后的信号中加入高斯噪声，接收端收到后依次进行去循环前缀、FFT、QAM 逆映射，再转化为 0/1 比特流，即得到原信号。

## 四、实验步骤

(1) 画出仿真程序流程图。

(2) 运行 MATLAB 开发环境，编写程序。

(3) 运行程序，观察实验结果。

(4) 分别修改输入码元数、信噪比等参数，观察并记录图形变化。

## 五、思考题

(1) OFDM 的循环前缀长度应如何选取？

(2) QAM 调制的星座图与 QPSK 调制的星座图有什么异同？

# 第三章　扩频码仿真实验

## 实验五　m 序列产生及其特性

### 一、实验目的

掌握 m 序列的特性、产生方法及应用。

### 二、实验内容

（1）观察 m 序列，识别其特征。

（2）观察 m 序列的自相关特性。

### 三、实验原理

m 序列是由 $n$ 级线性移位寄存器产生的周期为 $2^n-1$ 的码序列，是最长线性移位寄存器序列的简称。码分多址系统主要采用两种长度的 m 序列：一种是周期为 $2^{15}-1$ 的 m 序列，又称短 PN 码序列；另一种是周期为 $2^{42}-1$ 的 m 序列，又称长 PN 码序列。m 序列主要有两个功能：一是扩展调制信号的带宽到更大的传输带宽，即所谓的扩展频谱；二是区分通过多址接入方式使用同一传输频带的不同用户的信号。

#### 1. 产生原理

图 5-1 所示的是由 $n$ 级移位寄存器构成的码序列发生器。寄存器的状态取决于时钟控制下输入的信息(0 或 1)，例如第 $i$ 级移位寄存器的状态取决于前一时钟脉冲后的第 $i-1$ 级移位寄存器的状态。

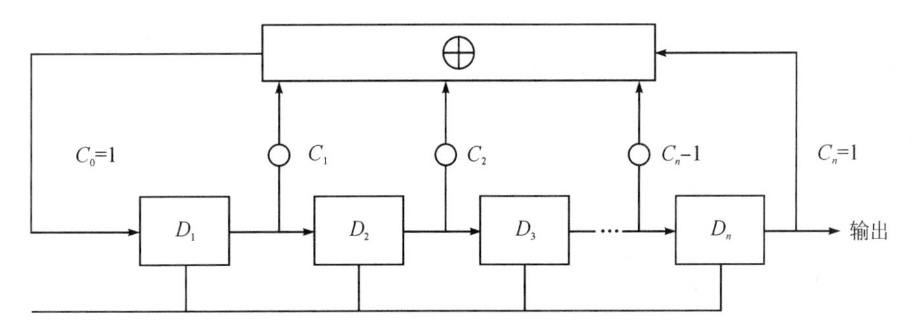


图 5-1　$n$ 级循环序列发生器的模型

图 5-1 中，$C_0$，$C_1$，…，$C_n$ 均为反馈线，其中 $C_0=C_n=1$，表示反馈连接。因为 m 序列是由循环序列发生器产生的，因此 $C_0$ 和 $C_n$ 肯定为 1，即参与反馈。而反馈系数 $C_1$，$C_2$，…，$C_{n-1}$ 若为 1，则参与反馈；若为 0，则表示断开反馈线，即开路，无反馈连线。

一个线性反馈移位寄存器能否产生 m 序列，取决于它的反馈系数 $C_i(i=0, 1, 2, \cdots, n)$。表 5-1 中列出了部分 m 序列的反馈系数 $C_i$，按照表中的系数来构造移位寄存器，就能产生相应的 m 序列。

**表 5-1　部分 m 序列的反馈系数表**

| 级数 $n$ | 周期 $P$ | 反馈系数 $C_i$(采用八进制) |
|---|---|---|
| 3 | 7 | 13 |
| 4 | 15 | 23 |
| 5 | 31 | 45，67，75 |
| 6 | 63 | 103，147，155 |
| 7 | 127 | 203，211，217，235，277，313，325，345，367 |
| 8 | 255 | 435，453，537，543，545，551，703，747 |
| 9 | 511 | 1021，1055，1131，1157，1167，1175 |
| 10 | 1023 | 2011，2033，2157，2443，2745，3471 |
| 11 | 2047 | 4005，4445，5023，5263，6211，7363 |
| 12 | 4095 | 10123，11417，12515，13505，14127，15053 |
| 13 | 8191 | 20033，23261，24633，30741，32535，37505 |
| 14 | 16383 | 42103，51761，55753，60153，71147，67401 |
| 15 | 32765 | 100003，110013，120265，133663，142305 |

根据表 5-1 中的八进制的反馈系数，可以确定 m 序列发生器的结构。以 7 级 m 序列反馈系数 $C_i=(211)_8$ 为例，首先将八进制的系数转化为二进制的系数，即 $C_i=(010001001)_2$，由此我们可以得到各级反馈系数分别为：$C_0=1$，$C_1=0$，$C_2=0$，$C_3=1$，$C_4=0$，$C_5=0$，$C_6=0$，$C_7=1$，由此就很容易地构造出相应的 m 序列发生器。根据反馈系数，其他级数的 m 序列的构造原理与上述方法相同。

需要说明的是，表 5-1 中列出的是部分 m 序列的反馈系数，将表中的反馈系数进行比特反转，即进行镜像，可得到相应的 m 序列。例如，取 $C_4=(23)_8=(10011)_2$，进行比特反转之后为 $(10011)_2=(31)_8$，所以 4 级的 m 序列共有 2 个。其他级数 m 序列的反馈系数也具有相同的特性。理论分析指出，$a_n$ 级移位寄存器可以产生的 m 序列个数由下式决定：

$$N_s=\frac{\phi(2^n-1)}{n}$$

其中，$\phi(x)$ 为欧拉函数，其值为小于等于 $x$、并与 $x$ 互质的正整数的个数(包括 1 在内)。例如，对于 4 级移位寄存器，小于 $2^4-1=15$ 并与 15 互质的数为 1，2，4，7，8，11，13，14，共 8 个，所以 $\phi(15)=8$，$N_s=8/4=2$，因此 4 级移位寄存器最多能产生的 m 序列个数为 2。

总之，移位寄存器的反馈系数决定是否产生 m 序列，起始状态决定序列的起始点，不同的反馈系数产生不同的码序列。

**2. m 序列的自相关函数**

m 序列的自相关函数为

$$R_{xx}(\tau)=A-D \tag{5-1}$$

式中，$A$ 为对应位码元相同的个数；$D$ 为对应位码元不同的个数。

自相关系数为

$$\rho(\tau)=\frac{A-D}{P}=\frac{A-D}{A+D} \tag{5-2}$$

对于 m 序列，其码长为 $P=2n-1$，在这里 $P$ 也等于码序列中的码元数，即“0”和“1”个数的总和。其中“0”的个数应去掉移位寄存器的全“0”状态，所以 $A$ 值为

$$A=2^{n-1}-1 \tag{5-3}$$

“1”的个数(即不同位)$D$ 为

$$D=2^{n-1} \tag{5-4}$$

根据移位相加特性，m 序列$\{a_n\}$与移位$\{a_{n-\tau}\}$进行模 2 加后，仍然是一个 m 序列，所以“0”和“1”的码元个数仍差 1，由式(5-2)～式(5-4)可得 m 序列的自相关系数为

$$\rho(\tau)=\frac{(2^{n-1}-1)-2^{n-1}}{P}=-\frac{1}{P},\quad \tau\neq 0 \tag{5-5}$$

当 $\tau=0$ 时，因为$\{a_n\}$与$\{a_{n-0}\}$的码序列完全相同，经模 2 加后，全部为“0”，即 $D=0$，而 $A=P$。由式(5-2)可知：

$$\rho(0)=\frac{P-0}{P}=1,\quad \tau=0 \tag{5-6}$$

因此，m 序列的自相关系数为

$$\rho(\tau)=\begin{cases}1, & \tau=0\\ -\dfrac{1}{P}, & \tau\neq 0,\ \tau=1,2,\cdots,P-1\end{cases} \tag{5-7}$$

假设码序列周期为 $P$，码元宽度(常称为码片宽度，以便区别信息码元宽度)为 $T_c$，那么自相关系数是以 $PT_c$ 为周期的函数，如图 5-2 所示。图中横坐标以 $\tau/T_c$ 表示，如 $\tau/T_c=1$，则移位 1 比特，即 $\tau=T_c$；如 $\tau/T_c=2$，则移位 2 比特，即 $\tau=2T_c$；等等。

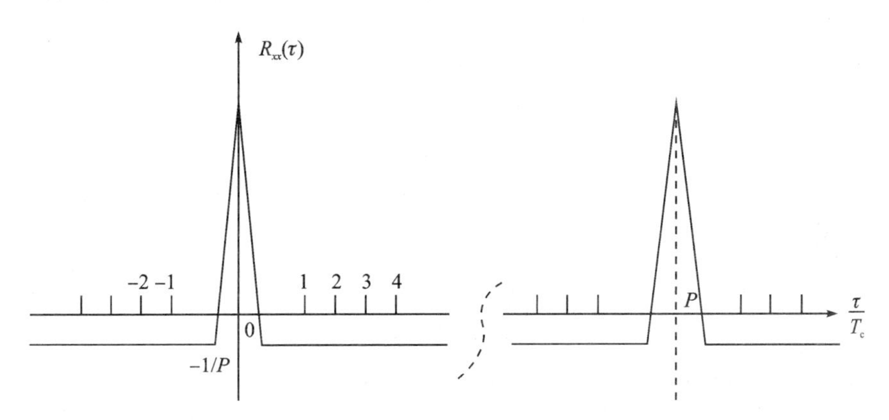


图 5-2　m 序列的自相关函数

在$|\tau|\leqslant T_c$ 的范围内，自相关系数为

$$\rho(\tau)=1-\left(\frac{P+1}{P}\right)\frac{|\tau|}{T_c},\quad |\tau|\leqslant T_c \tag{5-8}$$

由图 5-2 可知，m 序列的自相关系数在 $\tau=0$ 处出现尖峰，并以 $PT_c$ 时间为周期重复出

现。尖峰底宽 $2T_c$，$T_c$ 越小，相关峰越尖锐。周期 $P$ 越大，$|-1/P|$ 就越小。在这种情况下，m 序列的自相关特性就越好。

由于 m 序列自相关系数在 $T_c$ 的整数倍处只有 1 和 $-1/P$ 两种取值，因而 m 序列称作二值自相关序列。

m 序列的这种二值自相关系数的特性正是它应用在扩频码分多址系统的主要原因。由图 5-2 可知，如果序列的周期 $P$ 足够大，在接收端信号和发送端信号完全同步的情况下，接收端输出的信号电平就是峰值，而在其他状态下接收端输出的信号电平很小(如果 $P$ 很大的话，信号电平值近似为 0)，这正是所期望的情形。

下面通过实例来分析自相关特性。

图 5-3 所示为 4 级 m 序列的码序列发生器。假设初始状态为 0001，在时钟脉冲的作用下，逐次移位。$D_3 \oplus D_4$ 作为 $D_1$ 输入，则 $n=4$ 码序列产生过程如表 5-2 所示。

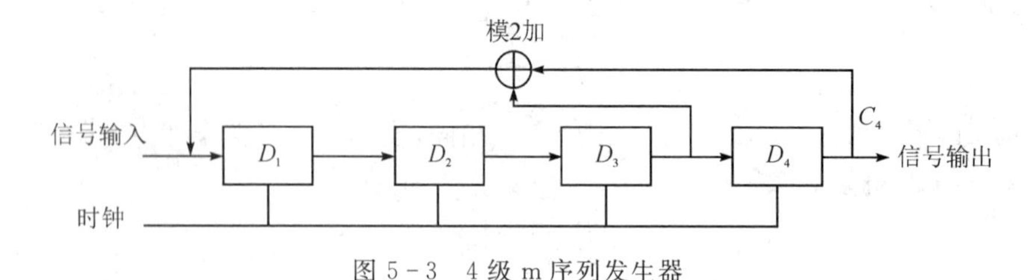


图 5-3　4 级 m 序列发生器

**表 5-2　4 级 m 序列产生状态表**

| 状态 / 时钟 | $D_1$ | $D_2$ | $D_3$ | $D_4$ | $D_3 \oplus D_4$ | 输出序列 |
|---|---|---|---|---|---|---|
| 0 | 0 | 0 | 0 | 1 | 1 | 1 |
| 1 | 1 | 0 | 0 | 0 | 0 | 0 |
| 2 | 0 | 1 | 0 | 0 | 0 | 0 |
| 3 | 0 | 0 | 1 | 0 | 1 | 0 |
| 4 | 1 | 0 | 0 | 1 | 1 | 1 |
| 5 | 1 | 1 | 0 | 0 | 0 | 0 |
| 6 | 0 | 1 | 1 | 0 | 1 | 0 |
| 7 | 1 | 0 | 1 | 1 | 0 | 1 |
| 8 | 0 | 1 | 0 | 1 | 1 | 1 |
| 9 | 1 | 0 | 1 | 0 | 1 | 0 |
| 10 | 1 | 1 | 0 | 1 | 1 | 1 |
| 11 | 1 | 1 | 1 | 0 | 1 | 0 |
| 12 | 1 | 1 | 1 | 1 | 0 | 1 |
| 13 | 0 | 1 | 1 | 1 | 0 | 1 |
| 14 | 0 | 0 | 1 | 1 | 0 | 1 |
| 15 | 0 | 0 | 0 | 1 | 1 | 1 |

由图 5-3 所示的移位寄存器产生的 4 级 m 序列为：100010011010111，设此序列为 $m_1$。右移 3 比特后的码序列为 $m_2$：111100010011010，相应的波形如图 5-4 所示，同时为了进行自相关系数的计算，分别列出了 $m_1$ 序列自身相乘的波形和 $m_1 \times m_2$ 的波形。

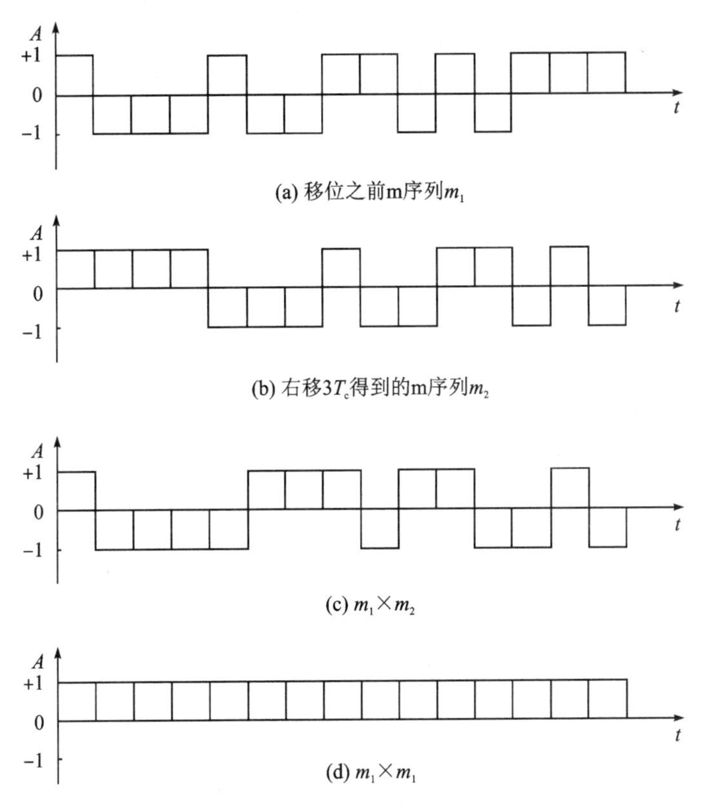


(a) 移位之前m序列$m_1$

(b) 右移$3T_c$得到的m序列$m_2$

(c) $m_1 \times m_2$

(d) $m_1 \times m_1$

图 5-4　4 级 m 序列的自相关函数

比较 $m_1$ 和 $m_2$ 两个序列可知，相同码元的数目 $A=7$，不同码元的数目 $D=8$，则自相关系数 $\rho(3)=\frac{A-D}{A+D}=\frac{7-8}{7+8}=-\frac{1}{15}$，同理可得 $\rho(0)=1$。可以验证：当 $\tau \neq 0$ 时，$\rho(\tau)=-\frac{1}{15}$。

**3. m 序列的互相关函数**

两个码序列的互相关函数是两个不同码序列一致程度(相似性)的度量，它也是位移量的函数。当使用码序列来区分地址时，必须选择码序列互相关函数值很小的码，以避免用户之间互相干扰。

研究表明，两个长度周期相同，由不同反馈系数产生的 m 序列，其互相关函数(或互相关系数)与自相关函数相比，没有尖锐的二值特性，是多值的。作为地址码而言，希望选择的互相关函数越小越好，这样便于区分不同用户，或者说，抗干扰能力强。

在二进制情况下，假设码序列周期为 $P$ 的两个 m 序列，其互相关函数 $R_{xy}(\tau)$ 为

$$R_{xy}(\tau) = A - D \tag{5-9}$$

式中，$A$ 为两序列对应位相同的个数，即两序列模 2 加后“0”的个数；$D$ 为两序列对应位不同的个数，即两序列模 2 加后“1”的个数。

为了理解上述指出的互相关函数问题，在此以 $n=5$ 时由不同反馈系数产生的两个 m 序列为例，计算它们的互相关系数，以进一步讲述 m 序列的互相关特性。将反馈系数为$(45)_8$和$(75)_8$时产生的两个 5 级 m 序列分别记做 $m_1$：1000010010110011111000110111010；$m_2$：1111101110001010110100001100100，序列 $m_1$ 和 $m_2$ 的互相关函数如表 5－3 所示。

**表 5－3　序列 $m_1$ 和 $m_2$ 的互相关函数**

| | |
|---|---|
| 序列 $m_1$ | 1 0 0 0 0 1 0 0 1 0 1 1 0 0 1 1 1 1 1 0 0 0 1 1 0 1 1 1 0 1 0 |
| 序列 $m_2$ | 1 1 1 1 1 0 1 1 1 0 0 0 1 0 1 0 1 1 0 1 0 0 0 0 1 1 0 0 1 0 0 |
| $m_1$ 右移的码元数目 $\tau$（单位为 $1/T_c$） | 0 1 2 3 4 5 6 7 8 9 10 11 12 13 14 15 16 17 18 19 20 21 22 23 24 25 26 27 28 29 30 |
| $R_{xy}(\tau)$ | 9 1 7 1 9 9 7 1 7 7 1 1 1 9 7 9 7 7 1 1 7 7 1 7 1 1 9 1 1 1 1<br>$R_{xy}(\tau)\leqslant\begin{cases}2^{(n+1)/2}+1, & n\text{ 为奇数}\\2^{(n+2)/2}+1, & n\text{ 为偶数且 }n\text{ 不能被 4 整除}\end{cases}$ |

根据表 5－3 中的互相关函数值可以画出序列 $m_1$ 和 $m_2$ 的互相关函数曲线，如图 5－5 所示。

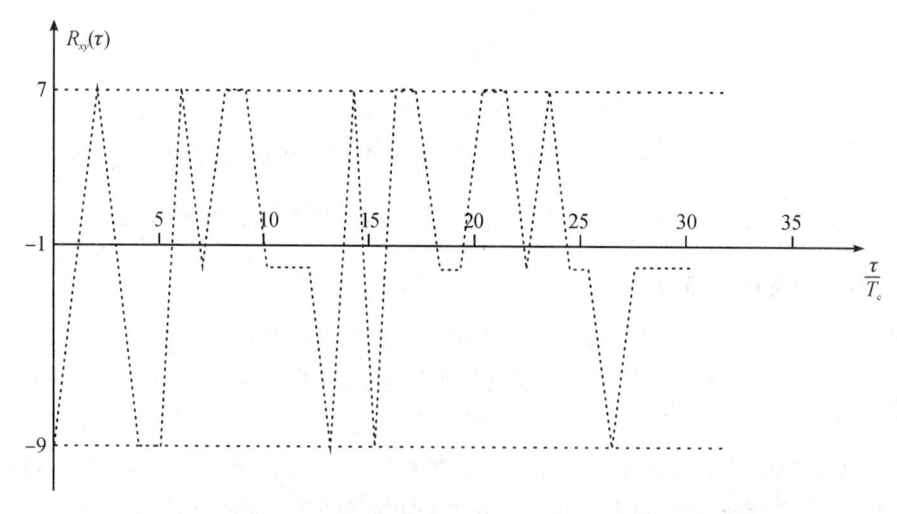


图 5－5　m 序列的互相关函数曲线

由图 5－5 可以看出，不同于 m 序列自相关函数的二值特性，m 序列的互相关函数是一个多值函数。在码分多址系统中，m 序列用作地址码时，互相关函数值越小越好。研究表明，m 序列的互相关函数具有多值特性，其中一些互相关函数特性较好，而另一些则较差。在实际应用中，应取互相关特性较好的 m 序列作为地址码，由此便引出 m 序列优选对的概念。

满足下列条件的两个m序列可构成优选对：

$$R_{xy}(\tau) \leqslant \begin{cases} 2^{(n+1)/2}+1, n \text{ 为奇数} \\ 2^{(n+2)/2}+1, n \text{ 为偶数且 } n \text{ 不能被 4 整除} \end{cases} \tag{5-10}$$

由表5-3可以看出，级数$n=5$的两个m序列(反馈系数分别为$(45)_8$和$(75)_8$)，可以构成优选对，因为它们的互相关函数值$R_{xy}(\tau) \leqslant 2^3+1=9$。m序列优选对的概念在后面讲Gold序列时将会用到。

**4. m序列的性质**

前面详细讨论了m序列的产生原理、自相关以及互相关特性，这部分将对m序列的性质作一个总结，有关特性以反馈系数为$(45)_8$的5级m序列1000010010110011111000110111010为例进行验证。m序列具有以下性质。

1）均衡性

在m序列的一个周期中，0和1的个数基本相等，1的个数比0的个数多一个。该性质可由m序列1000010010110011111000110111010看出，总共有16个1和15个0。

2）游程分布

m序列中取值相同的那些相继的元素合称为一个“游程”。游程中元素的个数称为游程长度。$n$级的m序列中，总共有$2^{n-1}$个游程，其中长度为1的游程占总游程数的1/2，长度为2的游程占总游程数的1/4，长度为$k$的游程占总游程数的$2^{-k}$。且长度为$k$的游程中，连0与连1的游程数各占一半。如序列1000010010110011111000110111010中，游程总数为$2^{5-1}=16$，此序列各种长度的游程分布如下：

长度为1的游程个数为8，其中4个1游程和4个0游程；

长度为2的游程个数为4，2个11游程，2个00游程；

长度为3的游程个数为2，1个111游程，1个000游程；

长度为4的连0游程个数为1；

长度为5的连1游程个数为1。

3）移位相加特性

一个m序列$m_1$与其经任意延迟移位产生的另一序列$m_2$模2相加，得到的仍是$m_1$的某次延迟移位序列$m_3$，即

$$m_1 \oplus m_2 = m_3$$

验证如下：

$$m_1 = 1000010010110011111000110111010$$

右移3位得到序列：

$$m_2 = 0101000010010110011111000110111$$

则得

$$m_3 = 1101010000100101100111110001101$$

可以看出，$m_1$右移5位即可得到$m_3$。

4）相关特性

我们可以根据移位相加特性来验证m序列的自相关特性。由于移位相加后得到的还是

$m$ 序列，因此 0 的个数比 1 的个数少 1，所以，当 $\tau\neq0$ 时，自相关系数 $\rho(\tau)=-1/P$。m 序列的自相关特性如式(5－7)所示，图 5－2 也清楚地表示了 m 序列的二值自相关特性。

## 四、实验步骤

（1）预习 m 序列的产生原理及性质，独立设计 m 序列产生方法。

（2）画出 m 序列仿真流程图。

（3）编写 MATLAB 程序并上机调试。

（4）验证 m 序列的相关性质。

（5）撰写实验报告。

## 五、思考题

m 序列的自相关与互相关特性如何？这些特性决定了它的哪些应用？

# 实验六　Gold 序列产生及其特性

## 一、实验目的

（1）掌握 Gold 序列的特性、产生方法及应用。

（2）掌握 Gold 序列与 m 序列的区别。

## 二、实验内容

（1）观察 Gold 序列，识别其特征。

（2）观察 Gold 序列的自相关特性及互相关特性。

（3）比较 Gold 序列与 m 序列的区别。

## 三、实验原理

虽然 m 序列有优良的自相关特性，但是使用 m 序列作 CDMA（码分多址）通信的地址码时，其主要问题是由 m 序列组成的互相关特性好的且互为优选的序列集很少，对于多址应用来说，可用的地址数太少了。而 Gold 序列具有良好的自相关、互相关特性，且地址数远远大于 m 序列的地址数，结构简单，易于实现，在工程上得到了广泛的应用。

Gold 序列是 m 序列的复合码，它是由两个码长相等、码时钟速率相同的 m 序列优选对模 2 加构成的。其中 m 序列优选对是指在 m 序列集中，其互相关函数最大值的绝对值最接近或达到互相关值下限（最小值）的一对 m 序列。这里我们定义优选对为：设 $A$ 是对应于 $n$ 级本原多项式 $f(x)$ 所产生的 m 序列，$B$ 是对应于 $n$ 级本原多项式 $g(x)$ 所产生的 m 序列，当它们的互相关函数满足

$$|R_{A,B}(k)|=\begin{cases}2^{(n+1)/2}+1, & n\text{ 为奇数}\\ 2^{(n+2)/2}+1, & n\text{ 为偶数且不是 4 的整数倍数}\end{cases} \tag{6-1}$$

时，则 $f(x)$ 和 $g(x)$ 产生的 m 序列 $A$ 和 $B$ 构成一对优选对。

在 Gold 序列的构造中，每改变两个 m 序列相对位移就可得到一个新的 Gold 序列。当相对位移为 $2n-1$ 比特时，就可得到一族 $2n-1$ 个 Gold 序列。再加上两个 $m$ 序列，共有 $2n+1$ 个 Gold 序列。由优选对模 2 加产生的 Gold 族 $2n-1$ 个序列已不再是 m 序列，也不具有 m 序列的游程特性。但 Gold 码族中任意两序列之间的互相关函数都满足式（6－1）。由于 Gold 码的这一特性，使得码族中任一码序列都可作为地址码，其地址数大大超过了用 m 序列作地址码的数量。所以 Gold 序列在多址技术中得到了广泛的应用。

产生 Gold 序列的结构形式有两种：一种是串联成级数为 $2n$ 级的线性移位寄存器；另一种是由两个 $n$ 级并联而成。图 6－1 和图 6－2 分别为 $n=6$ 级的串联型和并联型结构图。其本原多项式分别为：$f(x)=1+x+x^6$，$g(x)=1+x+x^2+x^5+x^6$。这两种结构是完全等效的，它们产生 Gold 序列的周期都是 $P=2^n-1$。

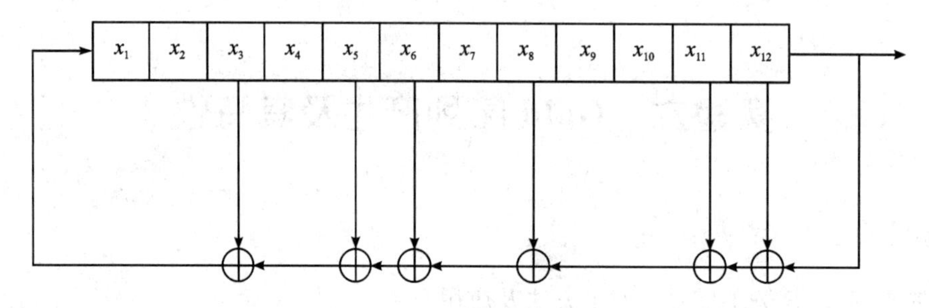


图 6-1 串联型 Gold 序列发生器

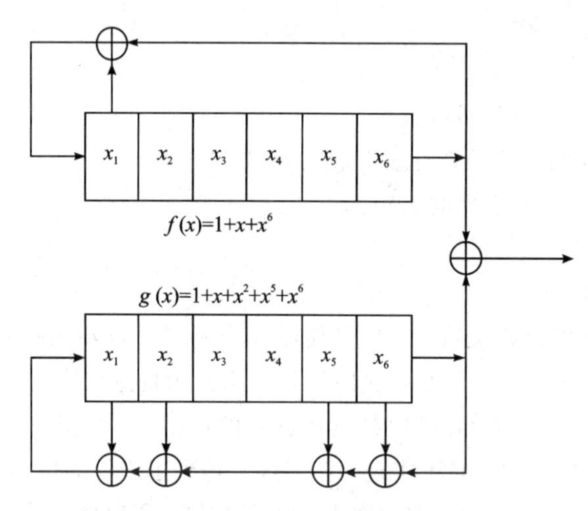


图 6-2 并联型 Gold 序列发生器

Gold 序列的自相关特性如图 6-3 所示。

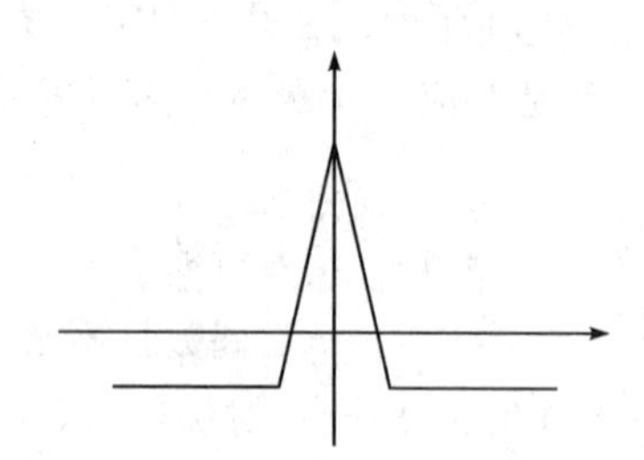

图 6-3 Gold 序列的自相关特性

Gold 码具有以下性质：

(1) 两个 m 序列优选对经不同移位相加产生的新序列都是 Gold 序列，两个 $n$ 级移位寄存器可以产生 $2^n+1$ 个 Gold 序列，周期均为 $2^n-1$。

(2) Gold 码序列的周期性自相关函数是三值($u_1$，$u_2$，$u_3$)函数，同一优选对产生的 Gold 码的周期性互相关函数为三值函数，同长度的不同优选对产生的 Gold 码的周期性互相关函数不是三值函数。在同一个 Gold 码族中，Gold 序列的自相关旁瓣及任两个码序列之间的互相关值都不超过该码族中的两个 m 序列的互相关值，即满足式(6-1)的要求。$u_1$，$u_2$，$u_3$ 的值分别如下：

$$u_1=-1,\ u_2=\begin{cases}2^{\frac{n+1}{2}}-1, & n\text{为奇数}\\ 2^{\frac{n+2}{2}}-1, & n\text{为偶数}\end{cases},\quad u_3=\begin{cases}-\left(2^{\frac{n+1}{2}}+1\right), & n\text{为奇数}\\ -\left(2^{\frac{n+2}{2}}+1\right), & n\text{为偶数}\end{cases}$$

与 m 序列相比，Gold 码序列具有良好的互相关特性，系统采用这种码可以提供良好的多址功能。Gold 码在各种卫星系统中获得了广泛的应用。

## 四、实验步骤

（1）预习 Gold 序列的产生原理及性质，独立设计 Gold 序列产生方法。

（2）画出 Gold 序列仿真流程图。

（3）编写 MATLAB 程序并上机调试。

（4）比较 m 序列与 Gold 序列的异同。

（5）撰写实验报告。

## 五、思考题

m 序列与 Gold 序列有什么不同？各自主要应用在哪些方面？

# 实验七　Walsh 码与 OVSF 码产生及其特性

## 一、实验目的

(1) 掌握 Walsh 码与 OVSF 码的产生原理及特性。

(2) 了解 Walsh 码与 OVSF 码在 3G 系统中的应用。

## 二、实验内容

(1) 编写 MATLAB 程序对 Walsh 码与 OVSF 码的产生原理及特性进行仿真。

(2) 观察分析两者的异同。

(3) 分析仿真中观察到的数据，撰写实验报告。

## 三、实验原理

### 1. Walsh 码的产生原理及特性

1) Walsh 码序列的数学表示

Walsh 函数是 1923 年由于被数学家 Walsh 证明其为正交函数而得名的。Walsh 函数是一组有限区间上的归一化正交函数集，用来表示一组正弦波，只取 +1 和 −1 两个幅值。Walsh 函数可以用差分方程、拉德梅克(Rademacher)乘积、Hadamard 矩阵、布尔综合等不同途径导出。在此我们用 Hadamard 矩阵表示，即

$$H_{2^0}=H_1=[0]$$

$$H_{2^1}=H_2=\begin{bmatrix}H_1 & H_1\\ H_1 & \overline{H}_1\end{bmatrix}=\begin{bmatrix}0 & 0\\ 0 & 1\end{bmatrix}$$

$$H_{2^2}=H_4=\begin{bmatrix}H_2 & H_2\\ H_2 & \overline{H}_2\end{bmatrix}=\begin{bmatrix}0 & 0 & 0 & 0\\ 0 & 1 & 0 & 1\\ 0 & 0 & 0 & 0\\ 0 & 1 & 0 & 1\end{bmatrix}$$

$$H_{2^r}=\begin{bmatrix}H_{2^{r-1}} & H_{2^{r-1}}\\ H_{2^{r-1}} & \overline{H}_{2^{r-1}}\end{bmatrix},\quad \begin{array}{l}r=1,2,3,\cdots\\ \overline{H}_{2^{r-1}}\text{ 是 }H_{2^{r-1}}\text{ 的补码或反码}\end{array}$$

$H_{2^r}$ 矩阵是有 $2^r\times 2^r$ 个元素的方阵，方阵中任意两行或两列都是正交的。Walsh 码序列 $W_{2^r}^n$ 与 Hadamard 矩阵 $H_{2^r}$ 的对应关系如下：

$$W_{2^r}^n=[H_{2^r}]_{n+1},\quad r=0,1,2,3,\cdots;\ n=0,1,2,3,\cdots,2^r-1$$

也就是说：阶数为 $2^r$，编号为 $n$ 的 Walsh 码是 $H_{2^r}$ 矩阵的第 $n+1$ 行码。

2）Walsh 码序列的基本性质

（1）正交性：阶数（长度）为 $N=2^r$ 的 Walsh 函数码序列，即使在完全同步时，自相关特性也不理想，而互相关特性理想，且有 $N$ 个相互完全正交的 Walsh 码，即

$$\begin{cases} W_{2^r}^n \oplus W_{2^r}^m = 1，当\ m=n\ 时，m(或\ n)=0,1,2,3,\cdots,2^r-1 \\ W_{2^r}^n \oplus W_{2^r}^m = 0，当\ m\neq n\ 时，m(或\ n)=0,1,2,3,\cdots,2^r-1 \end{cases}$$

在应用中，主要使用 Walsh 码的互相关特性，而用 PN 码来弥补它自相关特性的不足。当 Walsh 码不同步时，互相关特性随同步误差值增大，恶化十分明显。

（2）两个 Walsh 码序列相乘仍是 Walsh 码序列，这个码序列的编号是相乘的两个码序列编号的模 2 和，即

$$W_{2^r}^n \times E_{2^r}^m = W_{2^r}^{n\oplus m}$$

（3）同长度的不同编号的 Walsh 函数的频带宽度是不一样的，取决于其最短游程的宽度 $T_i$，近似等于 $1/T_i$。不同编号的 Walsh 函数的 $T_i$ 不同，因此其频带宽度也不同。如果用 $W_{2^r}^n$ 作为扩频码，则不同编号的 Walsh 码的扩频增益是不同的，这不利于抗干扰。

**2. OVSF 码的产生原理及特性**

OVSF 码是 Walsh 码的一种，其生成方法遵循 Walsh 函数的基本规则。设 1 阶 OVSF 码的初始码字为 0，在其对应的行和列分别放置一个 0，在其对角线上放置一个 1，这样就生成了相应的 2 阶 OVSF 码。以此类推，每次按行进行复制或取反操作，将复制后的值放在对应的行和列上，取反后的值放在对角线上，这样就可以生成 4 阶、8 阶等 $2^k$ 阶数的 OVSF 码。如图 7-1 所示。

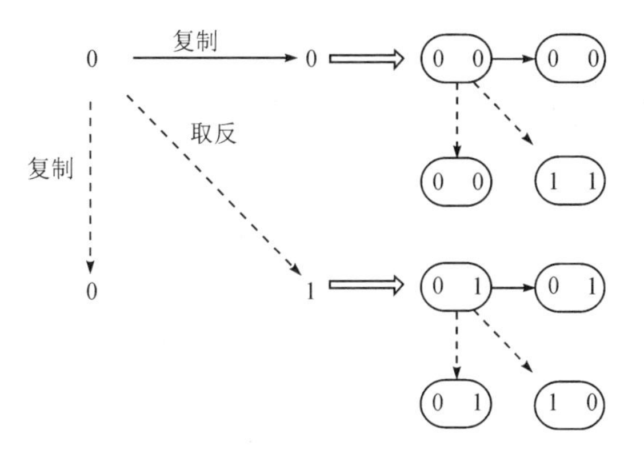


图 7-1　OVSF 码生成规则示意图

根据 OVSF 码的生成规则，可以用码树来表示这一生成过程，如图 7-2 所示。

在码树图中可以看出，码树每一层规定了信道化码的长度 SF。SF 的大小是与矩阵的阶数相对应的。SF 越小，可用信道数目越少，原始信息速率越大。SF＝码片速率（CPS）/符号速率（SPS）。

OVSF 码的数学特性如下：

（1）OVSF 序列码组矩阵的阶数（扩频因子）等于该组码字的个数，也等于码字长度，都是 2 的整数幂 $2^k$，都用 $SF=2^k$ 表示。如 $k=3$ 时，$SF=2^3=8$，是 8 阶（扩频因子是 8）OVSF

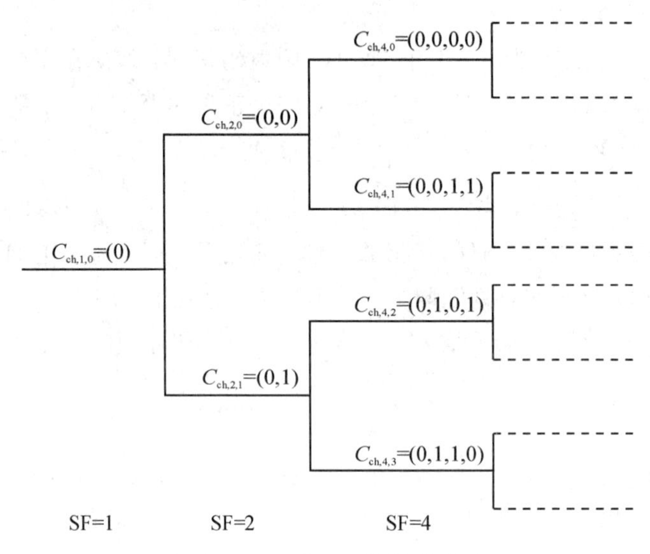


图 7-2 生成 OVSF 码的码树

序列码组，有 8 个 OVSF 码，每个码长度为 8 位。

（2）长度相同的不同码字之间相互正交，其互相关值为 0。

在此要特别说明的是，Walsh 码与 OVSF 码是不同的。虽然两者生成原理是一样的，但是 OVSF 码是按行复制和取反，Walsh 码是按块复制和取反；虽然两者生成的码组也是一样的，但是码组的排列顺序不同。其区别可由图 7-3 表示。

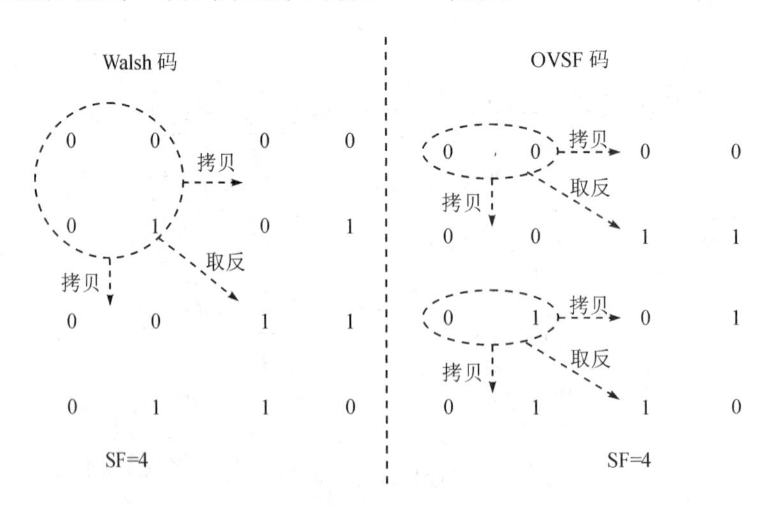


图 7-3 Walsh 码与 OVSF 码的区别

**3. Walsh 码与 OVSF 码在 CDMA 系统中的应用**

CDMA2000 系统中：在下行方向，使用短 PN 码作为扰码区分不同小区，使用 Walsh 码作为信道化码区分同一小区下不同的下行信道；在上行方向，使用长 PN 码区分不同移动台，使用 Walsh 码作为信道化码区分同一移动台下不同的上行信道。

IS-95 CDMA 系统中使用的是固定 64 阶的 Walsh 码，而 CDMA2000 系统中下行和上行方向都使用变长 Walsh 码。下行方向使用从 2 阶到 128 阶的 Walsh 码；上行方向使用从 2

阶到 64 阶的 Walsh 码。

在 WCDMA 系统中，使用 OVSF 码作为信道化码，在上行链路区分同一终端的专用物理数据信道（DPDCH）和专用物理控制信道（DPCCH），在下行链路区分同一小（扇）区中不同用户的下行链路连接。

在 TD-SCDMA 系统中，在上、下行时隙中，都用 OVSF 码作为信道化码区分不同信道。

## 四、实验步骤

（1）预习 Walsh 码与 OVSF 码的产生原理及特性，独立写出 8 阶 Walsh 码与 OVSF 码。

（2）根据产生原理及特性函数，画出仿真流程图。

（3）编写 MATLAB 程序并上机调试。

（4）观察 Walsh 码与 OVSF 码的异同。

（5）撰写实验报告。

## 五、思考题

（1）Walsh 码与 OVSF 码有哪些异同？

（2）Walsh 码与 OVSF 码在通信系统中有哪些应用？是什么特性决定了它们的这些应用？

# 第四章　同步、抗衰落及误码分析仿真实验

## 实验八　使用数字锁相环的载波恢复仿真

### 一、实验目的

（1）掌握通信系统的同步原理及其实现方法。

（2）掌握数字锁相环的工作原理。

### 二、实验内容

（1）总结通信系统的同步原理及数字锁相环的工作原理，编写 MATLAB 程序，仿真数字锁相环的工作流程。

（2）观察锁相环的频率及相位响应曲线。

（3）观察比较锁相环锁定前后的数据星座图。

（4）分析仿真中观察到的数据，撰写实验报告。

### 三、实验原理

#### 1. 同步原理

在通信系统中，同步是个很重要的问题。通信系统能否有效地可靠地工作，在很大程度上依赖于一个好的同步系统。

当采用同步解调或相干解调时，接收端需要提供一个和发射端载波同频、同相的本地载波，而这个本地载波的频率和相位必须来自接收信号，或者从接收信号中提取载波同步信息。这个载波提取过程就称为载波提取，或称为载波同步。

在数字通信中，除了有载波同步的问题外，还存在位同步的问题。因为信息是一串相继的信号码元的序列，解调时常需知道每个码元的起止时刻，以便判决。例如，用取样判决器对信号进行取样判决时，一般均应对准每个码元最大值的位置。因此，需要在接收端产生一个“码元定时脉冲序列”，这个定时脉冲序列的重复频率要与发射端的码元速率相同，相位要对准最佳取样判决位置。这样的一个码元定时脉冲序列就被称为“码元同步脉冲”或“位同步脉冲”，而把位同步脉冲的取得称为位同步提取。

数字通信中的信息数字流，总是用若干码元组成一个“字”，又用若干“字”组成一“句”。因此，在接收这些数字流时，同样也必须知道与这些“字”“句”起止时刻相一致的定时脉冲序列，这个定时脉冲序列就被称为“字”同步和“句”同步，统称为群同步或帧同步。

此外，在有多个用户的通信网中，还有使网内各站点之间保持同步的网同步问题。为了保证通信网内各用户之间可靠地进行数据交换，必须要求整个数字通信网内有一个统一的时

间节拍标准。

所以，同步系统的好坏将直接影响通信质量的好坏，甚至会影响通信能否正常工作。可以说，在同步通信系统中，“同步”是进行信息传输的前提，正因为如此，为了保证信息的可靠传输，要求同步系统应有更高的可靠性。

以下重点论述载波同步的方法。

载波同步的方法有直接法（自同步法）和插入导频法（外同步法）两种。直接法不需要专门传输导频（同步信号），而是接收端直接从接收信号中提取载波；插入导频法是在发送有用信号的同时，在适当的频率位置上，插入一个（或多个）称作导频的正弦波（同步载波），接收端利用导频提取出载波。

1）直接法

有些信号虽然本身不包含载波分量，但对该信号进行某些非线性变换以后，就可以直接从中提取出载波分量，这就是直接法提取同步载波的基本原理。下面介绍几种实现直接提取载波的方法。

（1）平方变换法和平方环法。

设调制信号为 $m(t)$，$m(t)$中无直流分量，则抑制载波的双边带信号为

$$s(t) = m(t)\cos\omega_c t \tag{8-1}$$

接收端将该信号进行平方变换后，得到

$$s^2(t) = m^2(t)\cos^2\omega_c t = \frac{1}{2}m^2(t) + \frac{1}{2}m^2(t)\cos 2\omega_c t \tag{8-2}$$

式(8－2)中包含倍频分量 $2\omega_c$，用窄带滤波器将此分量滤出，然后经过一个二分频电路，就能提取出载频 $\omega_c$ 分量，这就是所需的同步载波。用平方变换提取载波的原理框图如图8－1所示。

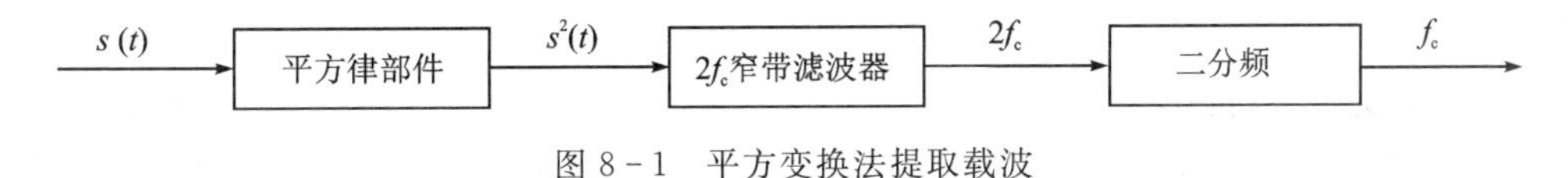


图 8－1　平方变换法提取载波

为改善平方变换的性能，可以在平方变换法的基础上，把窄带滤波器用锁相环替代，构成如图 8－2 所示的框图，这样就实现了平方环法提取载波。由于锁相环具有良好的跟踪、窄带滤波和记忆性能，因此平方环法比一般的平方变换法具有更好的性能，因而得到广泛的应用。

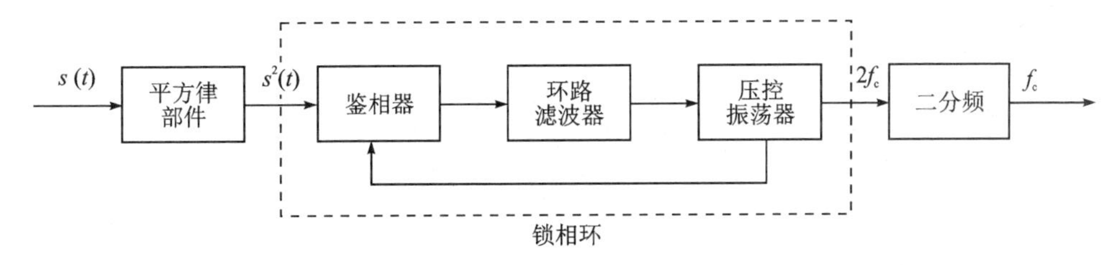


图 8－2　平方环法提取载波

应当注意，在平方变换法和平方环法中都用了一个二分频电路，该电路的输入是 $\cos 2\omega_c t$，经过二分频后得到的可能是 $\cos\omega_c t$，也可能是 $\cos(\omega_c t+\pi)$。也就是说，提取出的载频是准确的，但是相位是模糊的，这可能导致 2PSK 相干解调出现“反向工作”的问题。解决

的办法是采用 2DPSK 代替 2PSK。

(2) 科斯塔斯环法。

科斯塔斯(Costas)环法又称为同相正交环法。它也是利用锁相环提取载频，但是不需要预先做平方处理，并且可以直接得到输出解调信号。该方法的原理方框图如图 8-3 所示。

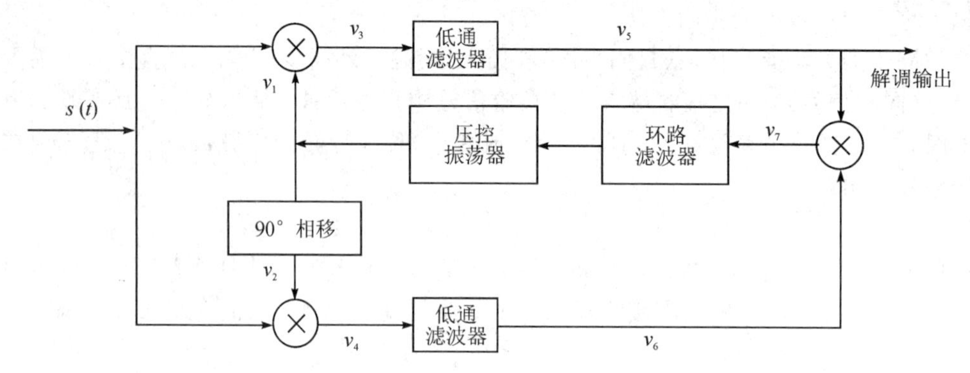


图 8-3　科斯塔斯环法原理方框图

科斯塔斯环法的优点在于可以直接用于解调，但这种方法的电路比较复杂一些。另外，这种方法也存在相位模糊的问题。

2) 插入导频法

插入导频法主要用于接收信号频谱中没有离散载频分量，或即使含有一定的载频分量，也很难从接收信号中分离出来的情况。对这些信号的载波提取，可以用插入导频法。

所谓插入导频，就是在已调信号频谱中额外插入一个低功率的线谱(此线谱对应的正弦波称为导频信号)，在接收端利用窄带滤波器把它提取出来，经过适当的处理形成接收端的相干载波。插入导频的传输方法有多种，基本原理相似。这里仅介绍在抑制载波的双边带信号中插入导频。

对于抑制载波的双边带调制而言，在载频处，已调信号的频谱分量为零，同时对调制信号进行适当的处理，就可以使已调信号在载频附近的频谱分量很小，这样就可以插入导频，这时插入的导频对信号的影响最小。图 8-4 所示为插入的导频和已调信号频谱示意图。在此方案中插入的导频并不是加在调制器的那个载波，而是将该载波移相 90°后的所谓“正交载波”。

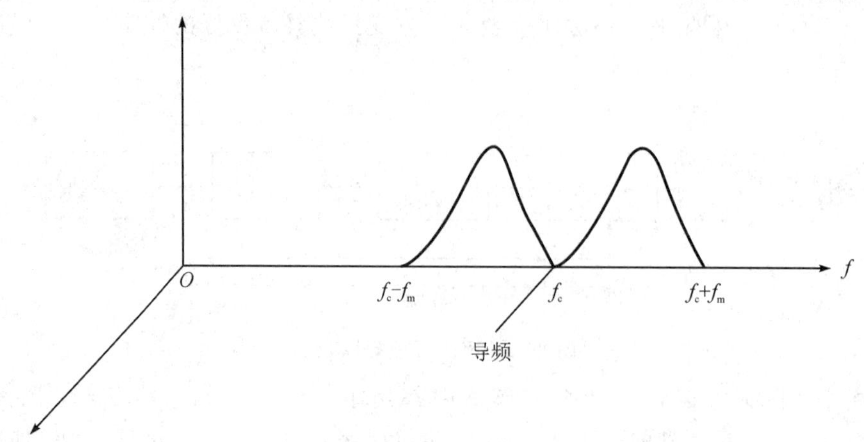


图 8-4　插入的导频和已调信号频谱示意图

设调制信号 $m(t)$中无直流，$m(t)$频谱中的最高频率为 $f_m$。受调制载波为 $a\sin\omega_c t$，将它经 $-\frac{\pi}{2}$相移后形成插入导频(正交载波)$-a\cos\omega_c t$，则发送端输出的信号为

$$s(t) = am(t)\sin\omega_c t - a\cos\omega_c t \tag{8-3}$$

如果不考虑信道失真及噪声干扰，并设接收端收到的信号与发送端的信号完全相同，则此信号通过中心频率为 $f_c$ 的窄带滤波器可提取导频，再将其移位后得到与调制载波同频同相的相干载波。发送端与接收端的原理方框图如图 8-5 所示。

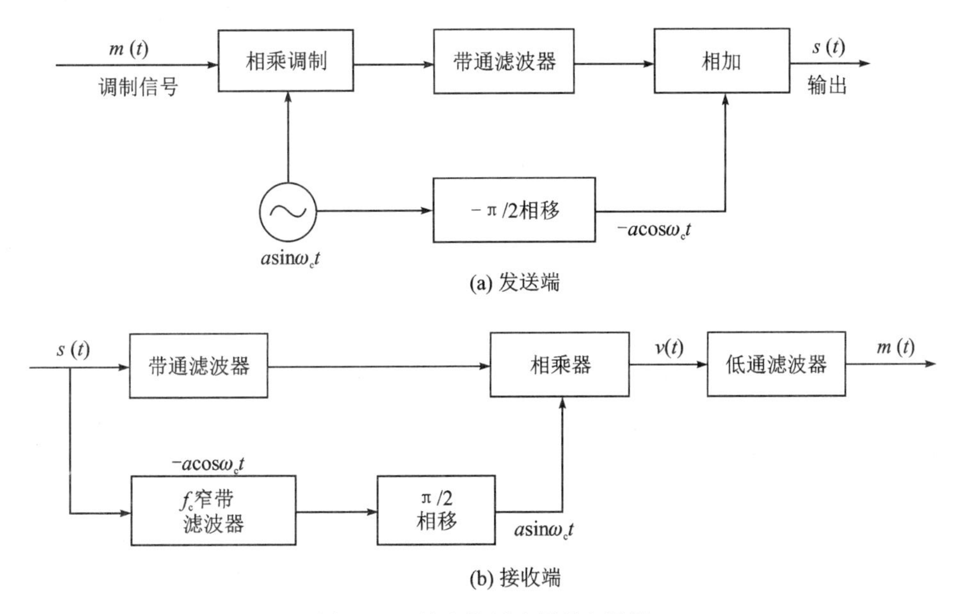


(a) 发送端

(b) 接收端

图 8-5　插入导频法原理方框图

载波同步系统的性能指标主要有效率、精度、同步建立时间和同步保持时间。对载波同步系统的主要性能要求是高效率、高精度、同步建立时间快、同步保持时间长等。

高效率是指为了获得载波信号而尽量少消耗发送功率。在这方面，直接法由于不需要专门发送导频，因而效率高，而插入导频法由于插入导频要消耗一部分发送功率，因而效率要低一些。

高精度是指接收端提取的同步载波与需要的载波标准相比较，应该有尽量小的相位误差。相位误差通常由稳态相位误差和随机相位误差组成。

在同步电路中的低通滤波器和环路滤波器都是通频带很窄的电路。一个滤波器的通频带越窄，其惰性越大。也就是说，一个滤波器的通频带越窄，当在其输入端加入一个正弦振荡时，其输出端振荡的建立时间就越长；当其输入振荡截止时，其输出端振荡的保持时间也越长。显然，这个特性和我们对于同步性能的要求是矛盾的，即与建立时间短和保持时间长是相互矛盾的。所以，在设计同步系统时要折中考虑。

**2. 锁相环工作原理**

锁相环路是一种反馈电路，锁相环的英文全称是 Phase-Locked Loop，简称 PLL。其作用是使电路上的时钟和某一外部时钟的相位差同步。因锁相环可以实现输出信号频率对输入信号频率的自动跟踪，所以锁相环通常用于闭环跟踪电路。锁相环在工作过程中，当输出信号

的频率与输入信号的频率相等时，输出电压与输入电压将保持固定的相位差值，即输出电压与输入电压的相位被锁住，这就是锁相环名称的由来。

锁相环路是一个相位反馈自动控制系统。它由以下三个基本部件组成：鉴相器(PD)、环路滤波器(LPF)和压控振荡器(VCO)。

锁相环的原理如图 8-6 所示。锁相环的工作流程为：压控振荡器的输出经过采集并分频后，与基准信号同时输入鉴相器，鉴相器通过比较上述两个信号的相位差(而非频率差)，然后输出一个直流脉冲电压，这个直流脉冲电压控制压控振荡器，使它的频率改变，这样经过一个很短的时间，压控振荡器的输出就会稳定于某一期望值。

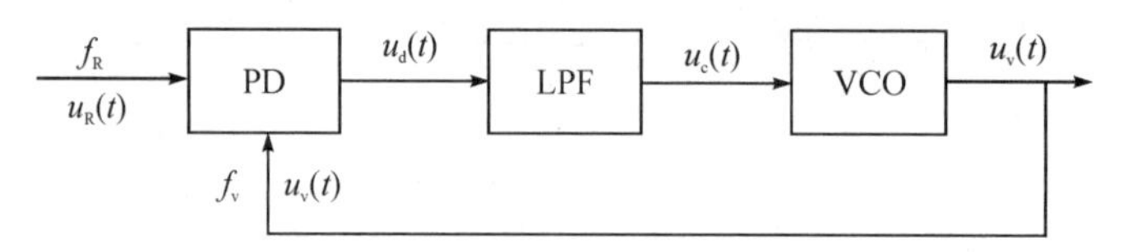


图 8-6　锁相环的原理框图

锁相环可用来实现输出和输入两个信号之间的相位差同步。当没有基准(参考)输入信号时，环路滤波器的输出为零(或为某一固定值)。这时，压控振荡器按其固有频率 $f_v$ 进行自由振荡。当有频率为 $f_R$ 的参考信号输入时，$u_R$ 和 $u_v$ 同时加到鉴相器进行鉴相。如果 $f_R$ 和 $f_v$ 相差不大，则鉴相器对 $u_R$ 和 $u_v$ 进行鉴相的结果是，输出一个与 $u_R$ 和 $u_v$ 的相位差成正比的误差电压 $u_d$，再经过环路滤波器滤去 $u_d$ 中的高频成分，输出一个控制电压 $u_c$，$u_c$ 将使压控振荡器的频率 $f_v$(和相位)发生变化，朝着参考输入信号的频率靠拢，最后使 $f_v=f_R$，环路锁定。环路一旦进入锁定状态后，压控振荡器的输出信号与环路的输入信号(参考信号)之间只有一个固定的稳态相位差，而没有频差存在。这时我们就称环路已被锁定。

环路的锁定状态是针对输入信号的频率和相位不变而言的，若环路输入的是频率和相位不断变化的信号，而且环路能使压控振荡器的频率和相位不断地跟踪输入信号的频率和相位变化，则这时环路所处的状态称为跟踪状态。

锁相环路在锁定后，不仅能使输出信号频率与输入信号频率保持严格相位差同步，而且还具有频率跟踪特性，所以它在电子技术的各个领域中都有着广泛的应用。

锁相环稳定后，鉴相器的两个输入频率是相同的，相位差保持恒定。

## 四、实验步骤

(1) 预习通信系统同步原理及锁相环工作原理，独立画出锁相环原理方框图。

(2) 根据系统方框图，确定仿真思路，画出仿真流程图。

(3) 编写 MATLAB 程序并上机调试。

(4) 观察并分析各阶段波形、数据。

(5) 修改相关参数，观察锁相环恢复载波的能力。

(6) 撰写实验报告。

## 五、思考题

使用科斯塔斯环法直接对 2PSK 信号进行相干解调时，为什么会出现相位模糊现象？应如何解决？

# 实验九　Rake 接收机仿真

## 一、实验目的

（1）了解 Rake 接收机的原理。

（2）熟悉三种不同合并算法的性能。

## 二、实验内容

（1）编写 MATLAB 程序实现 Rake 接收机的相关功能。

（2）修改信噪比，观察三种合并算法的误码率。

## 三、实验原理

移动通信系统工作在 VHF 和 UHF 两个频段(30～3000 MHz)，电波以直射方式(即“视距”方式)在靠近地球表面的大气中传播。由于低层大气并非均匀介质，会产生折射和吸收现象，而且传输路径上遇到的各种障碍物(如山、高楼、树等)还可能使电波发生反射、绕射和散射等，因此到达接收方的信号可能来自不同的传播路径，即移动通信的信道是典型的多径衰落信道，如图 9-1 所示。

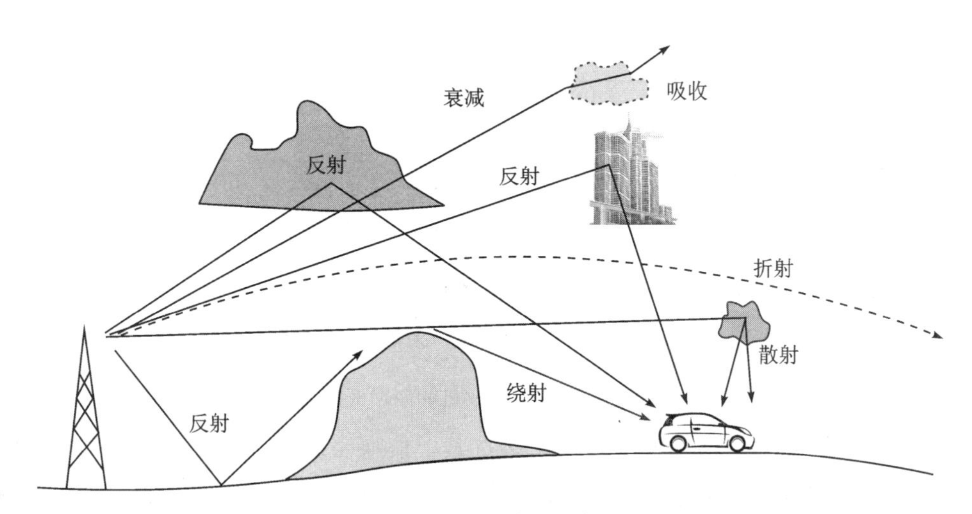


图 9-1　多径传播示意图

多径传播将引起接收信号中脉冲宽度扩展，称为时延扩展。时延扩展的时间可以用第一个码元信号至最后一个多径信号之间的时间来测量。时延扩展会引起码间串扰，严重影响数字信号的传输质量。

分集技术是克服多径衰落的一个有效方法。包括频率分集、时间分集、空间分集和极化分集。其基本原理是接收端对多个携带有相同信息但衰落特性相互独立的多径信号合并处理之后进行判决，从而将“干扰”变为有用信息，提高系统的抗干扰能力。

本仿真采用在CDMA系统中广泛使用的Rake接收技术，且为时间分集。因为当传播时延超过一个码片周期时，多径信号实际上可看成是互不相关的。Rake接收机采用一组相关接收机，分布于每条路径上，各个接收机与同一期望信号的多径分量之一相关，由各个相关输出的相对强度加权后合成一个输出。根据加权系数的选择原则，有三种合并算法：选择式合并、等增益合并和最大比合并。

Rake接收机的相关器的原理如图9-2所示。

图9-2 Rake接收机的相关器的原理

假设采用$M$个相关器去接收$M$个多径信号分支，其中$\alpha_1$，$\alpha_2$，…，$\alpha_M$是每一条分支的乘性系数，它们的取值根据所采用的组合方式(例如最大比合并、等增益合并等)而可调。不妨令相关器1与最强的多径支路$m_1$同步，并且多径支路$m_2$比多径支路$m_1$延迟时间$\tau_1$到达接收端；相关器2与多径支路$m_2$同步，它与$m_2$具有很好的相关性，但与$m_1$的相关性则很差；以此类推，第$M$个相关器与比$m_1$延迟时间$\tau_{M-1}$的多径分量$m_M$相关性很强，但与$m_1$，$m_2$，…，$m_{M-1}$等多径分量的相关性则很差。因此，如果一条多径分支受到衰落的影响，由于各条支路的独立性，则还会有其他没有受到衰落的信号分支，此时给衰落的信号分支设定一个很小的加权系数，就可以将该路的干扰抑制。Rake接收机的原理框图如图9-3所示。

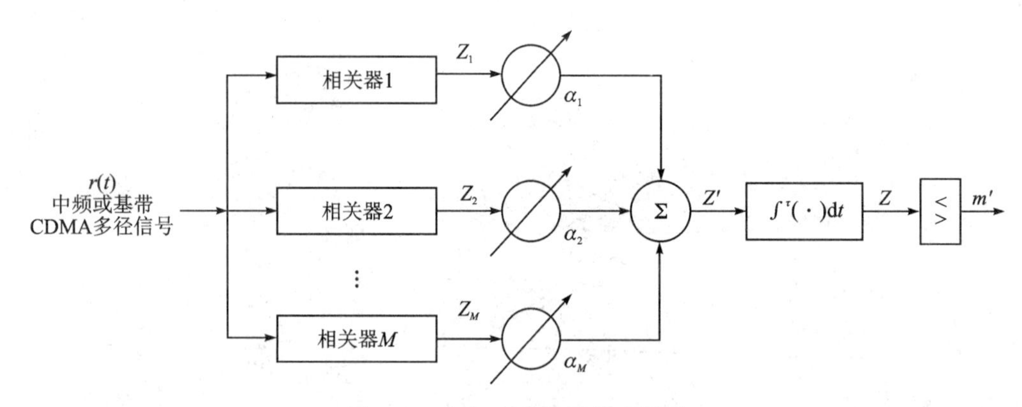


图9-3 Rake接收机的原理框图

选择式合并是检测接收到的多径信号，挑选其中信噪比最大的一径作为输出；等增益合并是将接收的多径信号按照相等的增益系数，同相相加后作为输出；最大比合并是按照适当的增益系数，同相相加后作为输出。在不同的噪声环境中，三种合并算法的效果不同。

本实验使用MATLAB平台编写程序实现。假设信源输出用16位Walsh码扩频，进入接收机的有三径；假设每条径之间延时半个码片，为了进行仿真，对Walsh码进行扩展，每个码字重复一次，则长度为32位，如[1 1 0]扩展为[1 1 1 1 0 0]。

## 四、实验步骤

(1) 画出仿真程序流程图。

(2) 运行MATLAB开发环境，编写仿真程序。

(3) 运行仿真程序，观察实验结果。

(4) 分别修改扩频因子、信噪比、数据长度、功率因子等参数，观察并比较实验结果。

(5) 画出 Rake 接收机的性能曲线，分析原因。

## 五、思考题

(1) 本仿真采用三径支路，实际系统中的径数要多得多，是否径数越多越好?

(2) 三种合并算法哪个最佳?

# 实验十 数字通信系统误码率的仿真

## 一、实验目的

(1) 掌握几种典型数字通信系统的误码率分析方法。

(2) 掌握误码率对数字通信系统的影响及改进方法。

## 二、实验内容

(1) 编写 MATLAB 程序，以 QAM 系统为例进行误码率的仿真。

(2) 观察不同噪声及噪声大小对误码率的影响。

(3) 分析影响误码率变化的因素并提出解决方法。

(4) 将分析方法推广到其他通信系统并撰写实验报告。

## 三、实验原理

### 1. 数字通信系统的主要性能指标

通信的任务是传递信息，因此信息传输的有效性和可靠性是通信系统最主要的质量指标。有效性是指在给定信道内能传输的信息内容的多少，而可靠性是指接收信息的准确程度。为了提高有效性，需要提高传输速率，但是可靠性却随之降低。因此有效性和可靠性是相互矛盾的，又是可交换的。可以用降低有效性的办法提高可靠性，也可以用降低可靠性的办法提高有效性。

1) 传输速率

数字通信系统的有效性通常用信息传输速率来衡量。当信道一定时，传输速率越高，有效性就越好。传输速率有三种定义：

(1) 码元速率($R_s$)：指单位时间内传输的码元数目，单位是波特(Baud)，因此又称为波特率。

(2) 信息速率($R_b$)：指单位时间内传输的信息量(比特数)，单位是比特/秒(b/s)，因此又称为比特率。

(3) 消息速率($R_M$)：指单位时间内传输的消息数目。

对于 $M$ 进制通信系统，码元速率与信息速率的关系为

$$R_b = R_s \mathrm{lb} M \ (\mathrm{b/s}) \tag{10-1}$$

或

$$R_s = \frac{R_b}{\mathrm{lb} M} \ (\mathrm{Baud}) \tag{10-2}$$

注：lb 即 $\log_2$。

需要特别说明的是，在二进制数字通信系统中，当信源的各种可能消息的出现概率相等时，码元速率和信息速率相等。在实际应用中，通常都默认这两个速率相等，所以常常简单地把一个二进制码元称为一个比特。

2）错误率

数字通信系统的可靠性的衡量指标是错误率。它也有三种定义：

（1）误码率（$P_e$）：指错误接收的码元数目在传输码元总数中所占的比例，即

$$P_e = \frac{\text{错误接收的码元数}}{\text{传输总码元数}} \tag{10-3}$$

（2）误比特率（$P_b$）：指错误接收的比特数目在传输比特总数中所占的比例，即

$$P_b = \frac{\text{错误接收的比特数}}{\text{传输总比特数}} \tag{10-4}$$

（3）误字率（$P_W$）：指错误接收的字数在传输总字数中所占的比例。若一个字由 $k$ 比特组成，每比特用一码元传输，则误字率为

$$P_W = 1-(1-P_e)^k \tag{10-5}$$

对于二进制系统而言，误码率和误比特率显然相等。而 $M$ 进制信号的每个码元含有 $n=\log_2 M$ 比特，并且一个特定的错误码元可以有 $M-1$ 种不同的错误样式。其中恰好有 $i$ 比特错误的错误样式有 $C_n^i$ 个。假设这些错误样式以等概率出现，则当一个码元发生错误时，在 $n$ 个比特中错误比特所占比例的数学期望值为

$$\begin{aligned} E(n) &= E\left(\frac{\text{错误的比特数}}{\text{一个码元中的比特数}}\right) \\ &= \frac{1}{M-1}\sum_{i=1}^{n}\frac{i}{n}C_n^i = \frac{2^{n-1}}{M-1} = \frac{M}{2(M-1)} \end{aligned} \tag{10-6}$$

所以，当 $M$ 比较大时，误比特率为

$$P_b = E(n)P_e = \frac{M}{2(M-1)}P_e \approx \frac{1}{2}P_e \tag{10-7}$$

实际应用中，在计算误比特率时，$E_b/n_0$ 是个十分重要的参数。$E_b$ 为单位比特的平均信号能量，$n_0$ 为噪声的单边功率谱密度。但人们在实际系统中能够直接测量到的是平均信号功率 $S$ 和噪声功率 $N$，并且由此可计算出信噪比 $S/N$。若一个二进制通信系统的信息传输速率为 $R_b$，接收机带宽为 $B$，则信噪比可表示为

$$\frac{S}{N} = \left(\frac{E_b}{n_0}\right)\left(\frac{R_b}{B}\right) \tag{10-8}$$

这里，$R_b/B$ 为单位频带的比特率，它表示特定调制方案下的频带利用率，又称频带效率。

在二进制数字调制时，接收端可以采用相干解调，也可以采用非相干解调，它们的抗噪声能力不同，误码性能也不同。下面就分相干解调与非相干解调来分析数字通信系统的误码率。

**2. 相干解调时的误码率**

相干解调需要在接收端产生用于相干的参考载波信号，其一般模型如图 10-1 所示。

设接收信号为

$$S(t) = S_I(t)\cos\omega_c t + S_Q(t)\sin\omega_c t \tag{10-9}$$

与同频同相相干载波相乘后，得

$$S_p(t) = S(t)\cos\omega_c t = \frac{1}{2}S_I(t) + \frac{1}{2}S_I(t)\cos 2\omega_c t + \frac{1}{2}S_Q(t)\sin 2\omega_c t \tag{10-10}$$

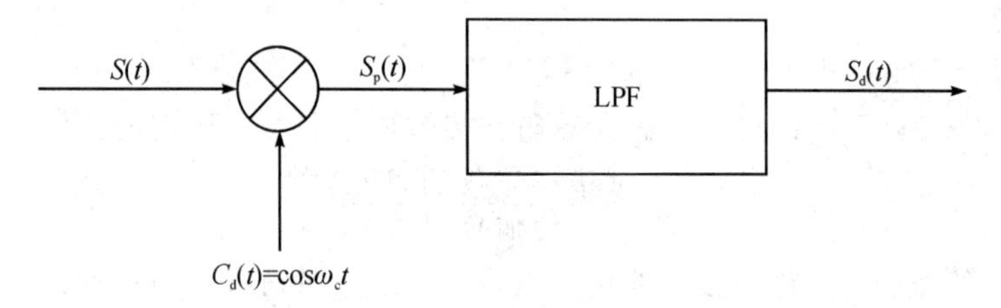


图 10-1　相干解调的一般模型

经低通滤波后，得

$$S_d(t) = \frac{1}{2}S_I(t) \propto f(t) \tag{10-11}$$

在实际应用中，经常把相干解调与最佳接收混为一谈，确切地说，只有当相干解调中的滤波器严格按照匹配滤波器的要求来设计时，才是真正的最佳接收。由通信原理知识可知，在匹配滤波器条件下求得的二进制调制的最小误比特率为

$$P_b = Q\left[\sqrt{\frac{E_b}{n_0}(1-\rho)}\right] \tag{10-12}$$

其中 $Q$ 函数的定义为$Q(\alpha) = \int_{\alpha}^{\infty} \frac{1}{\sqrt{2\pi}}e^{-y^2/2}dy$。$\rho$为相关系数，取值范围为(−1, 1)，取决于发送信号 $S_1(t)$ 和 $S_2(t)$ 的相似程度，即

$$\rho = \frac{\int_0^{T_s} S_2(t)S_1(t)dt}{\sqrt{E_{S_1}E_{S_2}}} \tag{10-13}$$

式中，$E_{S_1}$、$E_{S_2}$ 分别为 $S_1(t)$和 $S_2(t)$在 $0\leqslant t\leqslant T_s$ 内的能量。

下面分析几种典型的二进制数字调制系统在相干解调时的误比特率。

(1) 对于 2ASK 信号，$S_1(t) = 0$，$S_2(t) = A\cos\omega_c t$，$0 \leqslant t \leqslant T_s$，由于 $E_{S_1} = 0$，$E_{S_2} = \int_0^{T_s} S_2^2(t)dt$，因此 $\rho=0$。而 $E_b=\frac{1}{2}(E_{S_1}+E_{S_2})$，因此有

$$P_{b,\ 2ASK} = Q\left(\sqrt{\frac{E_b}{n_0}}\right) \tag{10-14}$$

(2) 对于 2PSK 信号，有 $S_1(t)=-\sqrt{\frac{2E_b}{T_s}}\cos\omega_c t$，$S_2(t)=-\sqrt{\frac{2E_b}{T_s}}\cos\omega_c t$，$0\leqslant t\leqslant T_s$，可求出 $\rho=-1$，因此有

$$P_{b,2PSK} = Q\left(\sqrt{\frac{2E_b}{n_0}}\right) \tag{10-15}$$

(3) 对于 2FSK 信号，有 $S_1(t)=\sqrt{\frac{2E_b}{T_s}}\cos\omega_1 t$，$S_2(t)=\sqrt{\frac{2E_b}{T_s}}\cos\omega_2 t$，$0\leqslant t\leqslant T_s$，其相关系数为

$$\begin{aligned}\rho &= \frac{1}{E_b}\int_0^{T_s} \frac{2E_b}{T_s}\cos\omega_2 t \cdot \cos\omega_1 t dt \\ &= \frac{1}{T_s}\int_0^{T_s} [\cos(\omega_2+\omega_1)t + \cos(\omega_2-\omega_1)t]dt\end{aligned} \tag{10-16}$$

当 $f_2-f_1=n/2T_s$ 时，$S_1(t)$和 $S_2(t)$相互正交，$\rho=0$。当 $\omega_2-\omega_1$ 很大时，$\rho$ 也接近于 0。对于 $\rho=0$ 的 2FSK 信号，其误比特率为

$$P_{b,\ 2FSK}=Q\left(\sqrt{\frac{E_b}{n_0}}\right) \tag{10-17}$$

**3. 非相干解调时的误码率**

非相干解调的最大优点是不需要在接收端产生用于相干的参考载波。因此其设备相对要简单便宜一些，但性能相对于相干解调来说有点差。

(1) 对于 2FSK 信号，有

$$P_{b,\ NCFSK}=\frac{1}{2}e^{-E_b/2n_0} \tag{10-18}$$

(2) 对于 2ASK 信号，与 2FSK 相同，即

$$P_{b,\ NCASK}=P_{b,\ NCFSK}=\frac{1}{2}e^{-E_b/2n_0} \tag{10-19}$$

(3) 对于 2DPSK 信号，有

$$P_{b,\ 2DPSK}=\frac{1}{2}e^{-E_b/n_0} \tag{10-20}$$

图 10－2 显示了几种不同二进制数字通信系统在相干解调和非相干解调时的误比特曲线率。由图可以看出，使用相干解调时的误比特率整体上比使用非相干解调时要低，这也说明使用相干解调时的抗噪声能力比较强。

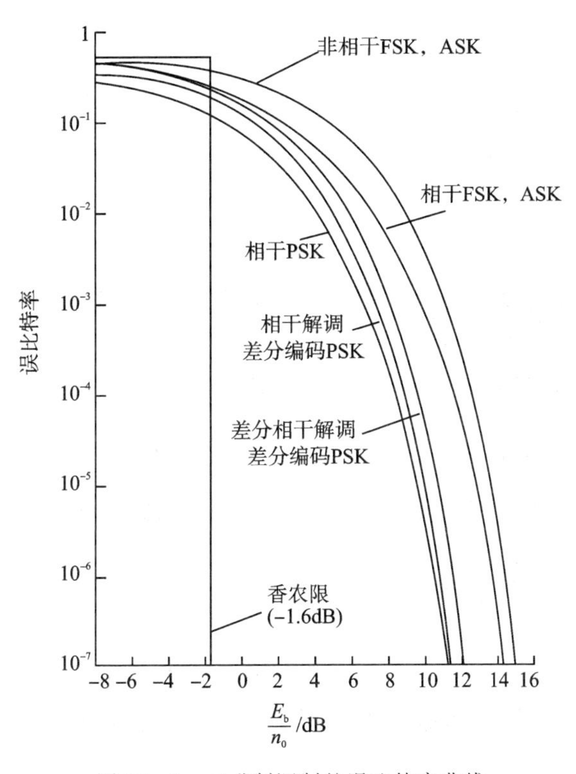


图 10－2　二进制调制的误比特率曲线

**4. 多进制数字调制的误码率**

在多进制数字调制中，每个符号间隔 $0\leqslant t\leqslant T_s$ 内，可能发送的符号有 $M$ 种：$S_1(t)$，$S_2(t)$，…，$S_M(t)$。在实际应用中，通常取 $M=2^n$，$n$ 为大于 1 的正整数。当携带信息的参数分别为载波的幅度、频率或相位时，对应的有 $M$ 进制幅度键控(MASK)、$M$ 进制频移键控(MFSK)、$M$ 进制相移键控(MPSK)。也可以把其中的两个参数组合起来调制，例如 $M$ 进制正交振幅调制(QAM)。

多进制数字调制的解调方法与二进制的类似，主要差别在基带成形阶段，解调多采用相干解调，下面就列出几种典型的多进制数字调制在相干解调时的误码率公式。

(1) $M$ 进制幅度键控(MASK)：

$$P_{e,\,MASK}=\frac{2(M-1)}{M}Q\left[\sqrt{\frac{3}{M^2-1}\left(\frac{S}{N}\right)}\right]=\frac{2(M-1)}{M}Q\left[\sqrt{\frac{3\log_2 M}{M^2-1}\left(\frac{E_b}{n_0}\right)\left(\frac{R_s}{B}\right)}\right] \tag{10-21}$$

(2) $M$ 进制频移键控(MFSK)：

$$P_{e,\,MFSK}\approx(M-1)Q\left[\sqrt{\frac{E_b}{n_0}\log_2 M}\right] \tag{10-22}$$

(3) $M$ 进制相移键控(MPSK)：

$$P_{e,\,MPSK}=\mathrm{erfc}\left[\sqrt{\frac{E_S}{n_0}\sin^2\left(\frac{\pi}{M}\right)}\right]=2Q\left[\sqrt{\frac{2E_S}{n_0}\sin^2\left(\frac{\pi}{M}\right)}\right] \tag{10-23}$$

(4) 多进制正交振幅调制(MQAM)：

$$P_{e,\,MQAM}=\frac{2(L-1)}{L}Q\left[\sqrt{\frac{6\log_2 L}{L^2-1}\left(\frac{E_b}{n_0}\right)}\right] \tag{10-24}$$

这里 $M=L^2$。

## 四、实验步骤

(1) 预习数字信号调制及相干解调的原理，包括二进制和多进制数字系统，重点理解数字通信系统的误码率计算。

(2) 选择一种典型的数字通信系统对其进行仿真，画出仿真流程图。

(3) 编写 MATLAB 程序并上机调试。

(4) 观察并分析误码率曲线的变化。

(5) 分析影响误码率曲线变化的因素，并给出改进方法。

(6) 撰写实验报告。

## 五、思考题

(1) 影响二进制数字通信系统与多进制数字通信系统误码率的因素都有哪些？

(2) 相干解调与非相干解调情况下的误码率计算方法是否相同？

# 第三部分　3G 信号实时捕获及分析实验

# 第五章　3G 信号实时捕获及分析实验

## 实验十一　CDMA2000 信号的实时捕获及分析

### 一、实验目的

（1）深入了解 CDMA2000 信号的特性。

（2）学会使用频谱分析仪软件分析 CDMA2000 信号。

### 二、实验器材

（1）八木天线。本实验所用型号：TDJ－800/900－7－10；频率范围：806～960 MHz；增益：10.5 dBi。

（2）频谱分析仪。本实验使用 Agilent 公司的 E4445A PSA 系列频谱分析仪。

（3）PC 机一台，安装有 Agilent 公司的 VSA 矢量信号分析软件。

（4）CDMA2000 微型直放站。

（5）衰减器。

（6）同轴线、双绞线若干。

### 三、实验内容

（1）实验模块的连接。

（2）下行信号的捕获及分析。

（3）上行信号的捕获及分析。

### 四、实验原理

#### 1. CDMA2000 系统概述

CDMA2000 技术是第三代移动通信系统 IMT－2000 的一种模式，它是从 IS－95(即 cdmaOne)演进而来的，采用了一系列新技术，大大提高了系统的性能。这些新技术包括前向快速功率控制，增加了前向信道的容量；提供反向导频信道，使反向相干解调成为可能，反向增益较 IS－95 提高了 3 dB，反向链路容量增加了 1 倍；业务信道采用比卷积码更高效的 Turbo 码，使容量进一步增加；引入了快速寻呼信道，减少了移动台功耗，增加了移动台的待机时间；可采用发射分集方式 OTD 或 STS，提高了信道的抗衰落能力。

目前中国电信 CDMA2000 的频段有 825～835 MHz(上行)/870～880 MHz(下行) 和 1920～1935 MHz(上行)/2110～2125 MHz(下行)，带宽为 1.25 MHz，码片速率为 1.2288 Mchip/s。

CDMA2000 系统分为 CDMA2000 1X 和 3X，由扩频速率 SR(Spreading Rate)决定。SR 指的是前向或反向 CDMA 信道上的 PN 码片速率，有两种情况：一种为 SR1，通常也记作 1X，SR1 的前向和反向 CDMA 信道在单载波上都采用码片速率为 1.2288 Mchip/s 的直接序列(DS)扩频；另一种为 SR3，通常也记作 3X，SR3 的前向 CDMA 信道有 3 个载波，每个载波上都采用 1.2288 Mchip/s 的 DS 扩频，总称多载波(MC)方式，SR3 的反向 CDMA 信道在单载波上都采用码片速率为 3.6864 Mchip/s 的 DS 扩频。

CDMA2000 1X 每载波最多可提供 64 个码分信道，其中前向信道可分为四种：

(1) 导频信道：只有 1 条，位于第 0 个码道。内容为全 0，用于使所有在基站覆盖区中工作的移动台进行同步和切换(载频上每个小区或扇区配置一个，固定用 Wlash 码 $W_{64}^{0}$ 作为信道化码，用于在其覆盖范围内的 MS 能够获得基准频率和定时信息)。

(2) 同步信道：只有 1 条，位于第 32 个码道。在基站覆盖区中开机状态的移动台利用它来获得初始的时间同步(每个载频上的每个小区或扇区配置一个，固定用 Wlash 码 $W_{64}^{32}$ 作为信道化码)。

(3) 寻呼信道：有 7 条，分布在码道 1 与码道 7 之间。基站使用寻呼信道发送系统消息和移动台寻呼信息(可配置 7 个寻呼信道，固定用 Walsh 码 $W_{64}^{1} \sim W_{64}^{7}$ 作为信道化码)。

(4) 前向业务信道：可变速率发射，主要内容为用户信息、信令信息，以及较长的 SMS。

CDMA2000 的反向链路物理信道用长 PN 码加以区分，公用反向链路信道的长码掩码由 BS 的系统参数确定，而每个用户的业务信道的长码掩码则由用户自己的身份信息来标识。

(1) 接入信道，最多可包含 32 个，编号为 0～31。移动台在接入信道上发送固定 4800 b/s 速率的信息，用来发起同基站的通信，响应基站发来的寻呼信道信息、位置登记以及较短的 SMS。

(2) 反向业务信道。移动台在反向业务信道上以可变速率 9600 b/s、4800 b/s、2400 b/s 和 1200 b/s 的数据速率发送信息，用来在呼叫建立期间传输用户信息和信令信息。

**2. 频谱分析仪及 VSA 软件简介**

Agilent 公司的 E4445A 频谱分析仪是 Agilent PSA 系列现代高性能频谱分析仪中的一种仪器，用于测量及监测高达 13.2 GHz 的复杂 RF 及微波信号。

本实验采用的是 89600 系列矢量信号分析软件，能对多种信号进行高分辨率频谱分析，并可进行解调等，用于分析各项技术指标。

**3. 实验模块划分及连接**

本实验使用频率范围为 806～960 MHz 的八木天线接收 CDMA2000 上行或下行信号，通过同轴电缆连接到微型直放站，对接收到的信号进行放大处理，并用衰减器适当衰减后通过同轴线将信号接入到频谱分析仪。分析上行信号时，需要将微型直放站的输入和输出互换。在频谱分析仪上可以观察、分析信号的时域及频域特性，对信号进行解调及更深入详细的分析可借助 PC 中安装的 VSA 分析软件。频谱分析仪和 PC 的常用连接方法有两种：一是使用 GPIB 接口，二是使用 Ethernet 接口。本实验采用 Ethernet 接口，即使用双绞线连接频谱分析仪和 PC 机，并把两者的 IP 设置为同一网段，VSA 软件的驱动程序会识别出频谱分析仪，将其锁定，并从中读取数据。锁定后的频谱分析仪面板不能使用，所有的操作在 VSA 软件中进行即可。实验模块连接如图 11－1 所示。

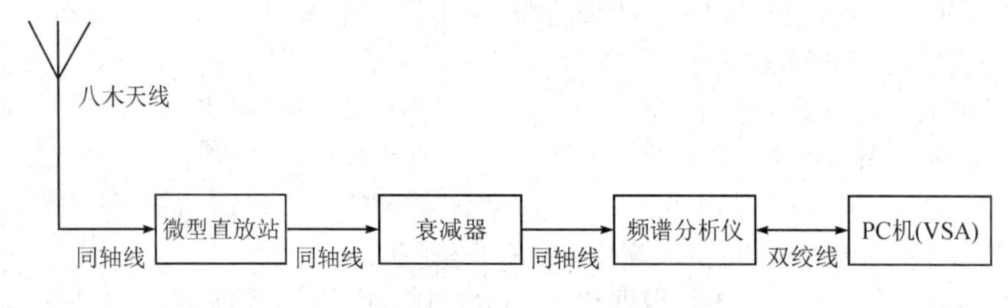


图 11-1 实验模块连接示意图

## 五、实验内容

**1. 实验模块的连接**

(1) 使用同轴线依次连接八木天线、微型直放站、衰减器、频谱分析仪。注意在连接的时候保持电源断开,接口处的螺丝要对准、拧牢。

(2) 打开频谱分析仪及微型直放站的电源开关,等待频谱分析仪启动及初始化完毕后,按频谱分析仪面板左上角的“Frequency Channel”键,设置分析的中心频率。本实验捕获的下行CDMA2000信号中心频率为878.49 MHz,故在面板上输入878.49,选择单位MHz即可。按“Spectrum”,这时可以在频谱分析仪的显示区看到信号的频谱。转动八木天线,可以看到频谱幅度有变化,说明信号正确接收。按“Waveform”可以看到接收信号的时域波形。观察并记录接收信号的频谱及波形。

(3) 使用双绞线连接频谱分析仪和PC机,在网络连接中将PC机的IP、子网掩码修改为与频谱分析仪相同的网段。例如,若频谱分析仪IP地址为192.168.156.50,则PC机的IP可设置为192.168.156.51。在安装的IO Library中启动Agilent Connection Expert,点击“Add an instrument”,选择“LAN”,再配置相关参数即可。正确添加后,在Instrument I/O on this PC中会显示出LAN,还会标出连接设备的型号及IP。

(4) 连接好频谱分析仪和PC机后,打开VSA软件,软件会自动检测连接的硬件设备。当软件连接成功后,频谱分析仪显示面板下方会显示“In use by 89600 VSA on … -front panel disabled”字样。尝试按动频谱分析仪面板上的按键,会发现显示没有变化,说明频谱分析仪已经被锁定。以下的实验步骤全部在VSA软件上进行。需要注意的是,在关闭VSA软件之前,一定要先在“Control”中选择“Disconnect”,即断开与频谱分析仪的连接后再关闭软件,否则容易造成频谱分析仪死机。

**2. 下行信号的捕获及分析**

(1) 点击“MeasSetup”,选择“Frequency”,将出现如图11-2所示的对话框,设置中心频率(Center)为878.49 MHz,这时可以看到显示窗口出现频谱图,与前面在频谱分析仪上记录的频谱波形相同。设置“Span”,即捕获的频带宽度。单击“ResBW”选项卡,将出现如图11-3所示的对话框,在“ResBW”中选择频点数(Frequency Points),可以调整在一定的Span中看到的频点数。在“Layout”中设置窗口布局。点击“Input”,选择“Range”可设置最大显示功率。

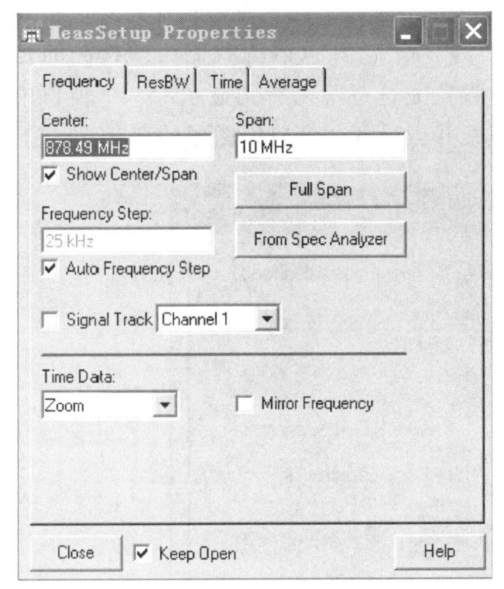


图 11-2　设置中心频率

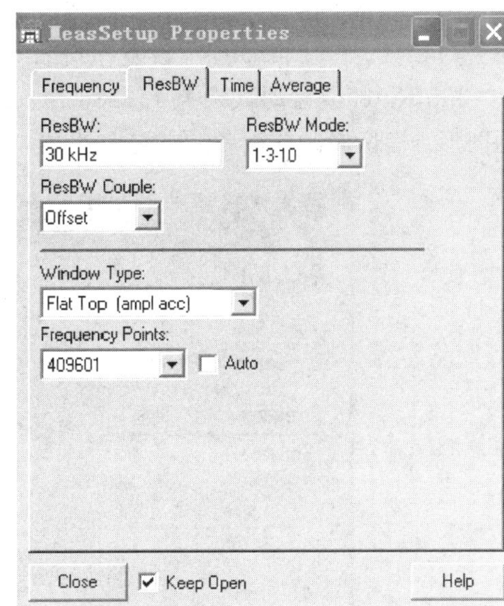


图 11-3　设置采样点数

(2) 在工具栏中点击中间的小菱形，可以为显示的图形作标记(Marker)，以便跟踪信号的变化。在屏幕下方会显示 Marker 的频率、功率等信息。点击 Marker 后边的按钮可以选中某个带宽范围，并测量其功率。

如图 11-4 所示为 CDMA2000 信号的频谱，中心频率为 878.49 MHz。从图中可以看出，信号大部分能量集中在 OBW(Occupied Bandwidth，占据带宽)频带以内。

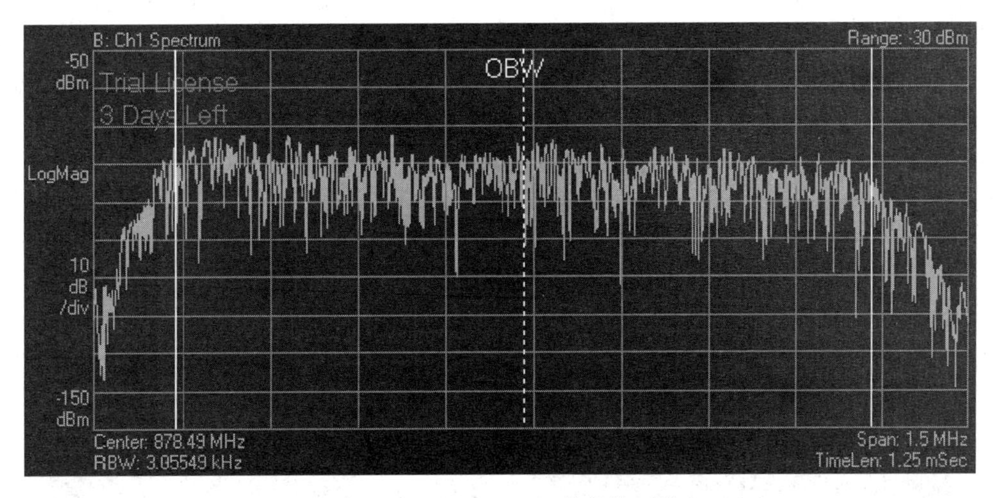


图 11-4　CDMA2000 信号的频谱

(3) 在“MeasSetup”中点击“Demodulator”，选择“3G Cellular”，选择“cdma2000/1x EV-DV”，可对捕获到的信号进行解调。注意这时某些显示窗口可能会没有图形，只显示“NO DATA”，这是由于我们有些设置还不对，需要进一步设置。

(4) 在“MeasSetup”中点击“Demod Properties...”，将出现如图 11-5 所示的对话框，可

设置解调相关参数。由于中心频率、带宽、分辨率等在前面已经设置，此处需要设置的是与信道相关的参数。在“Format”中设置“Direction”为“Forward”，因为我们当前检测的是前向信道。“Chip Rate”会自动默认为 1.2288 MHz。设置完这些可以看到显示的六个窗口中都有变化的图形。尝试修改前面叙述的各种设置，观察并记录各个窗口中图形的变化。

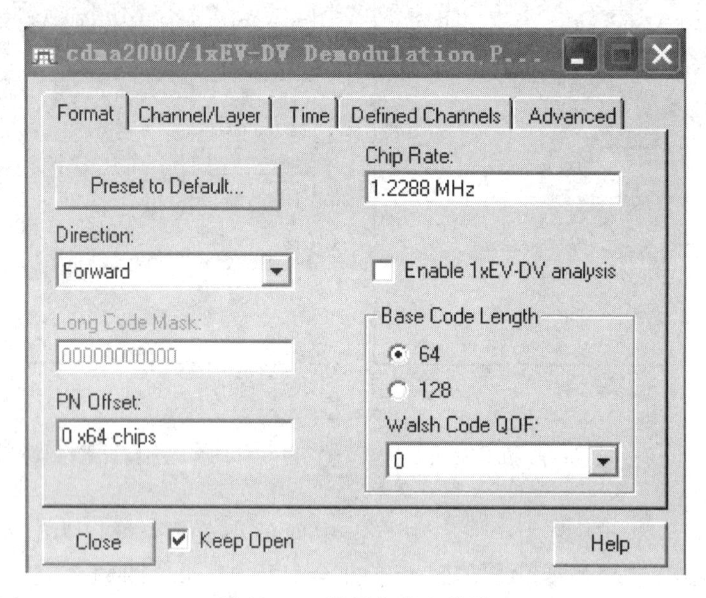


图 11-5　设置为前向信道

(5) 在默认打开的窗口中，A 窗口为“Composite CDP”，即复合码域功率，可以看到当前哪些信道中有数据传输；B 窗口为频谱，可以观察信号频谱的变化；C 窗口为复合时域数据，即接收到的数据的星座图；D 窗口为复合误码总结，其上面总结了各种错误参数指标；E 窗口中显示了一些系统错误总结及当前所选 Walsh 码道中解调后的码元；F 窗口为当前所选 Walsh 码道中解调后码元的星座图。除了以上介绍的六个窗口的内容，VSA 还提供了其他多种测量指标，可以在每个窗口的标题上点击右键，选择要显示的指标。

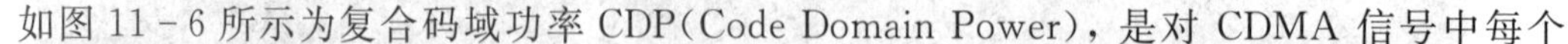

如图 11-6 所示为复合码域功率 CDP(Code Domain Power)，是对 CDMA 信号中每个

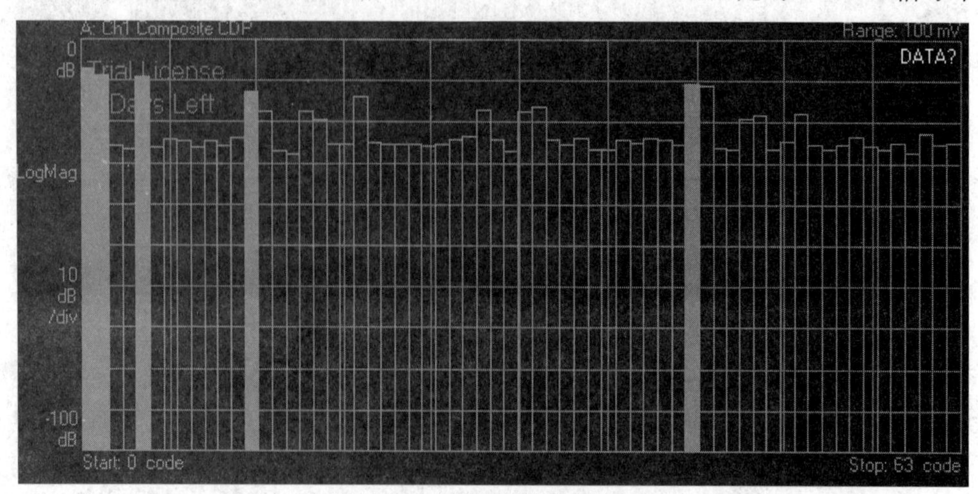


图 11-6　复合码域功率 CDP

Walsh 编码的信道功率的测量。由图中可以看到，当前第 0、1、4、12、44 信道中有数据传输。其中，第 0 信道为导频信道，任意时刻总有数据传送，而且由解调后的数据分析可知，此信道中传输的数据位全 0；第 1、4 信道为寻呼信道，表明基站正在寻呼附近的某些移动台；第 12、44 信道为业务信道，表明当前有业务传输。图中这几个码道标出的颜色相同，说明使用的扩频因子相同。

图 11－7 所示为接收信号的复合星座图，可以看到在经过传输后，信号的幅度及相位很不规则，说明存在误码。

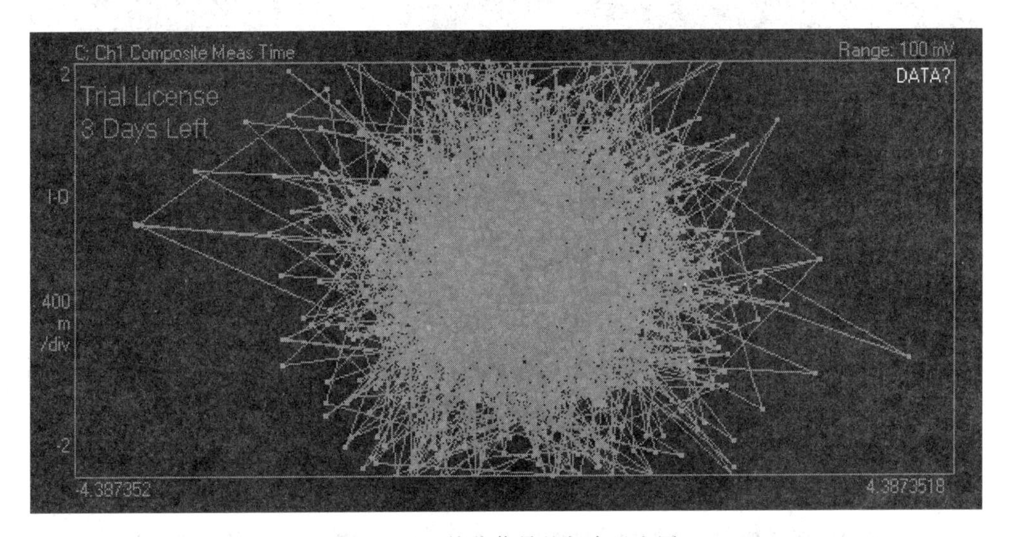


图 11－7　接收信号的复合星座图

图 11－8 所示为码道 1 中正在传输的数据，有 0 和 1 两种取值，因为码道 1 使用的是 BPSK 调制。

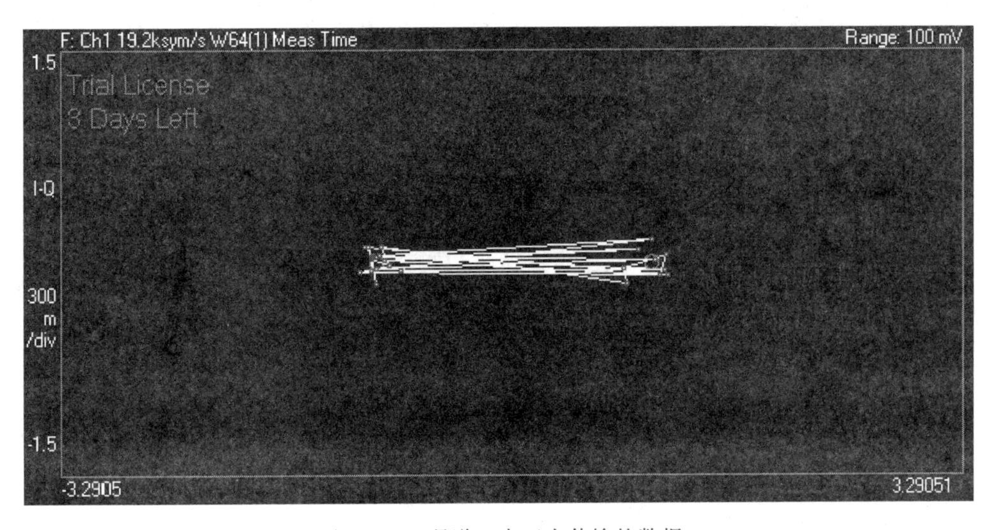


图 11－8　码道 1 中正在传输的数据

图 11－9 所示为信号的概率密度函数。可以看到绝大部分的信号电平落在 0～1.5 mV，而 0.5 mV 的信号是最多的。

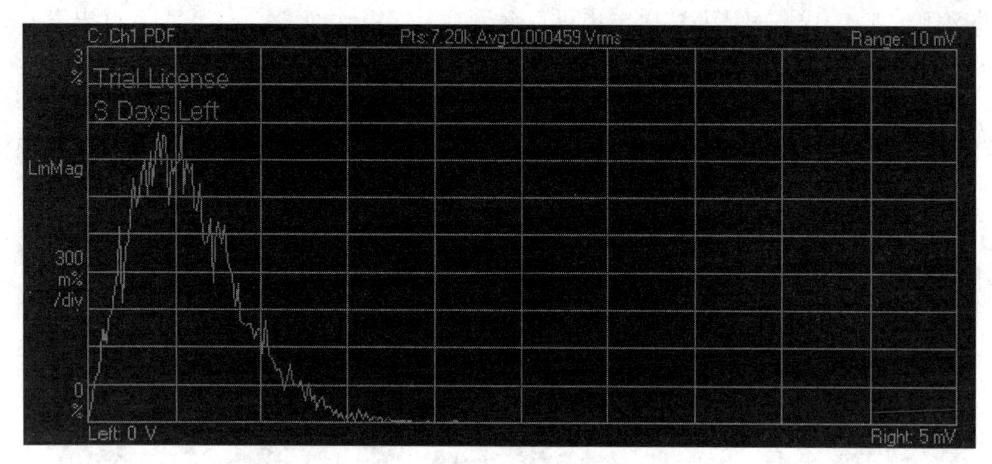


图 11－9　概率密度函数

(6) 点击工具栏上的红点，可以将信号录制下来。选择“Input”中的“Recording”，可以设置录制参数，如录制时长、码道等。点击“Control”中的“Player”，将出现如图 11－10 所示的窗口，可以将录制的数据播放，并可设置播放的起始位置、播放方式等。

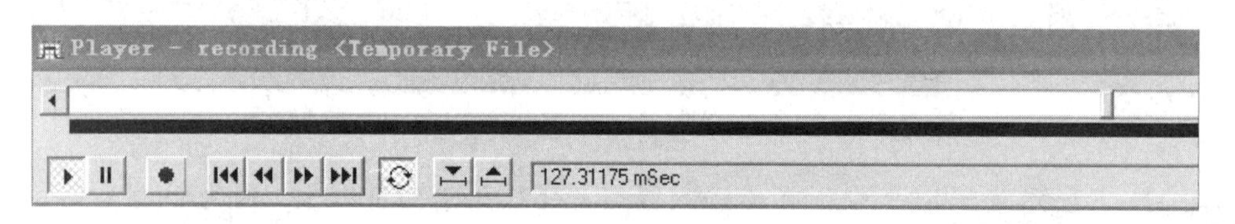


图 11－10　Player 窗口

(7) 使用“File”中的“Save”功能，将某个窗口中的数据存储起来，以便分析。

(8) 修改以上实验内容的各种设置，观察各个窗口图形的指标变化，分析信号的特性。

**3. 上行信号的捕获及分析**

上行信号的检测与下行信号类似，测量前需要将微型直放站的输入输出端互换(注意先将各种设备关闭，切除电源后再进行连线)。设置上行频率为 833.49 MHz，“Direction”也要设置为“Reverse”。上行信号的某些测量指标与下行信号不同，测量时要注意对比分析。

## 六、思考题

(1) CDMA2000 系统的物理层有什么特点？试从扩频、调制、信道编码等方面加以说明。

(2) 分析复合码域功率 CDP 图，说明各码道是如何分布的。

# 实验十二　WCDMA信号的实时捕获及分析

## 一、实验目的

(1) 理解WCDMA系统的结构及关键技术。

(2) 学会使用频谱分析仪分析WCDMA信号。

## 二、实验器材

(1) 3G壁挂天线。本实验所用型号：ARW-806-2500；频率范围：806～960/1710～2500 MHz；增益：7～10 dBi。

(2) 频谱分析仪。本实验使用Agilent公司的E4445A PSA系列频谱分析仪。

(3) PC机一台，安装有Agilent公司的VSA矢量信号分析软件。

(4) 同轴线、双绞线若干。

## 三、实验内容

(1) 实验模块的连接。

(2) 下行信号的捕获及分析。

(3) 上行信号的捕获及分析。

(4) 信号频谱的分析。

(5) 复合码域功率和复合星座图及单码道星座图的分析。

(6) 误码分析。

## 四、实验原理

WCDMA(Wideband Code Division Multiple Access，宽带码分多址)主要是由欧洲电信标准委员会(ETSI)提出的，后来与日本的W-CDMA技术融合，成为ITU制定的3G五种技术中的三大主流技术之一。其正式名称为IMT-2000 CDMA-DS，系统的核心网是基于GSM-MAP的，同时可通过网络扩展方式提供基于ANSI-41核心网的运行能力。WCDMA系统支持宽带业务，可有效支持电路交换和分组交换业务；可在一个载波内对同一用户同时支持语音、数据和多媒体业务；通过透明和非透明传输块来支持实时和非实时业务。WCDMA采用直接序列码分多址技术(DS-CDMA)，码片速率是3.84 Mchip/s，即信息被扩展成3.84 MHz的带宽，然后在5 MHz的带宽内进行传送。此外，WCDMA还支持高速数据传输(慢速移动时为384 kb/s，室内走动时为2 Mb/s)，支持可变速率传输；载波间隔为5 MHz，系统的空中连接可采用5 MHz、10 MHz或20 MHz的无线信道。

在3GPP最初的协议制定中，仅考虑在核心频段(上行1920～1980 MHz，下行2110～2170 MHz)提供服务。在我国，联通WCDMA采用的是2100 MHz频段，即上行1940～1955 MHz，下行2130～2145 MHz。

**1. WCDMA－FDD制式的主要技术特点**

WCDMA－FDD制式的主要技术特点如下。

(1) 基站同步方式：支持异步和同步的基站运行方式，组网灵活。

(2) 信号带宽：5 MHz；码片速率：3.84 Mchip/s。

(3) 发射分集方式：TSTD(时间切换发射分集)、STTD(时空编码发射分集)、FBTD(反馈发射分集)。

(4) 信道编码：卷积码和Turbo码，支持2M速率的数据业务。

(5) 业务调制方式：上行采用BPSK，下行采用QPSK。

(6) 功率控制：上下行闭环功率控制，外环功率控制。

(7) 解调方式：导频辅助的相干解调。

(8) 语音编码：AMR与GSM兼容。

(9) 核心网络基于GSM/GPRS网络演进，并保持与GSM/GPRS网络的兼容性。

(10) MAP技术和GPRS隧道技术是WCDMA体制的移动性管理机制的核心，并保持与GPRS网络的兼容性。

(11) 支持软切换和更软切换。

(12) 基站无需严格同步，组网方便。

WCDMA的优势在于：码片速率高，有效地利用了频率选择性分集和空间的接收和发射分集，可解决多径问题和衰落问题；采用Turbo信道编解码，可提供较高的数据传输速率；能够提供广域的全覆盖；下行基站区分采用独有的小区搜索方法，无需基站间严格同步；采用连续导频技术，能够支持高速移动终端。与第二代的移动通信制式相比，WCDMA具有更大的系统容量、更优的语音质量、更高的频谱效率、更快的数据速率、更强的抗衰落能力、更好的抗多径性、能够应用于高达500 km/h的移动终端等技术优势，而且能够从GSM系统进行平滑过渡，保证运营商的投资，为3G运营提供了良好的技术基础。

**2. WCDMA关键技术**

WCDMA产业化的关键技术主要是射频和基带处理技术，具体包括射频、中频数字化处理、Rake接收机、信道编解码、功率控制等关键技术和多用户检测、智能天线等增强技术。

**3. WCDMA物理层原理**

WCDMA的UE和UTRAN之间的空中接口Uu分为3层，最底层是物理层L1，位于物理层之上的是数据链路层L2和网络层L3。数据链路层L2又被划分为两个子层：媒体接入控制(MAC)子层和无线链路控制(RLC)子层。无线信道分3层：RLC和MAC之间的逻辑信道、MAC和PHY(物理层)之间的传输信道以及UE与NodeB之间的物理信道。

(1) 逻辑信道：在物理上是不存在的，它描述发送信息的类型，共有6种，其中有2种是专用的，其他都是公共的。下行信道6种都有，上行信道只有3种。根据承载的是控制平面业务还是用户平面业务，逻辑信道又可分为两大类，即控制信道(CCH)和业务信道(TCH)。CCH主要有广播控制信道(BCCH)、寻呼控制信道(PCCH)、专用控制信道(DCCH)、公共控制信道(CCCH)；TCH主要有专用业务信道(DTCH)和公共业务信道(CTCH)。

(2) 传输信道：描述逻辑信道是如何传输的，是物理层对MAC层提供的服务。传输信道共有7种类型，根据传输的是针对一个用户的专用信息还是针对所有用户的公共信息而分为专用信道(1个)和公共信道(6个)两类。专用信道为DCH；公共信道有广播信道(BCH)、前向接入信道(FACH)、寻呼信道(PCH)、随机接入信道(RACH)、下行共享信道(DSCH)及公共分组信道(CPCH)。下行信道有5种，上行信道只有3种。

(3) 物理信道：各种信息在无线接口传输时的最终体现形式，每一种使用特定载波频率、码(扩频码和扰码)以及载波相对相位的信道都可以理解为一类特定的信道。物理信道共有16种类型，专用信道有2种，其余都是公共信道；下行信道有16种，上行信道只有4种。下行信道主要有下行专用物理数据信道(downlink DPCH)、公共导频信道(CPICH)、公共控制物理信道(CCPCH)、同步信道(SCH)、捕获指示信道(AICH)、寻呼指示信道(PICH)等；上行信道主要有上行专用物理数据信道(uplink DPDCH)、上行专用物理控制信道(uplink DPCCH)、物理随机接入信道(PRACH)。

对于下行链路，其逻辑信道、传输信道和物理信道之间的映射关系如图12-1所示。

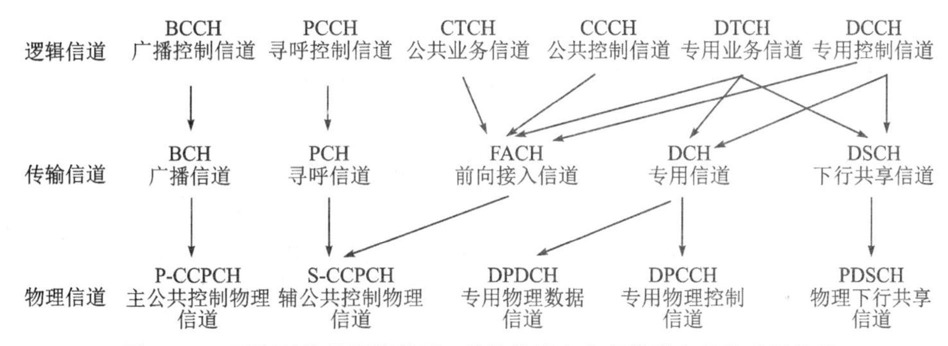


图12-1　下行链路的逻辑信道、传输信道和物理信道之间的映射关系

WCDMA网络系统的物理信道按时间也可分为3层结构：超帧、无线帧和时隙。一个超帧的时长为720 ms，分为72个无线帧，每个无线帧长为10 ms。无线帧是物理信道的基本单元，对应38 400 chip(3.84 Mchip/s)，一个无线帧包括15个等长的时隙，每个时隙对应2560 chip，如图12-2所示。

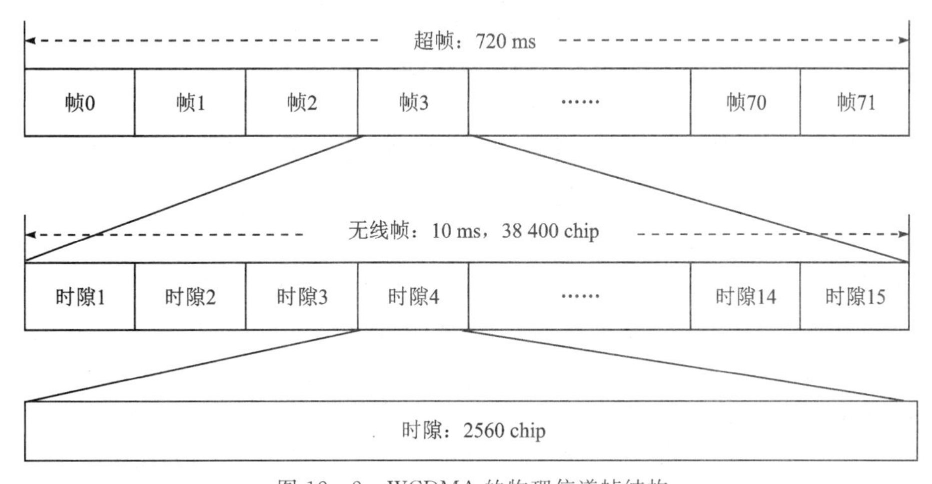


图12-2　WCDMA的物理信道帧结构

**4. 实验模块划分及连接**

本实验使用频率范围为806～960/1710～2500 MHz的壁挂天线接收WCDMA上行或下

行信号，通过同轴电缆连接到到频谱分析仪。使用双绞线连接频谱分析仪和PC机，然后在PC机上用VSA软件对接收到的信号进行测量分析，如图12-3所示。

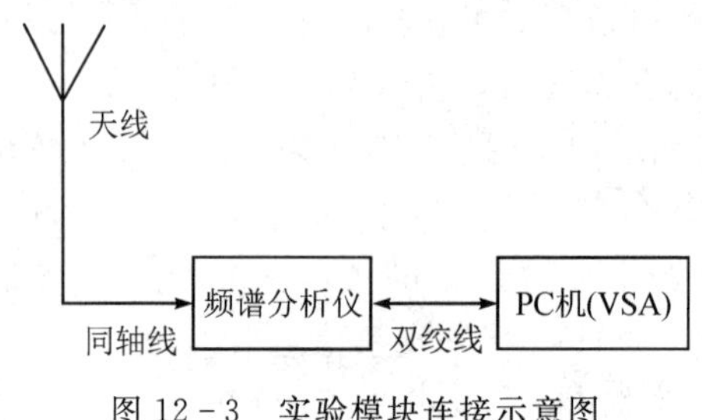


图12-3　实验模块连接示意图

## 五、实验内容

### 1. 实验模块的连接

（1）使用同轴线连接壁挂天线和频谱分析仪。注意在连接时保持电源断开，接口处的螺丝要对准、拧牢。

（2）打开频谱分析仪电源开关，等待频谱分析仪启动及初始化完毕后，按频谱分析仪面板左上角的“Frequency Channel”键，设置分析的中心频率。本实验捕获的下行WCDMA信号中心频率为2.13767 GHz，故在面板上输入2.13767，选择单位GHz即可。按“Spectrum”，这时可以在频谱分析仪的显示区看到信号的频谱。转动壁挂天线，可以看到频谱幅度有变化，说明信号正确接收。按“Waveform”可以看到接收信号的时域波形。观察并记录接收信号的频谱及波形。

（3）使用双绞线连接频谱分析仪和PC机，在网络连接中将PC机的IP、子网掩码修改为与频谱分析仪相同的网段。例如，若频谱分析仪IP地址为：192.168.156.50，则PC机的IP可设置为192.168.156.51。在安装的IO Library中启动Agilent Connection Expert，点击“Add an instrument”，选择“LAN”，再配置相关参数即可。正确添加后，在Instrument I/O on this PC中会显示出LAN，还会标出连接设备的型号及IP。

（4）连接好频谱分析仪和PC机后，打开VSA软件，软件会自动检测连接的硬件设备。当软件连接成功后，频谱分析仪显示面板下方会显示“In use by 89600 VSA on … -front panel disabled”字样。尝试按动频谱分析仪面板上的按键，会发现显示没有变化，说明频谱分析仪已经被锁定。以下的实验步骤全部在VSA软件上进行。

### 2. 下行信号的捕获及分析

（1）点击“MeasSetup”，选择“Frequency”，设置中心频率(Center)为2.1376 GHz或2.1426 GHz(这里的频率为本实验所在地运营商使用的10688及10713频点，在不同地域做实验可能不同，请根据实验当地的频点来设)，这时可以看到显示窗口出现频谱图，与前面在频谱分析仪上记录的频谱波形相同。设置“Span”，即捕获的频带宽度。单击“ResBW”选项卡，在“ResBW”中选择频点数(Frequency Points)，可以调整在一定的Span中看到的频点数。在“Layout”中设置窗口布局。点击“Input”，选择“Range”可设置最大显示功率。

（2）在工具栏中点击中间的小菱形，可以为显示的图形作标记(Marker)，以便跟踪信号的变化。在屏幕下方会显示Marker的频率、功率等信息。点击

Marker 后边的 按钮可以选中某个带宽范围，并测量其功率。

(3) 在“MeasSetup”中点击“Demodulator”，选择“3G Cellular：W-CDMA (3GPP)/HSDPA”，再选中“W-CDMA (3GPP)/HSDPA”对捕获到的信号进行解调，如图 12－4 所示。注意这时某些显示窗口可能会没有图形，只显示“NO DATA”，这是由于我们有些设置还不对，需要进一步设置。

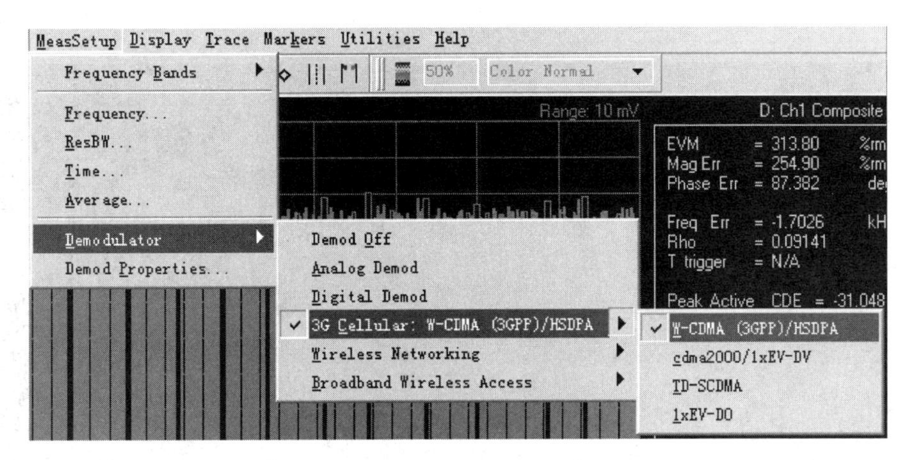


图 12－4　选择解调方式

(4) 在“MeasSetup”中点击“Demod Properties...”，将出现如图 12－5 所示的对话框，设置解调相关参数。由于中心频率、带宽、分辨率等在前面已经设置，此处需要设置的是与信道相关的参数。覆盖本实验室的基站使用扰码号为 122，offset 为 0。设置完这些可以看到显示的六个窗口中都有变化的图形。尝试修改实验内容的各种设置，观察并记录各个窗口中图形的变化。

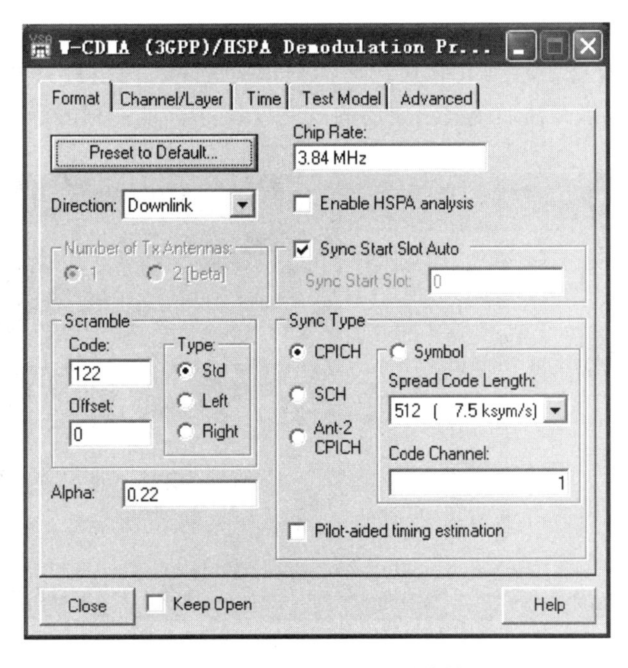


图 12－5　设置解调相关参数

**3. 测量指标的分析**

在设置完上述这些参数后，我们就可以对软件测量的各种指标进行分析了。

(1) 信号频谱。

如图12-6所示为WCDMA下行信号的频谱，中心频率为2.1376 GHz，带宽为5 MHz。还可以看到信号平均功率约为−100 dBm。由频谱可以直观看到信号质量的变化，若移动或转动天线，则频谱会有明显的起伏。

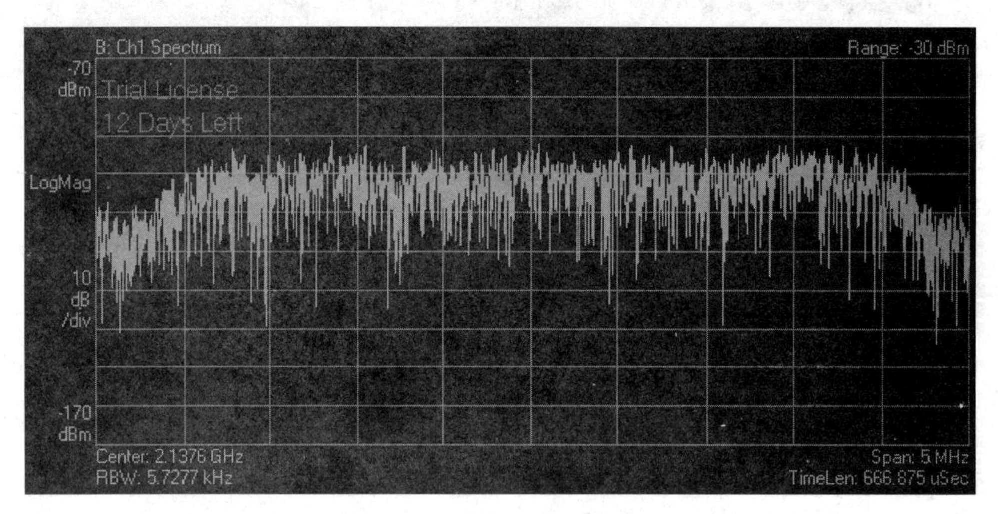


图12-6　WCDMA下行信号频谱

(2) 复合码域功率。

图12-7所示为信号的复合码域功率。横坐标表示信号的编码信道。其范围总是信号扩频码的最大长度，如WCDMA信号的最大扩频码长度是512，则图12-7横坐标的范围为0～511 code。对于其他系统，如CDMA2000或TD-SCDMA，系统也一样。纵坐标表示码道上的功率水平。在当前这一时刻共有三组活动信道：最左边两根最高的表示使用扩频因子SF=256；最右边五根粗高柱形图表示使用的SF=16；中间的一根表示使用的SF=128。

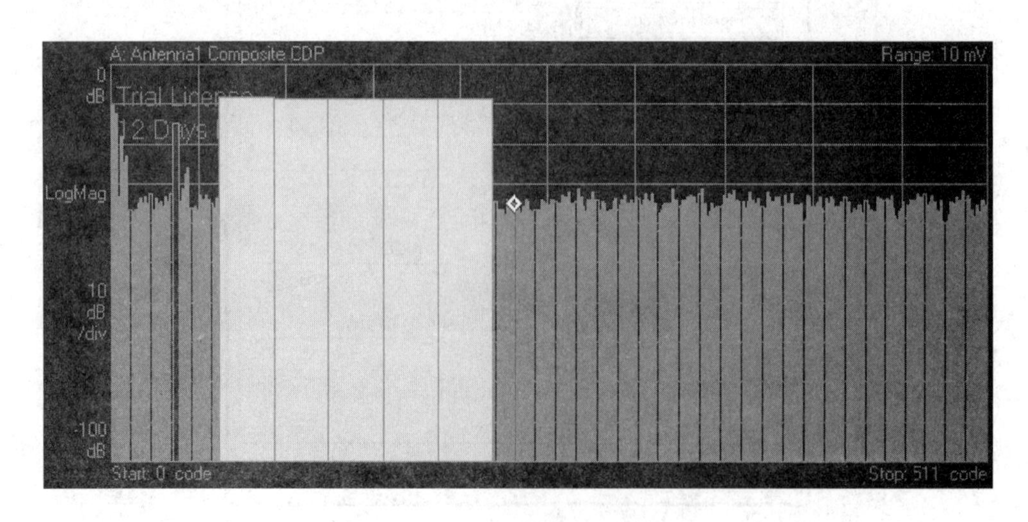


图12-7　复合码域功率

（3）复合星座图及单码道星座图。

图12－8所示为信号的复合星座图及码道0的星座图。WCDMA下行信号采用QPSK调制。图12－8(a)为所有码道的复合星座图，由于噪声及衰落，星座图看起来杂乱无章，但是大部分星座点是落在理论范围之内的。图12－8(b)为码道0上的星座图，可以看出接收到的数据为全0，这也与理论分析相符。

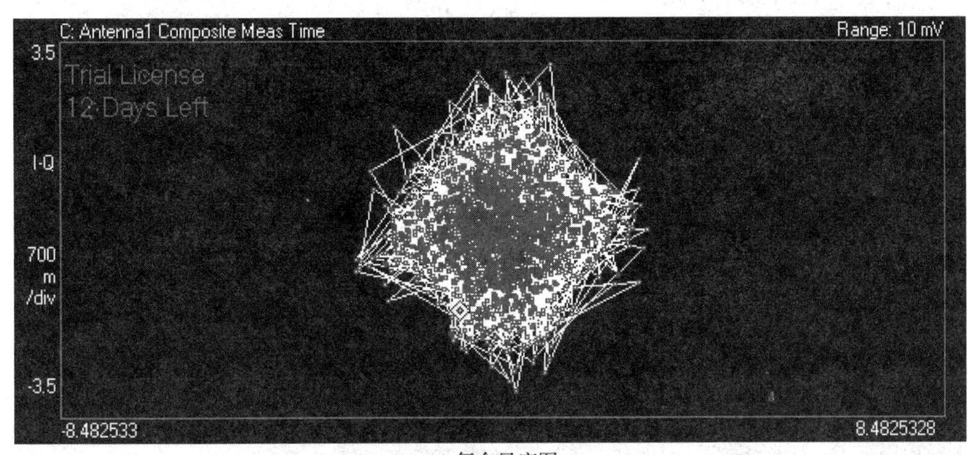


(a) 复合星座图

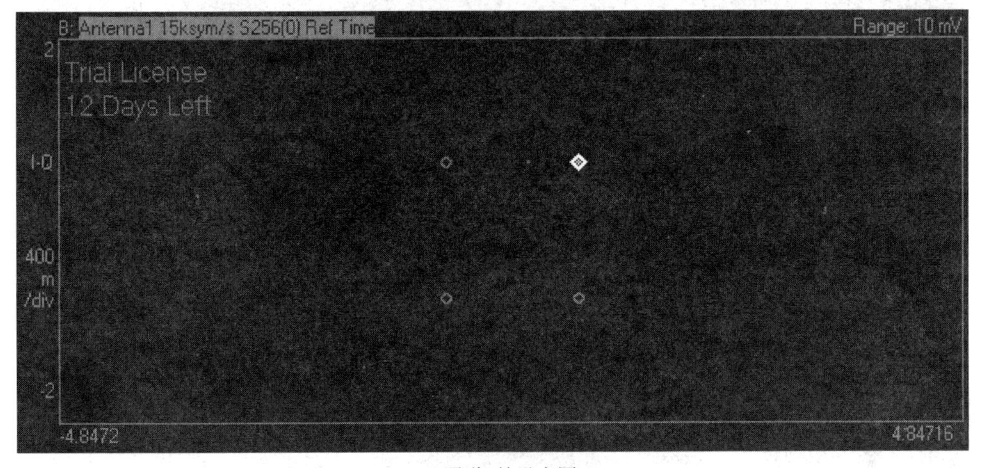


(b) 码道0的星座图

图12－8　复合星座图及码道0的星座图

（4）误码分析。

图12－9所示为某个时刻的复合误码及码道0误码总结。EVM是误差矢量幅度，描述接收实时信号与理论值之间的偏差程度。图12－9(a)为复合误码，图12－9(b)为码道0误码。图12－9(b)中还显示出了码道0上解调后的一些数据，这些数据为全0，也与理论分析相符。从图12－10还可以动态直观地看出信号EVM的变化，图中横坐标表示接收到的码元，纵坐标表示偏离理论值的程度，即EVM。EVM起伏不定，说明信号在无线传输过程中的衰落或受到的干扰不同。

D: Antenna1 Composite Error Summary　　Range: 10 mV

EVM = 79.432 %rms 200.49 % pk at chip 1805
Mag Err = 56.898 %rms 189.56 % pk at chip 1118
Phase Err = 52.590 deg -179.90 deg pk at chip 700

Freq Err = 192.11 Hz IQ Offset = -38.781 dB
Rho = 0.61141 Slot = 10
T trigger = N/A

Peak Active CDE = -24.45 dB at Channel S256(1)
Peak CDE = -13.656 dB at Channel S256(9)
RCDE for 64QAM = N/A Chan's Act 0

Total Power = -71.713 dBm

(a) 复合误码

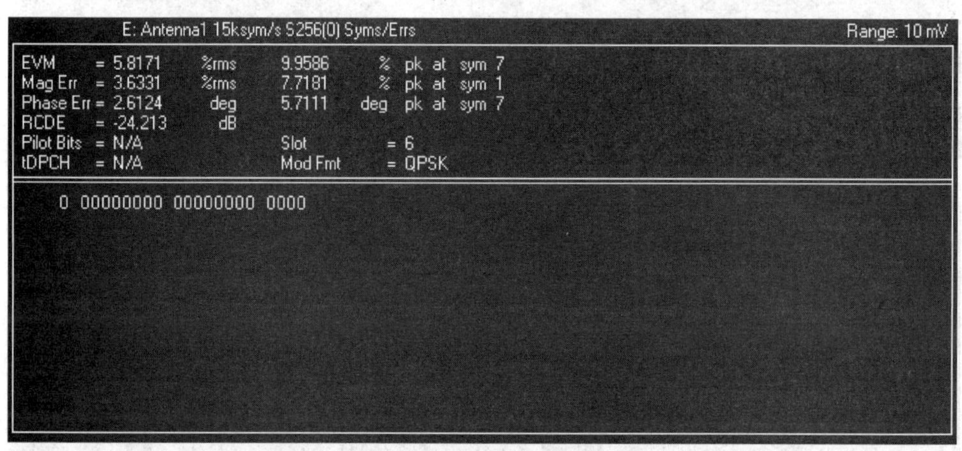


(b) 码道0误码

图 12－9　复合误码及单码道误码总结

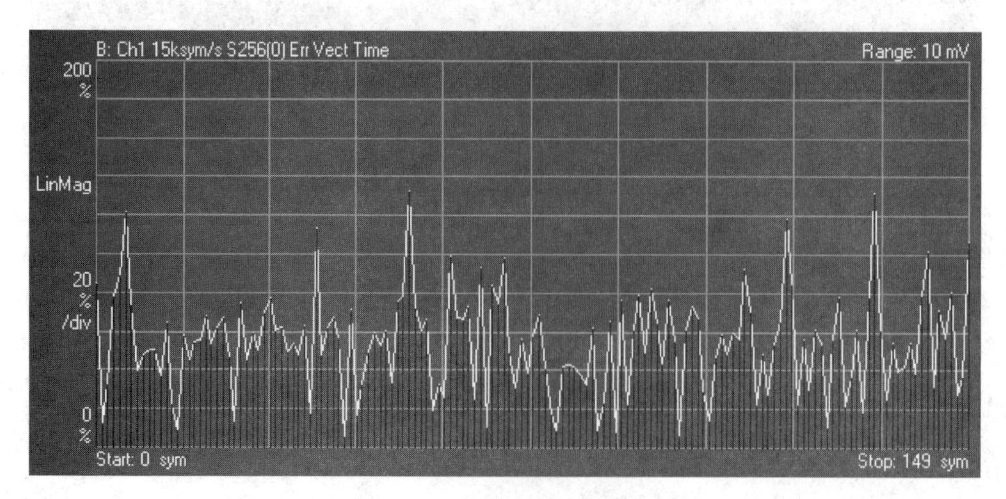


图 12－10　EVM变化图

## 六、思考题

(1) WCDMA信号与CDMA2000、TD－SCDMA信号有什么异同，试从带宽、码片速率、调制、编码、扩频、同步方式等方面分别加以说明。

(2) WCDMA系统下行链路的扰码是怎样规划的？

(3) WCDMA系统的物理层有哪些信道？这些信道之间有什么关系？

# 实验十三　TD-SCDMA信号的实时捕获及分析

## 一、实验目的

(1) 深入理解TD-SCDMA信号的特性。

(2) 学会使用频谱分析仪软件分析TD-SCDMA信号。

## 二、实验器材

(1) 3G壁挂天线。本实验所用型号：ARW-806-2500；频率范围：806～960/1710～2500 MHz；增益：7～10 dBi。

(2) 频谱分析仪。本实验使用Agilent公司的E4445A PSA系列频谱分析仪。

(3) PC机一台，安装有Agilent公司的VSA矢量信号分析软件。

(4) 同轴线、双绞线若干。

## 三、实验内容

(1) 时隙图和频谱图的绘制。

(2) 复合星座图的绘制。

(3) 复合码域功率的测定。

(4) 复合误码总结。

## 四、实验原理

### 1. TD-SCDMA系统概述

TD-SCDMA是我国提出的一种TDD-CDMA标准，它具备TDD-CDMA的一切特征，能够满足3G系统的要求，可在室内/外环境下进行语音、传真及各种数据业务。

TD-SCDMA接入方案是直接序列扩频码分多址(DS-CDMA)，码片速率为1.28 Mchip/s，扩频带宽为1.6 MHz，采用不需配对频率的TDD(时分双工)工作模式。它的下行和上行信息是在同一载频的不同时隙上进行传输的。因为在TD-SCDMA中，除了采用DS-CDMA外，还具有TDMA的特点，所以经常将TD-SCDMA的接入模式表示为TDMA/CDMA。

TD-SCDMA的基本物理信道特性由频率、码和时隙决定。其帧结构将10 ms的无线帧分成两个5 ms的子帧，每个子帧有7个常规时隙和3个特殊时隙。

信道的信息速率与符号速率有关，符号速率由1.28 Mchip/s的码片速率和扩频因子(SF)决定，上下行信道的扩频因子在1～16之间，因此调制符号速率的变化范围为80.0 k symbol/s～1.28 Msymbol/s。

根据国家无线电委员会的频谱规划，TD-SCDMA系统可以使用如下频段：1900～1920 MHz，2010～2025 MHz以及补充频谱2300～2400 MHz。

TD-SCDMA系统中采用了很多先进的关键技术，提高了系统的性能，主要有：

1）智能天线技术

TD-SCDMA系统的智能天线（Smart Antenna，SA）是由8个天线单元的同心阵列组成，通过各阵元信号的幅度和相位加权来改变阵列的方向图形状，能够把主波束对准入射信号并自适应实时地跟踪信号，同时将零点对准干扰信号，从而抑制干扰信号，提高信号的信噪比，改善整个通信系统的性能。另外，智能天线引入了第4维多址方式：空分多址（SDMA）方式。在相同时隙、相同频率或相同地址码的情况下，仍可以根据信号不同的空间传播路径来区分用户，在多个指向不同用户的并行天线波束控制下，可以显著降低用户信号彼此间的干扰，大大提高系统频谱利用效率。

2）联合检测技术

联合检测（Joint Detection，JD）技术是在多用户检测（Multi-User Detection，MUD）技术基础上提出的。该技术是减弱或消除多址干扰（MAI）、多径干扰和远近效应的有效手段，能够简化功率控制，降低功率控制精度，弥补正交扩频码互相关特性不理想所带来的消极影响，从而改善系统性能、提高系统容量、增大小区覆盖范围。

3）同步CDMA技术

同步CDMA技术是指上行链路各终端信号与基站解调器完全同步，它通过软件及物理层设计实现，这样可使正交扩频码的各码道在解扩时完全正交，相互之间不会产生多址干扰，克服了异步CDMA多址技术由于移动终端发射的码道信号到达基站的时间不同，造成码道非正交所带来的干扰，从而提高了CDMA系统容量。

4）软件无线电技术

软件无线电技术是利用数字信号处理软件实现无线通信功能的一种技术，它能在统一硬件平台上利用软件处理基带信号，通过加载不同的软件，可实现不同的业务功能。在TD-SCDMA系统中，基站和移动终端采用软件无线电结构，硬件简单，功能由软件定义，射频频段、多址模式及信道调制都可编程。软件无线电技术可用来实现智能天线、同步检测和载波恢复等功能。

5）动态信道分配技术

在TD-SCDMA系统中，可实现频/时/码/空多维资源的动态管理，根据所需服务和业务以及信道条件的变化，多维信道资源处于动态调整和变化中。

如图13-1所示为TD-SCDMA物理信道的分层结构。

TD-SCDMA物理信道的结构分为4层：超帧（系统帧）、无线帧、子帧和时隙/码道。一个超帧长720 ms，由72个长为10 ms的无线帧组成。每个无线帧又分为两个相同的5 ms子帧，子帧是无线发送的最小单位。每个子帧分为7个常规时隙和3个特殊时隙。3个特殊时隙分别是下行导频时隙（DwPTS）、上行导频时隙（UpPTS）和保护间隔（GP）。在7个常规时隙中，TS0总是分配给下行链路，TS1总是分配给上行链路。下行时隙和上行时隙之间用切换点来分开，每个5 ms的子帧有两个切换点，其中一个是灵活切换点。通过灵活地配置下行和上行时隙的个数，使TD-SCDMA可以适用于上下行对称或非对称的业务模式。

TDD模式下的物理信道是将一个突发在所分配的无线帧的特定时隙发射。无线帧的时隙可以是连续的，即每一帧的相应时隙都分配给物理信道。无线帧的分配也可以是不连续的分配，即将部分无线帧中的相应时隙分配给该物理信道。一个突发由数据部分、训练序列（即中间码Midamble部分）和保护间隔组成。突发的持续时间即是一个时隙。发射机可以同时发射几个突

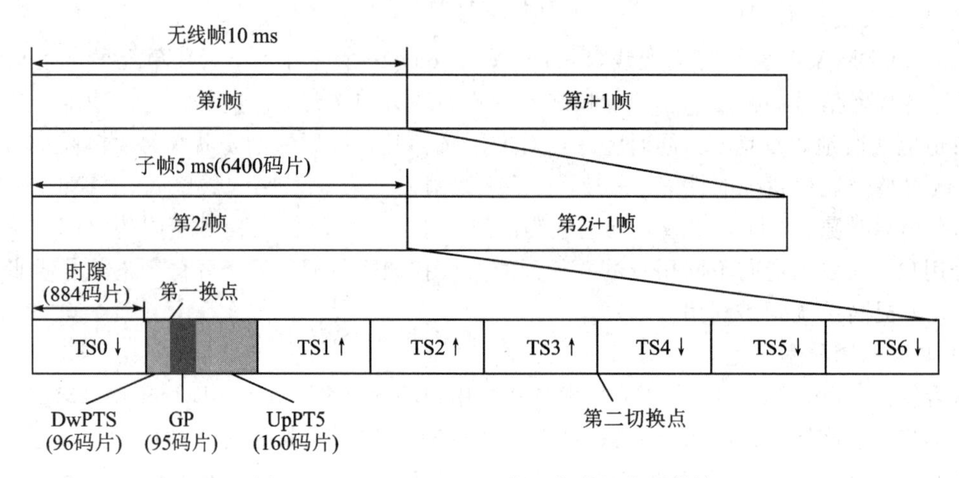


图 13－1　TD－SCDMA 物理信道的分层结构

发，在这种情况下，几个突发的数据部分必须使用不同的 OVSF(正交可变扩频因子)信道码，但应使用相同的扰码。中间码部分必须使用同一个基本中间码，但可以使用不同偏移码。

突发的数据部分由信道码和扰码共同扩频。信道码是一个 OVSF 码，扩频因子可以使用 1，2，4，8 或 16，物理信道的数据速率取决于使用的 OVSF 码所采用的扩频因子。

**2．实验模块的连接**

与“CDMA2000 信号的实时捕获及分析”类似，本实验采用 3G 壁挂天线接收实时 TD－SCDMA信号，通过同轴线连接到频谱分析仪。然后用与频谱分析仪连接的 PC 机中的 VSA 软件分析捕获的信号。如图 13－2 所示。

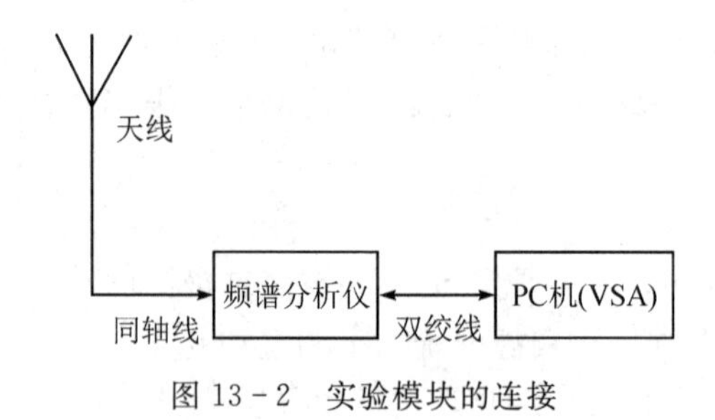


图 13－2　实验模块的连接

## 五、实验内容

**1．实验模块的连接**

(1) 在电源断开的状态下依次用同轴线、双绞线连接天线、频谱分析仪及 PC 机。

(2) 打开频谱分析仪及 PC 机的电源，待频谱分析仪启动完毕后，设置中心频率为 2.017603 GHz，span 为 2 MHz。由于捕获到的信号功率较低，因此将“input”中的“Range”设为－30 dBm。此时可先观察并绘出信号的频谱及时域波形。

(3) 选择解调方式为 TD－SCDMA，依次观察各个窗口的显示内容。如果 C 窗口星座图杂乱无章，D 窗口中误码统计值超出常规值很多，如 EVM 大于 70%，Rho 小于 0.3 等，说明使用默认参数不能解调信号，需要修改。

(4) 在“Demod Properties...”中的 Tab 选项卡中设置“Code/ID”中的“Downlink Pilot”

为 28(本实验所处环境中为 28，在不同实验环境即基站覆盖下可能不同，具体需询问当地基站)，“Scramble”及“Basic Midamble”为 112，如图 13 - 3 所示。设置完成后可以观察到星座图规则排列，误码参数也正常了。

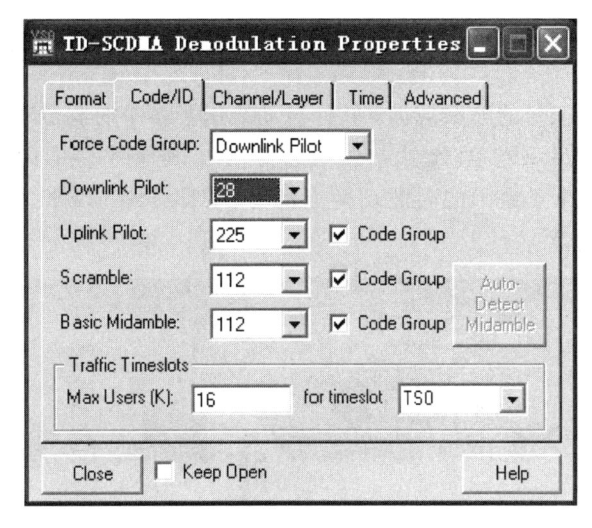


图 13 - 3　选择下行导频序列号

(5) TD - SCDMA 有个重要的特点就是可以进行上下行时隙灵活切换，我们可以设置时隙切换点来分配上下行信道。另外，还可以捕获多个子帧进行分析。如图 13 - 4 所示，在“Demod Properties...”中的 Tab 选项卡中设置“Time”中的“Result Length”为“2 Subframes”，即结果窗口中显示出捕获到的 2 个子帧，在“Analysis Sub - frame”中点击“0”或“1”即可选择分析哪个子帧。时隙切换点在“Uplink Switch Point”中设置，可以输入 0～6 之间的任意整数。例如，点击子帧 1，上行切换点中输入 3，则发现在窗口 A 的子帧 1 中 TS1～TS3 被分配为上行时隙，其他(除了导频时隙)时隙则为下行时隙。即若设置切换点为 $n$，则 TS1～TS$n$ 将设置为上行时隙。但是此处只是强行将某个时隙设置为上行或下行，具体情况还要根据基站的分配。

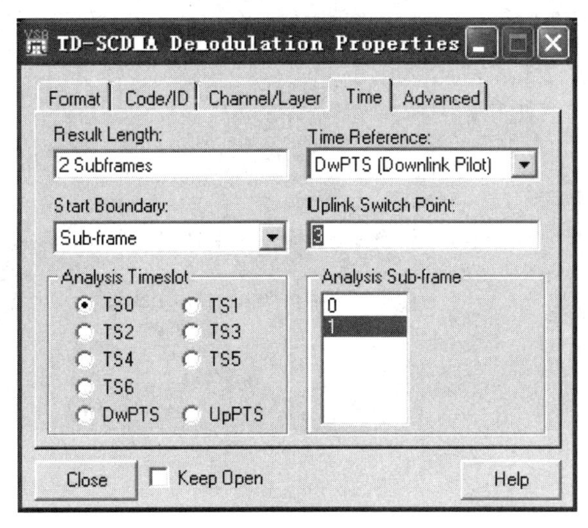


图 13 - 4　设置子帧数及时隙转换点

(6) 修改参数设置，观察、画出各个窗口中的图形并分析其表征了 TD-SCDMA 系统中的哪些特性。

**2. 实验结果的分析**

本实验选取几种重要参数进行分析。

1) 时隙图

如图 13-5 所示为信号的时域波形，软件自动绘出了各个时隙分布。可以很清楚地看出，时隙 0 和下行导频时隙(DwPTS)分别与时域波形对齐，其他时隙由于没有数据传输，我们看到的波形是白噪声。两个子帧中的时隙切换点都为 3，即 TS1～TS3 都为上行时隙，而其他非导频时隙都为下行时隙。

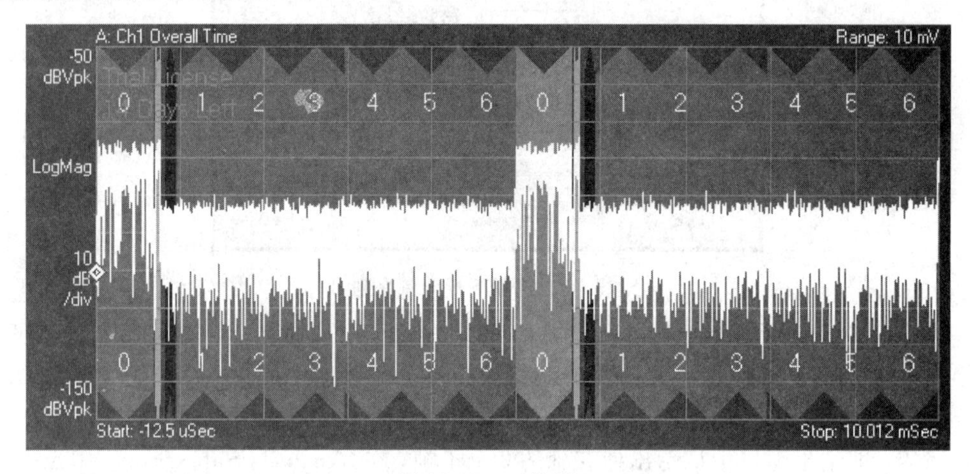


图 13-5　时隙图

2) 频谱图

我们捕获到的信号质量并不好，其平均功率只有-120 dBm，频谱图如图 13-6 所示。由频谱图可以看出信号占据带宽为 1.25 MHz。

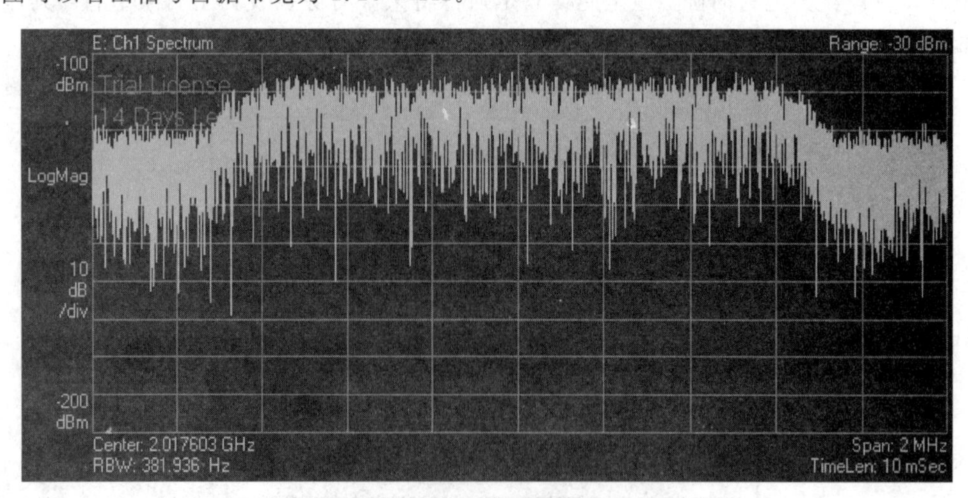


图 13-6　频谱图

3）复合星座图

TD－SCDMA的数据采用的是QPSK调制，复合信号的星座图如图13－7所示。

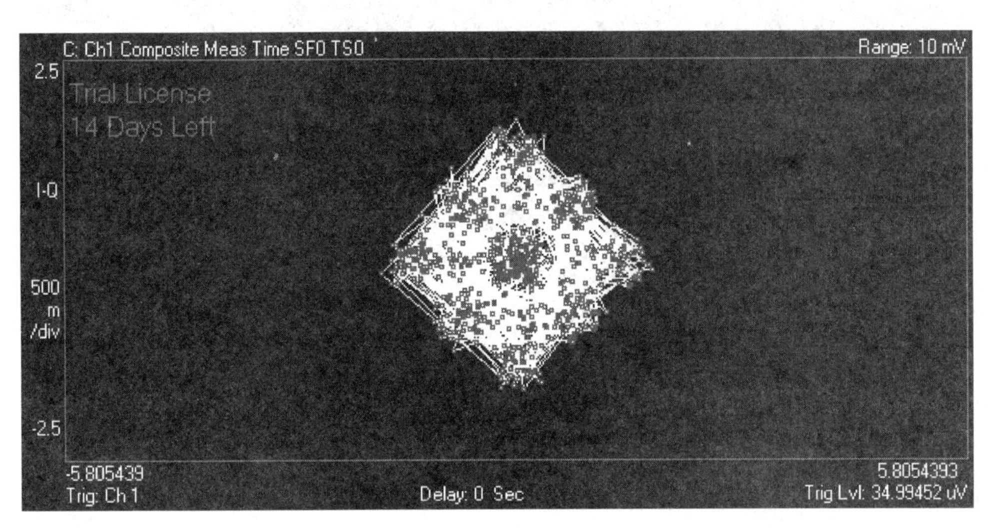


图13－7　复合星座图

4）复合码域功率

复合码域功率可以使我们观察在选定时隙中采用不同扩频因子的OVSF码进行扩频的活动信道，如图13－8所示，其纵坐标为特定信道传输数据的功率，横坐标长度为16，是TD－SCDMA采用的OVSF码的最长扩频因子的长度，也是使用的最长码长。图13－8表示在子帧0的时隙0中有7个用户使用SF＝16的OVSF码扩频，没有用户使用其他扩频码。

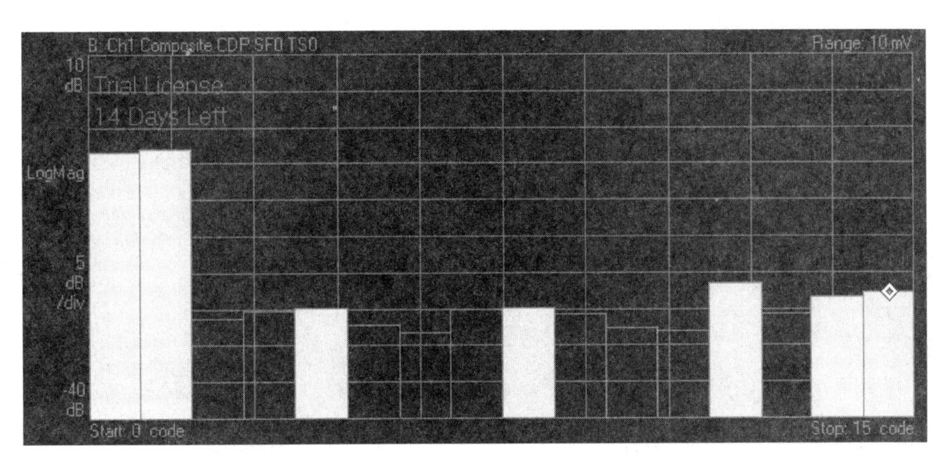


图13－8　复合码域功率

5）复合误码总结

图13－9给出了接收信号的几种重要误码指标，Rho表示波形质量，EVM是误差适量幅度。中间的横线下是中间码(Midamble)的参数指标，中间码用于进行信道估计、测量，以动态调整链路质量。

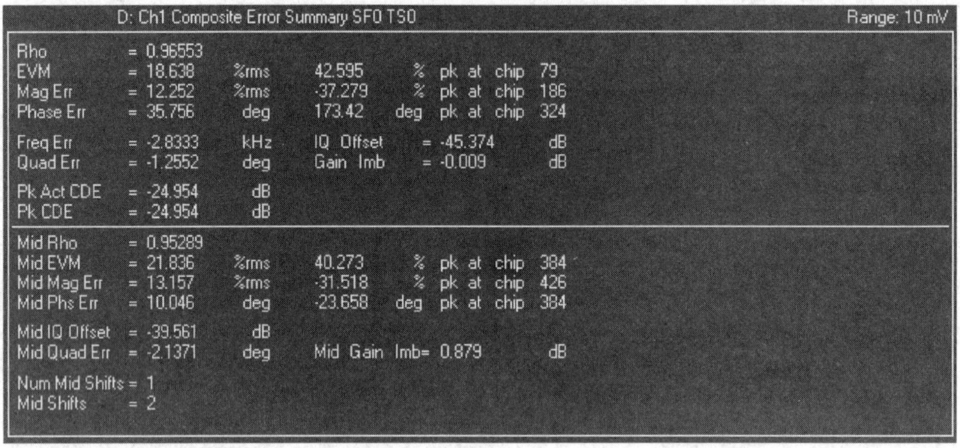

D: Ch1 Composite Error Summary SF0 TS0　　Range: 10 mV

| | | | | | |
|---|---|---|---|---|---|
| Rho | = 0.96553 | | | | |
| EVM | = 18.638 | %rms | 42.595 | % | pk at chip 79 |
| Mag Err | = 12.252 | %rms | -37.279 | % | pk at chip 186 |
| Phase Err | = 35.756 | deg | 173.42 | deg | pk at chip 324 |
| Freq Err | = -2.8333 | kHz | IQ Offset | = -45.374 | dB |
| Quad Err | = -1.2552 | deg | Gain Imb | = -0.009 | dB |
| Pk Act CDE | = -24.954 | dB | | | |
| Pk CDE | = -24.954 | dB | | | |
| Mid Rho | = 0.95289 | | | | |
| Mid EVM | = 21.836 | %rms | 40.273 | % | pk at chip 384 |
| Mid Mag Err | = 13.157 | %rms | -31.518 | % | pk at chip 426 |
| Mid Phs Err | = 10.046 | deg | -23.658 | deg | pk at chip 384 |
| Mid IQ Offset | = -39.561 | dB | | | |
| Mid Quad Err | = -2.1371 | deg | Mid Gain Imb= | 0.879 | dB |
| Num Mid Shifts | = 1 | | | | |
| Mid Shifts | = 2 | | | | |

图 13-9　复合误码总结

## 六、思考题

(1) TD-SCDMA 的扩频调制与 CDMA2000 及 WCDMA 有什么不同？

(2) 试说明 TD-SCDMA 为什么不需要对称频带？

(3) 上、下行时隙的灵活切换可以带来什么好处及坏处？

# 第四部分　硬件测试实验

# 第六章　移动通信网络实验

## 实验十四　AT命令实现GSM/GPRS移动台主呼及被呼过程

### 一、实验目的

(1) 了解GSM/GPRS网络中常用的AT命令。
(2) 了解GSM移动台主呼和被呼的接续过程。

### 二、实验器材

(1) PC机一台;
(2) GSM/GPRS模块一个(带天线、串口线);
(3) SIM卡一个;
(4) 手机一部(带SIM卡)。

### 三、实验内容

使用AT命令控制GSM/GPRS模块进行呼叫、被呼、挂机等操作。

### 四、实验原理

#### 1. 常用AT命令及其功能介绍

AT即Attention，AT命令集是从TE(Terminal Equipment)或DTE(Data Terminal Equipment)向TA(Terminal Adapter)或DCE(Data Circuit Terminating Equipment)发送的命令的集合。通过TA，TE发送AT命令来控制MS(Mobile Station)的功能，从而实现与GSM网络业务进行交互。用户可以通过AT命令进行呼叫、短消息、电话本、数据业务、补充业务、传真等方面的控制。不同厂家生产的模块可以按照模块设计重新定义AT命令集，但都遵循常用的AT命令格式，且最常用的AT命令是通用的，各个厂家都相同。常用AT命令如表14-1所示。

**表14-1　常用AT命令**

| 功　能 | 命　令 | 功　能　细　节 |
| --- | --- | --- |
| 测试 | AT | 测试模块是否连接成功 |
| 厂家认证 | AT+CGMI | 获得厂家的标识 |
| 查询IMSI | AT+CIMI | 查询国际移动电话支持认证 |
| 卡的认证 | AT+CCID | 查询SIM卡的序列号 |

续表

| 功　能 | 命　令 | 功　能　细　节 |
| --- | --- | --- |
| 重复操作 | A/ | 重复最后一次操作 |
| 报告错误 | AT＋CMEE | 报告模块设备错误 |
| 拨号命令 | ATD | 拨打电话号码 |
| 挂机命令 | ATH | 挂机 |
| 回应呼叫 | ATA | 当模块被呼叫时回应呼叫 |
| 详细错误 | AT＋CEER | 查询错误的详细原因 |
| 信号质量 | AT＋CSQ | 查询信号质量 |
| 短消息格式 | AT＋CMGF | 选择短消息支持格式(TEXT 或 PDU) |
| 读短消息 | AT＋CMGR | 读取短消息 |
| 列短消息 | AT＋CMGL | 将存储的短消息列表 |
| 发送短消息 | AT＋CMGS | 发送短消息 |
| 删除短消息 | AT＋CMGD | 删除保存的短消息 |
| 服务中心地址 | AT＋CSCA | 提供短消息服务中心的号码 |

**2. GSM 呼叫接续过程**

任何一个移动通信系统，其网络运行的主要功能都是能够支持该移动通信系统业务的正常运行，即需实现各移动用户之间及移动用户与本地核心网用户之间建立正常通信。这就包含支持呼叫建立和释放、寻呼、信道分配和释放等呼叫处理过程，并能支持补充业务的激活、去激活及登记和删除等业务操作。移动台呼叫处理的基本原理如图 14－1 所示。

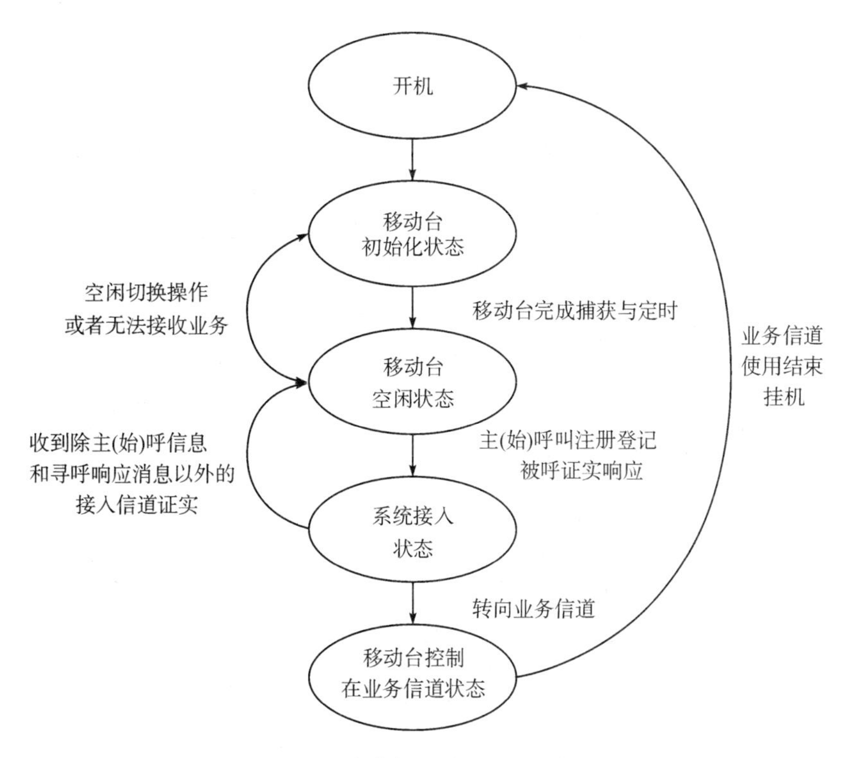


图 14－1　移动台呼叫处理的基本原理

1）移动台主呼

如图 14－2 所示为移动台向固定电话发起的呼叫流程，主呼建立过程需要先有通信链路建立过程、原始信息过程、鉴权和加密过程。一旦这些过程成功完成，移动台就在建立的链路(SDCCH)上发送启动信息(①)，这一信息有被叫部分的号码和其他一些信息，如网络在建立与公共交换电话网 PSTN 联系时所需的信息。承载要求表明呼叫是进行通话还是进行数据呼叫，是电路呼叫还是分组呼叫，是同步还是异步，以及提供用户数据速率(可在 300～9600 b/s 范围内变化)。MSC 利用这一信息确认承载要求是否能得到支持，MSC 同时通过MAP－B信息查询 VLR，确认是否有任何提供业务方面的限制。如果 MS 送出的被叫部分是密切用户群码(CUG)，则在这种情况下，它要求 VLR 翻译并检查用户限制以确认这种呼叫能否允许。如果对用户有呼叫发起限制，但若 VLR 确认这次呼叫不违反有关限制，则这次呼叫有效并被允许进行，MSC 发出呼叫继续信息给 MS，通知它建立信息已经收到并处理，网络试图接

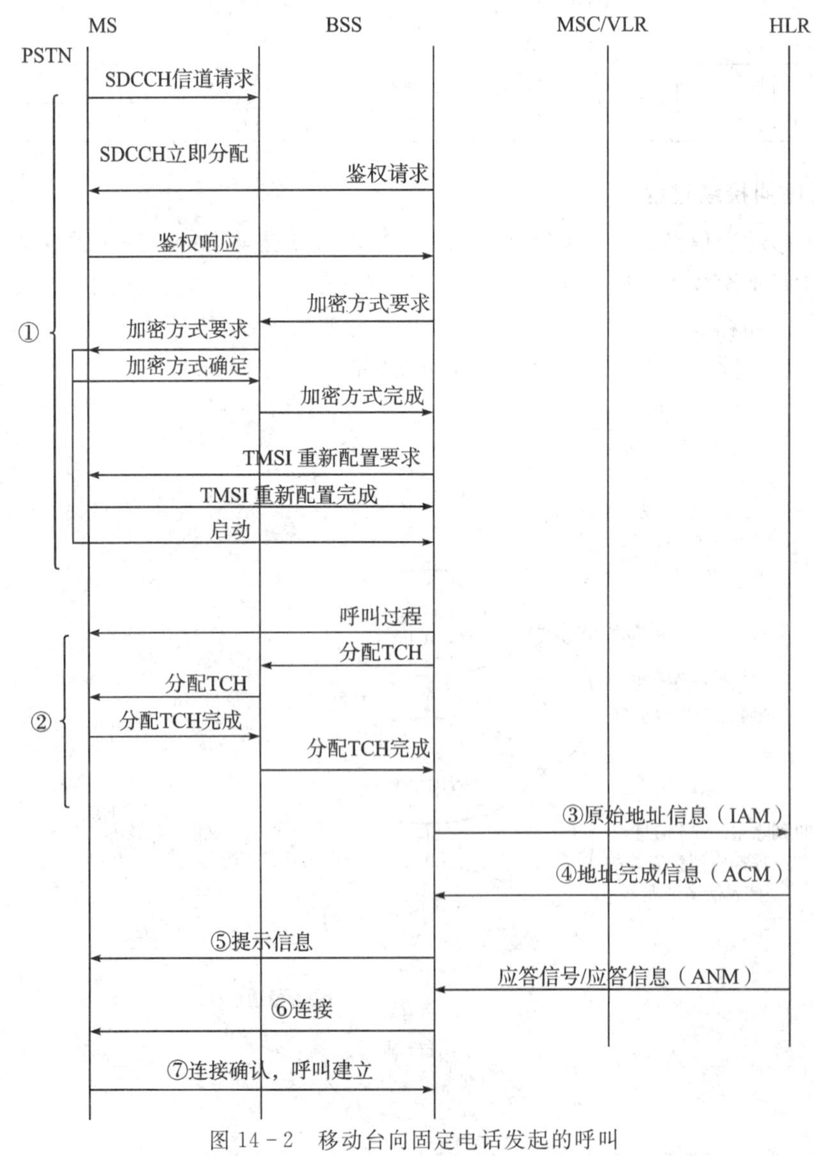


图 14－2　移动台向固定电话发起的呼叫

入本次呼叫。

如果用户要求进行话音连接，系统就会安排业务信道 TCH(全速或半速取决于 MS 和网络是支持全速还是半速)。BSC 通知 BTS 新的信道，BTS 激活新的信道。然后，BSC 为话音编码分配 TRAU 资源。在网络方，所有的资源全部被安排用于处理业务信道，BSC 送一个分配命令信息给 MS，通知 MS 在下一步传输中使用的新信道。MS 调谐到新无线信道上并在该信道上开始发送。MS 发送一个分配结束信号，指示它已成功调谐到新信道上，BSC 释放旧信道(②)。同时，MSC 通过网络启动呼叫建立过程。如果连接到 PSTN 的交换是通过 ISUP (ISDN 用户部分)，则送一个 IAM(原始地址信息)给 PSTN(③)。接入交换机返回一个 ACM (地址完成信息)给 MSC，表明被叫正在振铃(④)。当 MSC 收到 ACM 时，它送一个振铃信息给 MS，MS 在收到这一信息后就产生一个提示音通知用户已经联络被叫，电话正在振铃(⑤)。被叫应答(摘机)，ANM(应答信息)通过网络送给 MSC 通知 MS 已连接(⑥)。至此，移动台向固定电话发起的呼叫已连接，可以交换信息了(⑦)。

2）移动台被呼

不管是从无线移动电话还是从有线电话系统拨号呼叫 GSM 手机，拨号时都只用输入 GSM 手机用户的 MSISDN 号码，由于 MSISDN 号码并不包含目前手机用户的位置信息，因此 GSM 网络必须询问 HLR 有关手机的 MSRN 代码，才能得知手机用户目前所在的 LA 区域与负责该区域的交换机 MSC。MSRN 代码是当手机进行位置更新时由当地的 VLR 负责产生的。

图 14-3 给出了有线固定电话拨号呼叫 GSM 手机时的整个信号交换过程。当拨号者输入手机的 MSISDN 号码时，有线电话 PSTN 的交换机从 MSISDN 号码中标识出是呼叫移动电话的手机后，依照 MSISDN 上的 CC 及 NDC 将信号传递到负责该手机服务区域内的关口 MSC(GMSC)。如果在 PSTN 中使用 ISUP，则这必将是一个 IAM 信息。在 IAM 中的被叫部分号码将是 MSISDN 码。这一话音呼叫在 GMSC 试图确定用户的位置，使用 MAP-C 信令过程从用户的 HLR 寻找路由信息。GMSC 能够确定用户的 HLR，因为它有一张与 MSISDN 相关的 HLR 翻译表(①)。HLR 在收到请求后，借助于内部表格将提供的 MSISDN 变换一个 IMSI 码，然后查询与 IMSI 码相关的用户概貌，按照用户特性激活相关事件。

如果用户是 CFU(前向呼叫无条件转移)，那么 HLR 返回前向码(the forwarded-to number)到 GMSC，并将呼叫话音到目的交换机重新进行路由选择，处理前向码。如果用户是 BAIC (所有呼入禁止)，则 HLR 拒绝服务。

在正常情况下，对用户被叫并无限制，HLR 确定被呼移动台当前登记的 VLR 地址 (VLR 地址作为用户概况的一部分存储在 HLR 中)，使用 MAP-D 过程查询 VLR 有关路由号码，即 MS 漫游号码(MSRN)，HLR 返回该 MSRN 给 GMSC(②)。GMSC 根据 MSRN 的指示将信号传递到当地的交换机 MSC(③)，MSC 根据 MSRN 询问 VLR(④)，VLR 在 MSRN 基础上查询用户记录，并确定当前的登记区，返回 TMSI 等信息给 MSC(⑤)。MSC 通知该位置登记区所在的所有 BSC，BSC 轮流送出寻呼命令给 BTS，命令它们通过寻呼信道送出寻呼用户的指令(⑥)。

MS 在收到它的寻呼后，启动通信链路建立过程、初始化信息过程及鉴权和加密过程，TMSI 重新配置，无论这是否必要，建立的原因都将打上作为响应寻呼的标记。MSC 是来话停留的网络实体，一旦它确定收到一个有效的寻呼响应，它就通过建立的通信链路送一个启动(setup)信息。MS收到这一信息，就送出一个呼叫确认信息给网络，通知网络启动信息已经收到(⑦)，网络就开始安排一个业务信道TCH给MS(⑧)。在成功完成这一步之后，MS开始提供一个音频提示音给用户，并同时送一个提示信息给MSC(⑨)，MSC接着送一个ACM信息给PSTN用户，这个信息告诉PSTN用户移动用户已有效并得到通知，MS在提供振铃声时，作为可选功能，可显示主叫号码。当MS应答时，就送出一个连接信息给MSC。MSC接着送一个ANS给PSTN用户，双方通信开始(⑩)。

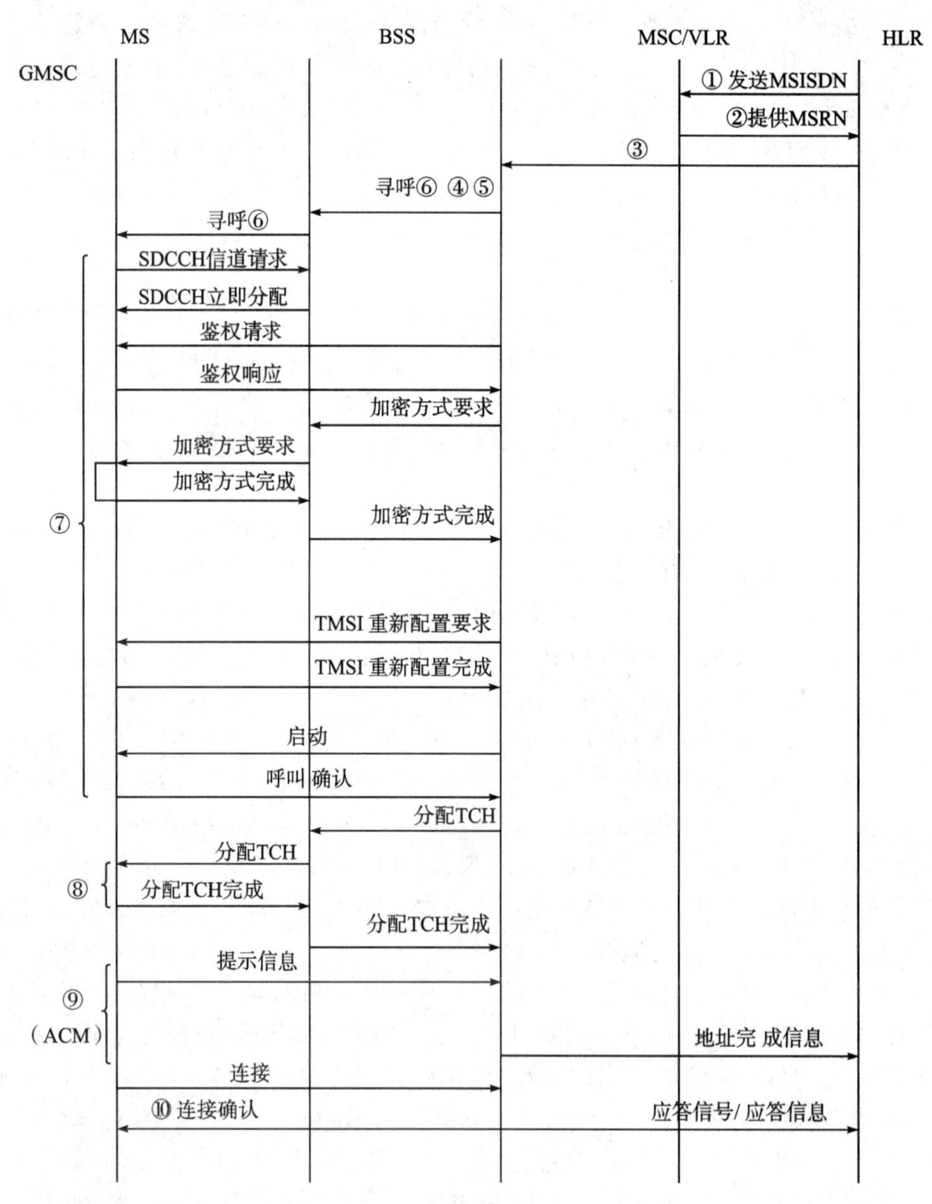


图 14-3　由固定电话发往移动台的呼叫

3) 实验使用的AT命令

本实验使用AT命令进行移动台的呼叫接续，用到三个AT命令。

(1) 拨号。命令为："ATD+number+;"。语音呼叫的返回值如表14-2所示。

**表 14－2　语音呼叫的返回值及说明**

| 返回值 | 说明 |
|---|---|
| OK | 呼叫成功 |
| BUSY | 被叫方忙 |
| NO ANSWER | 固定连接时间到后未检测到接听信号 |
| NO CARRIER | 呼叫连接失败或对方连接已释放 |

如呼叫 13800571500，则命令格式为："ATD13800571500;"。

(2) 挂机。命令为："ATH"。无需输入对方号码，只要这个命令就可以终结所有正在进行或等待的呼叫连接。挂机成功则返回"OK"，若返回"ERROR"则表示命令未得到确认或不支持。

(3) 应答。命令为："ATA"。当有呼叫到来时，发送此命令用来接听。返回"OK"即可进行通话，若返回"NO CARRIER"则表示连接已断开或对方已挂机。

本实验对 AT 命令的应用进行了部分封装，编写了软件以完成语音通话。软件界面如图 14－4 所示。

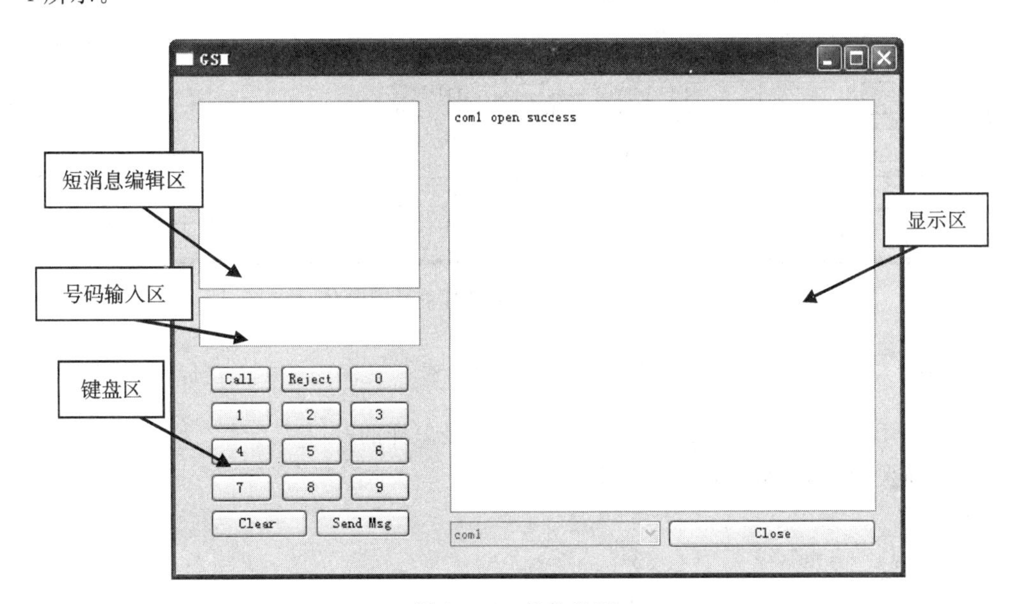


图 14－4　软件界面

## 五、实验步骤

(1) 硬件连接。在操作之前需要进行硬件连接：

① 连接计算机串口与 GSM/GPRS 模块串口；

② 连接好 GSM/GPRS 模块天线；

③ 在 GSM/GPRS 模块的 SIM 卡座上插入 SIM 卡；

④ 检查无误后接上 5 V 稳压电源，模块通电。

(2) 运行软件。

(3) 选择与模块连接的串口，打开，连接设备。串口打开成功会有消息提示"com*N* open

success”。

(4) 在号码输入区中输入要拨打的号码，按下“Call”就可以进行呼叫；右边显示区会显示出模块返回的信息。对于串口发送给模块的所有命令信息，模块都会复制一份进行回显，如图 14-5 所示。

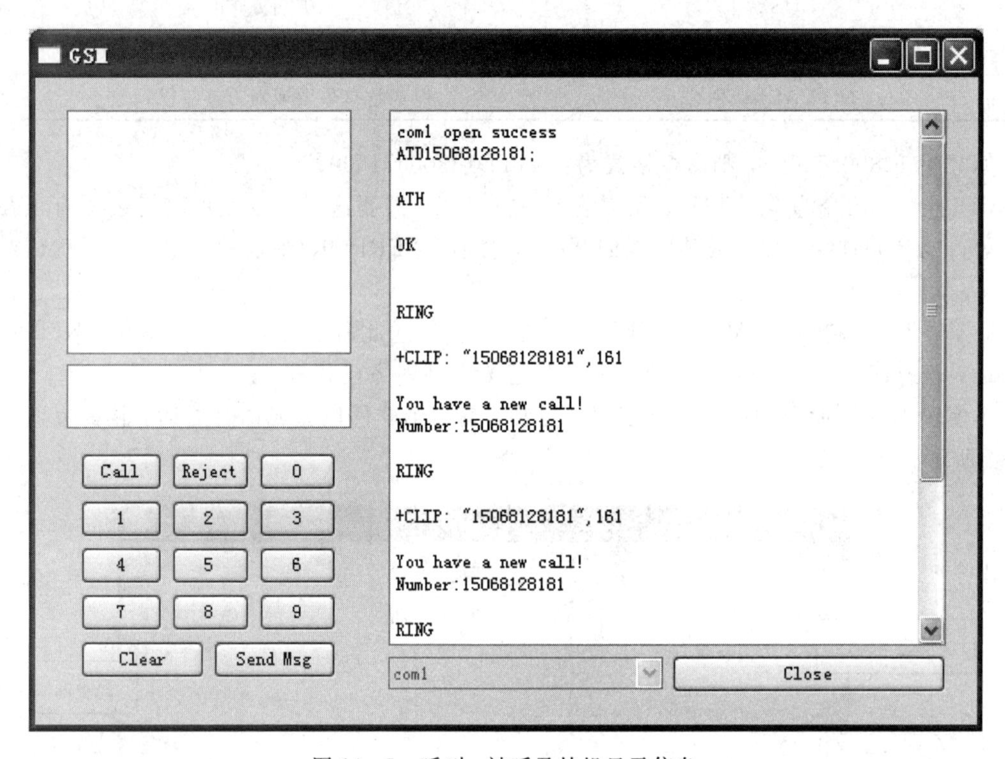


图 14-5 呼叫、被呼及挂机显示信息

## 六、思考题

(1) 移动用户向固定电话发起的整个呼叫流程是怎样的?

(2) 请简要阐述 GSM 呼叫接续过程。

# 实验十五　AT命令实现GSM/GPRS移动台短消息发送及接收

## 一、实验目的

(1) 了解GSM/GPRS网络中常用的AT命令。
(2) 了解发送及接收短消息的处理流程。

## 二、实验器材

(1) PC机一台;
(2) GSM/GPRS模块一个(带天线、串口线);
(3) SIM卡一个;
(4) 手机一部(带SIM卡)。

## 三、实验内容

使用AT命令收、发短消息。

## 四、实验原理

### 1. GSM网络短消息业务

1) 短消息业务的分类

短消息业务与语音传输及传真一样，同为GSM数字蜂窝移动通用网络提供的主要电信业务，它通过无线控制信道进行传输，经短消息业务中心完成存储和转发，每个短消息的信息量限制为140个字节。在短消息可靠传递的基础上，GSM网络与互联网技术的结合将给目前以提供语音业务为主的GSM移动通信网络带来新的生机。

SMS信息容量小，信息表现形式单一。GSM PhaseⅡ+ 所规范的增强型短消息业务(Enhanced Message Services，EMS)将多个SMS通道联合使用，可以发送十余倍于短消息的信息，使短消息业务从传送文本扩展到传送黑白图片、简单动画或铃声下载，但其承载的信息量还是极有限的。在GSM网(G网)中引入GPRS分组承载通道后，SMS可以分流到GPRS承载通道上，加大了SMS的信息容量，降低了信令信道的负荷。

短消息业务包括移动台之间点对点短消息业务和小区广播式短消息业务。

点对点短消息(Point to Point Short Message)是通过移动通信网的信令信道传送简短文字信息的业务。在移动台空闲期间利用GSM网的无线独立专用信道(SDCCH)收、发短消息，在通话期间利用慢速伴随信道(SACCH)收、发短消息，故在移动台空闲或通话期间均可收、发短消息。最大消息长度为140个字节。

点对点的短消息服务可以实现双向计费性传送。它提供的服务方向可以是固定用户接向移动用户，或者相反。固定用户不必关注移动用户所在的位置。短消息服务必然导致短消息服务器的出现，它们是短消息服务中心SMSC(Short Message Service Center)或服务中心SC(Service Center)。

小区广播式短消息业务是GSM移动通信网以有规则的间隔向移动台广播具有通用意义的短消息，例如道路交通信息等。移动台连续不断地监视广播消息，并能在显示器上显示广播消息。此短消息也是在控制信道上传送的，移动台只有在空闲状态下才可接收广播消息，其消息量限制为93个字符。

GSM网络中的短消息业务不占用话音通信的信道，费用低廉，对用户极具吸引力，已成为GSM移动通信网络中一个重要的服务领域。

2）短消息业务的特点

（1）短消息传输速率低，适合于简短信息的传送。它既是电信业务，也可以通过短消息中心与增值业务平台相连作为增值服务的载体。

（2）短消息需要在短消息中心存储转发，实时性较弱（即存在时延）。

（3）短消息的发送占用了控制信道，在业务量较高时，会受到无线信道的能力限制。

（4）短消息的技术最成熟，对网络改造较小，实现业务比较容易。

3）短消息业务的网络结构

（1）短消息实体（Short Message Entity，SME）。SME是接收和发送短消息的实体，包括移动用户、固网用户、语音信箱、信息点播平台和Internet等。其中的固网用户可通过人工坐席（1258）或自动台（1259）完成短消息的收发。

（2）短消息业务中心（Short Message Service Center，SMSC）。每个移动台均归属于某个SMSC（即该MS所归属的移动本地网中的SMSC），SMSC负责存储与转发发往其归属MS的短消息。

（3）SMS-GMSC和SMS-IWMSC。SMS-GMSC和SMS-IWMSC是具有短消息功能的移动交换中心（MSC），其中SMS-GMSC是接收发自SMSC短消息的入口交换机；SMS-IWMSC是能够接收来自PLMN的短消息、并将此短消息送到相应SMSC的出口交换机。

GSM用户要使用短消息业务，需要在MS中设置其归属的短消息业务中心的号码，SMSC编号服从PLMN编号计划E. 160。例如，中国移动SMSC的号码为+8613800ABC500，其中ABC等同于移动用户所在本地的长途区号，如北京地区的SMSC号码为+8613800100500。MS在设置移动本地网SMSC号码后，即成为其归属用户。

4）短消息传送的基本过程

（1）终止于MS的短消息（SMT-MT）业务的传送过程：由SME经SMSC送来的短消息，首先发送到入口交换机SMS-GMSC，然后由SMS-GMSC根据被叫号向HLR查询，得到目前被呼移动台所在的位置，并将短消息通过NO. 7信令网送给被呼移动台所在的MSC，MSC查询VLR，得到被呼移动台所在的BSC（位置区）并对该BSC所属的所有基站发出寻呼信号。

（2）始发于MS的短消息（SMT-MO）业务的传送过程：当一个移动台发起短消息呼叫时，首先由主呼移动台所在的MSC接收，该MSC将所接收的短消息连同主呼用户所拨的被叫号码一起送给NO. 7信令网，然后NO. 7信令网根据全局码GT（即被叫号码）寻址被呼用户归属的SMS-IWMSC及其相连接的短消息中心。

**2. AT命令发送短消息的算法处理流程**

1）短消息中心号码部分

短消息中心号码处理流程如图15-1所示。

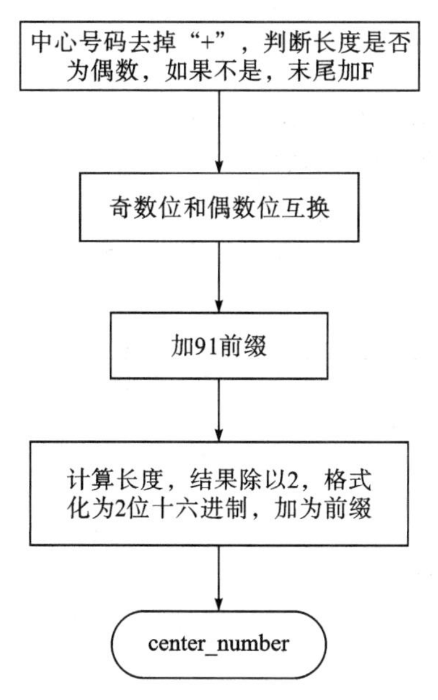


图 15-1　短信中心号码处理流程

(1) 将短消息中心号码去掉“+”号，看看长度是否为偶数，如果不是，最后添加 F。即

center_number = "+8613800755500"

=>center_number = "8613800755500F"

(2) 将奇数位和偶数位交换：

=>center_number = "683108705505F0"

(3) 将短消息中心号码前面加上字符 91，表示短消息中心号码类型。91 是 TON/NPI 遵守 International/E.164 标准，指在号码前需加“+”号，即

=>center_number = "91683108705505F0"

(4) 算出 center_number 的长度，结果除以 2，格式化成 2 位的十六进制字符串，即

16 / 2 = 8 => "08"

=> center_number = "0891683108705505F0"

2) 目的号码部分

(1) 将手机号码去掉“+”号，看看长度是否为偶数，如果不是，最后添加 F，即

phone = "+8613612345678"

=> phone = "8613612345678F"

=> phone = "8613798264926F"

(2) 将手机号码奇数位和偶数位交换：

=> phone = "683116325476F8"

=> phone = "683197284629F6"

(3) 号码前加上字符串 11000D91，这是一些 PDU 代码，需转化为二进制数据来查看各个位代表的意义。

(4) 号码后加上 000800，这部分也是 PDU 代码，所有发送的短消息基本相同。

3）信息内容处理

（1）编辑信息，并将其转换为 unicode 大端存储形式。

（2）得到信息的长度，结果除以 2，转化为 2 位十六进制，加为前缀。实际上是要得到 unicode 编码形式的信息内容所占的字节数。

4）组合

将目的号码与信息内容连接，并计算得到组合后的信息所占的字节数，格式化为 3 位十进制。流程图如图 15－2 所示。

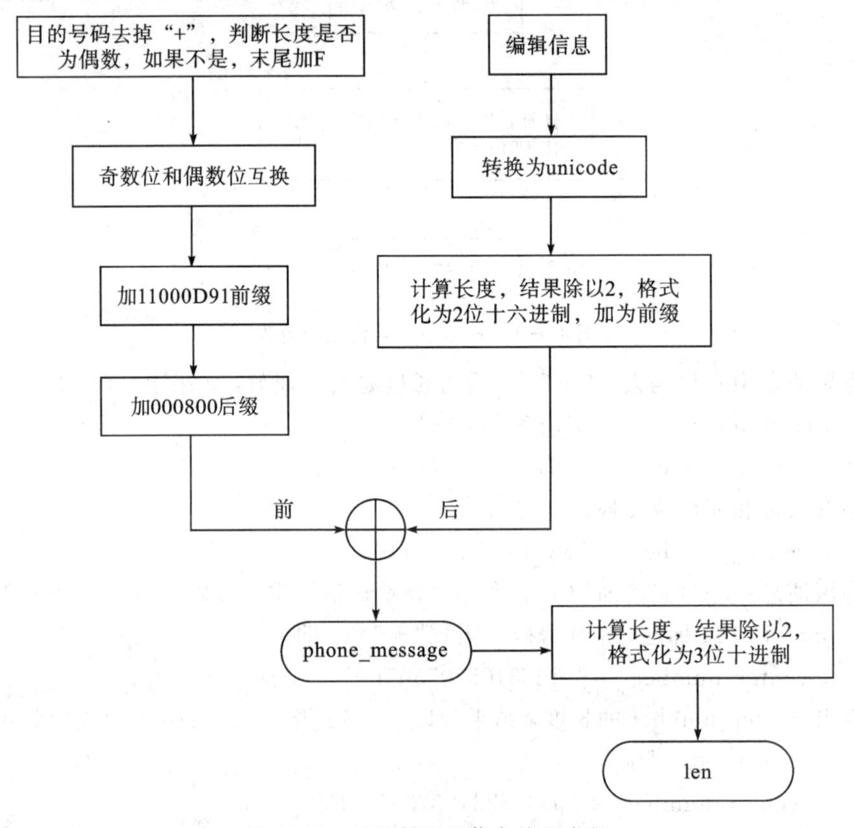


图 15－2　目的号码及信息处理流程

5）发送格式

（1）设定短消息格式。使用命令“AT＋CMGF＝0\r”，将短消息设为 PDU 格式。

（2）发送信息。命令为：

“AT＋CMGS＝len＋＜\r＞＋center_number＋phone_message＋＜^Z＞＋＜\r\n＞”

注：命令中无尖括号和“＋”号，这里是表示将各部分信息区分开并连起来；\r、\n分别表示回车和换行；^Z 是 ctrl＋z，ASCII 码为 0x1a，ctrl＋z 是发送信息的标志。

**3. AT 命令接收短消息的算法处理流程**

接收短消息的算法处理流程是发送流程的逆过程，需要注意的是接收的信息中含有短消息中心号码、发送方号码、时间戳、时区及信息内容，要提取的主要信息是发送方号码、时间戳、信息内容。

当有新短消息时会有信息提示：“＋CMTI：“SM”，N”，其中 N 是一个十进制数，用于表示收到的短消息。使用命令“AT+CMGR=$N$\r\n”就可以显示收到的编号为 $N$ 的短信。

本实验软件采用实验十四中介绍的软件来实现。

## 五、实验步骤

（1）硬件连接。在操作之前需要进行硬件连接：

① 连接计算机串口与 GSM/GPRS 模块串口；

② 连接好 GSM/GPRS 模块天线；

③ 在 GSM/GPRS 模块的 SIM 卡座上插入 SIM 卡；

④ 检查无误后接上 5 V 稳压电源，模块通电。

（2）运行软件。

（3）选择与模块连接的串口，打开，连接设备。串口打开成功会有消息提示“comN open success”。

（4）在短消息编辑区编辑所要发送的短消息，号码区输入号码，按下“Send Msg”就可以发送短消息，显示区会显示发送的经过处理后的消息内容，发送成功会提示：“+CMGS: N”，如图 15-3 所示。

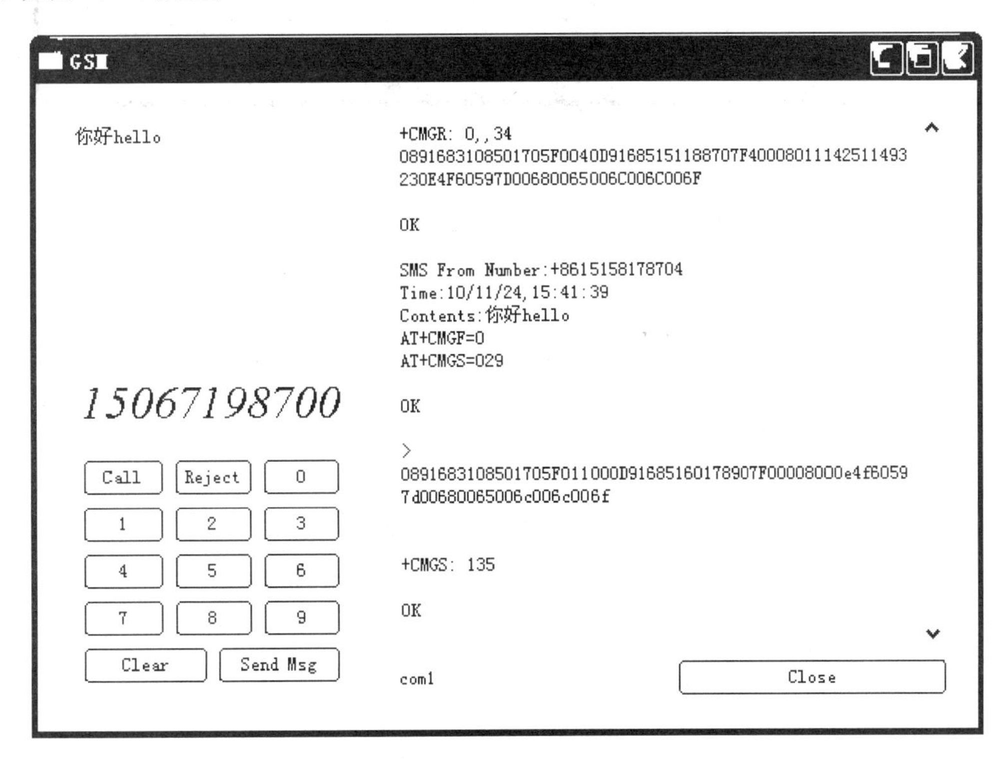


图 15-3　发送短消息显示

（5）使用手机给模块中的 SIM 卡发短消息，当有短消息到来时，会显示在软件右边显示区，并自动解码处理，显示出发送号码、接收时间和消息内容，如图 15-4 所示。

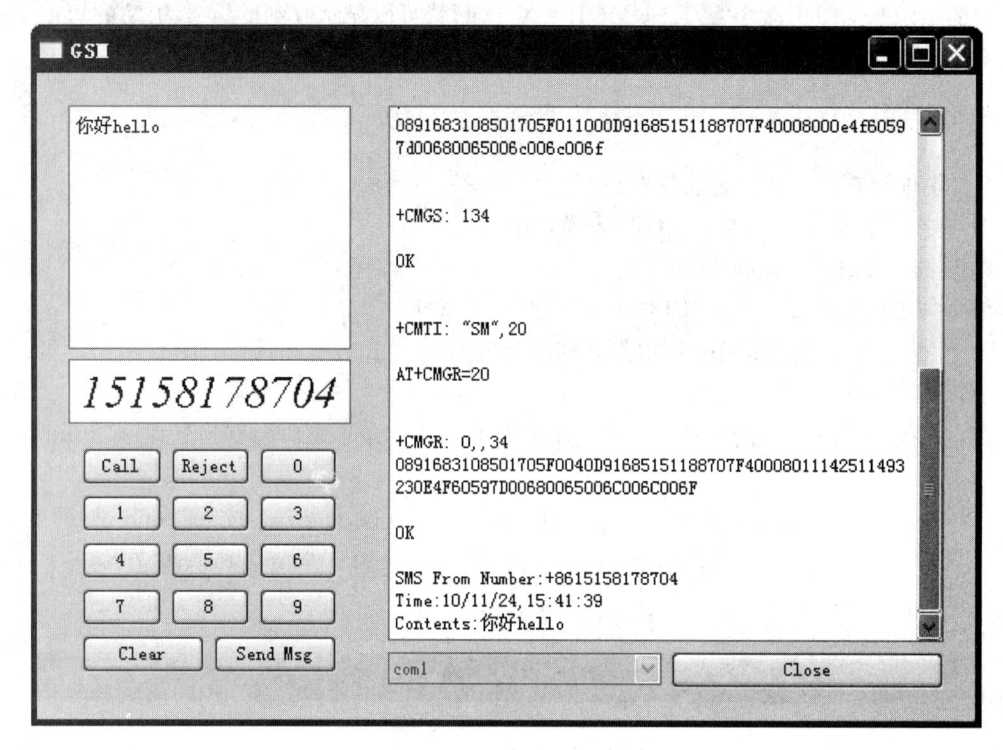


图 15-4　接收短消息显示

## 六、思考题

用 AT 命令发送短消息时的目的号码及信息处理流程是怎样的？请简要阐述。

# 实验十六　无线数据传输实验

## 一、实验目的

（1）了解 GPRS 基本原理。

（2）了解 GPRS 无线数据传输的过程。

## 二、实验器材

实验器材同实验十五的实验器材(但本实验需要两个 GSM/GPRS 模块)。

## 三、实验内容

测试 GSM/GPRS 模块的话路通信和数据传输功能。

## 四、实验原理

GSM 所提供的基本业务可分为承载业务和电信业务，这两种业务是独立的通信业务，其区别在于用户接入点的不同。

承载业务提供接入点(ISDN 协议中称为用户-网络间接口)之间传输信号的能力。GSM 系统一开始便考虑到了兼容多种在 ISDN 中定义的承载业务，以满足 GSM 移动用户对数据通信服务的需要。GSM 系统设计的承载业务不仅能使移动用户之间完成数据通信，更重要的是能为移动用户与 PSTN 或 ISDN 用户之间提供数据通信服务，同时还能使 GSM 移动通信网与其他公用数据网(如公用分组数据网和公用电路数据网)实现互通。

在传输数据业务时，MSC 需启用互通功能单元 IWF。互通功能单元中包含为完成数据连通而规定的全部功能。由于用户总是需要不同种类的承载业务，因此要支持各种承载业务也就要经过不同类型的 MS 或 IWF 接入接口和终端网络。下面简要介绍一下不同种类的承载业务所能支持的各种用户应用：

（1）具有透明和不透明非限制数字能力的非结构电路型所支持的用户应用是经过速率适配的子速率信息流。

（2）分组组合和分解器(PAD)业务所支持的用户应用包括：经过速率适配的高速率信息流；接入分组组合/分解功能。

（3）分组业务所支持的用户应用包括：采用 X32 或 X31 选择 A 接入 X. 25 公用数据网；X31 选择 B 接入的应用(虚拟电路承载业务)。

（4）具有透明和不透明交替话音/非限制数字能力的非结构电路型所支持的用户应用包括：通过速率适配的子速率信息流；具有在呼叫中交替话音和数据的能力。

（5）具有透明和不透明话音后接非限制数字能力的非结构电路型所支持的用户应用包括：经过速率适配的子速率信息流；开始建立语音呼叫，然后在呼叫持续过程中的某段时间能使用户转换为数据通信。

## 五、实验步骤

(1) 硬件连接。在操作之前需要进行硬件连接，完成本实验需要两个 GSM/GPRS 模块。

① 连接计算机串口与 GSM/GPRS 模块串口；

② 连接好 GSM/GPRS 模块天线；

③ 在 GSM/GPRS 模块的 SIM 卡座上插入 SIM 卡；

④ 检查无误后接上 5 V 稳压电源，模块通电。

(2) 运行移动实验系统程序，选择 GSM 模式。

(3) 选择与模块连接的端口后连接设备。

(4) 点击"话路通信"按钮，打开下拉菜单，点击"数据传输"选项，就可以打开数据传输系统子窗口，如图 16-1 所示。

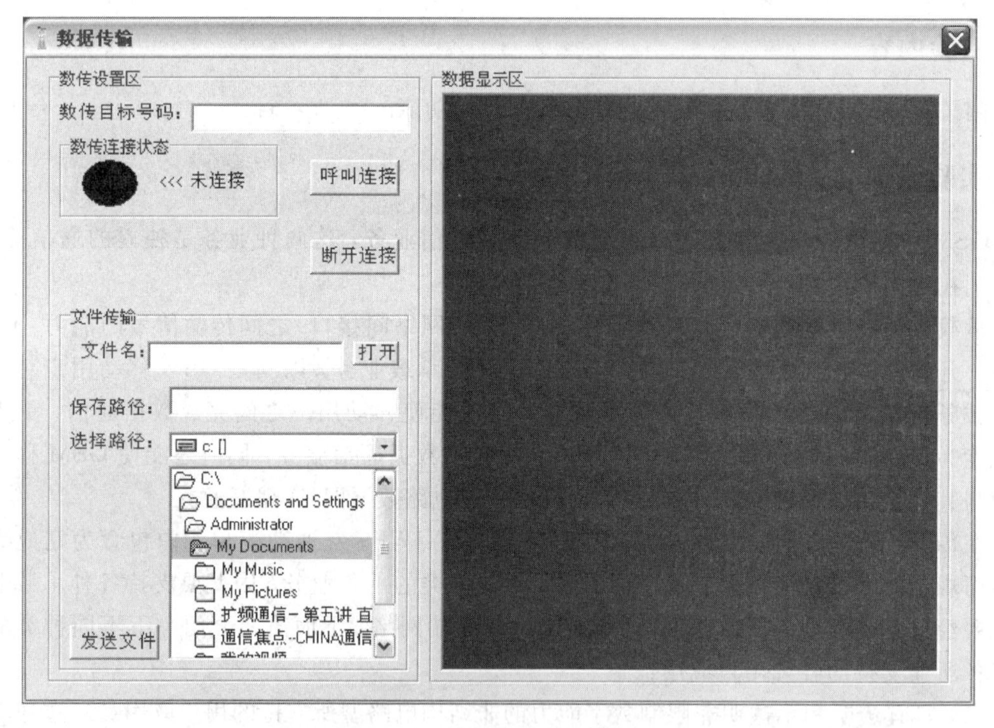


图 16-1　数据传输系统子窗口

数据传输功能模块主要是进行无线数据传输，此功能模块既能进行单字节传输，也能进行文件传输。首先在目标号码文本框内输入目标手机号，点击"呼叫连接"，呼叫数据接收方模块，等待连接。需要注意的是，此目标手机号应为支持数据传输功能的模块所使用的手机号，普通手机不支持数据传输功能。并且使用 GSM 网络手机号的模块只能与使用同网络手机号的模块进行数据传输，而不能跨网数据传输，此功能限制与移动通信运营商有关。

在连接成功前，连接软件上的连接指示灯为红色，并提示未连接成功，点击"呼叫连接"按钮后等待对方应答信号，这个过程约需要 3～4 秒，如连接成功，连接指示灯变为绿色，并提示连接成功，此时，在数据传输呼叫方的窗口靠右侧文本框内容被清空，并做好数据发送准备。此时在这个文本框中敲击键盘按键，所按键的值都将被作为数据传送到被叫方数据传输窗口右侧文本框中显示。

如果进行文件传输，则点击子窗口文件数据传送中的“打开”按钮，弹出文件选择对话框，然后选中要传送的文件，点击对话框“确定”按钮返回，被传送的文件路径就被显示在文本框中，再点击“发送文件”按钮，文件数据传输即开始。在被叫方数据传输窗口将出现接收到的文件十六进制数据内容，当传送完毕后，主叫方的窗口也会显示所发送的文件十六进制数据内容，而在被叫方接收到的数据将被重新存储成一个文件，存储在默认路径下，默认路径为“C:\sendfile\”，即 C 盘根目录下 sendfile 文件夹内。

(5) 传输完成后，点击“断开连接”按钮，则数据传输连接指示灯恢复为红色状态。

需要注意的是，由于数据传输是按通话时间计费，所以建议数据传输时使用小文件，达到实验目的即可。

## 六、思考题

承载业务和电信业务分别是什么？请分别阐述它们的作用和意义。

# 实验十七　CDMA 移动台主呼及被呼过程(选做)

## 一、实验目的

了解 CDMA 用户主呼和被呼的接续过程。

## 二、实验器材

(1) PC 机一台；
(2) CDMA2000 手机测试板一个；
(3) UIM 卡两个；
(4) 手机一部；
(5) 串口线一条。

## 三、实验内容

使用 CDMA2000 开发板完成 CDMA 移动台主呼及被呼过程实验。

## 四、实验原理

语音业务是 CDMA 系统的基本业务，语音呼叫的处理包括移动台呼叫处理和基站呼叫处理两部分。

### 1. 移动台呼叫处理

(1) 移动台初始化状态。移动台接通电源后就进入初始化状态。在此状态下，移动台首先要判定它要在模拟系统中工作还是要在 CDMA 系统中工作。如果是后者，它就不断地检测周围各基站发来的导频信号和同步信号。各基站使用相同的引导 PN 序列，但其偏置各不相同，移动台只要改变其本地 PN 序列的偏置，就能很容易地测出周围有哪些基础基站在发送导频信号。移动台比较这些导频信号的强度，即可判断出自己目前处于哪个小区之中，因为一般情况下，最强的信号是距离最近的基站发送的。

(2) 移动台空闲状态。移动台在完成同步和定时后，即由初始化状态进入空闲状态。在此状态下，移动台可接收外来的呼叫，可进行向外的呼叫和登记注册的处理，还能制定所需的码信道和数据率。

移动台的工作模式有两种：一种是时隙工作模式，另一种是非时隙工作模式。如果是后者，移动台要一直监听寻呼信道；如果是前者，移动台只需在其指配的时隙中监听寻呼信道，其他时间可以关掉接收机(有利于节电)。

(3) 系统接入状态。如果移动台要发起呼叫，或者要进行注册登记，或者收到一种需要认可或应答的寻呼信息，则移动台进入系统接入状态，并在接入信道上向基站发送有关的信息。这些信息可分为两类：一类属于应答信息(被动发送)，另一类属于请求信息(主动发送)。

(4) 移动台在业务信道控制状态。在此状态下移动台和基站利用反向业务信道和正向业务信道进行信息交换。其中比较特殊的是：

① 为了支持正向业务信道进行工作，移动台要向基站报告帧错误率的统计数字。如果基站授权它作周期性报告，则移动台要在规定的时间间隔内，定期向基站报告统计数字；如果基站授权它作门限报告，则移动台只在帧错误率达到了规定的门限时，才向基站报告其统计数字。周期性报告和门限报告也可以同时授权或同时废权。为此，移动台要连续地对它收到的帧总数和错误帧数进行统计。

② 无论移动台还是基站都可以申请“服务选择”。基站在发送寻呼信息或在业务信道工作时，都能申请服务选择。移动台在发起呼叫、向寻呼信息应答或在业务信道工作时，也都能申请服务选择。如果移动台(基站)的服务选择申请是基站(移动台)可以接受的，则它们开始使用新的服务选择。如果移动台(基站)的服务选择申请是基站(移动台)不能接受的，则基站(移动台)能拒绝这次服务选择申请，或提出另外的服务选择申请，移动台(基站)对基站(移动台)所提出的另外的服务选择申请也可以接受、拒绝或再提出另外的服务选择申请，这种反复的过程称为“服务选择协商”。当移动台和基站找到了双方可接受的服务选择或者找不到双方可接受的服务选择时，这个协商过程就结束了。

移动台和基站使用“服务选择申请指令”来申请服务选择或建议另外一种服务选择，而用“服务选择应答指令”去接受或拒绝服务选择申请。

**2. 基站呼叫处理**

基站呼叫处理有以下类型：

(1) 导频和同步信道处理。在此期间，基站发送导频信号和同步信号，使移动台捕获和同步到 CDMA 信道。同时，移动台处于初始化状态。

(2) 寻呼信道处理。在此期间，基站发送寻呼信号。同时，移动台处于空闲状态或系统接入状态。

(3) 接入信道处理。在此期间，基站监听接入信道，以接收移动台发来的信息。同时，移动台处于系统接入状态。

(4) 业务信道处理。在此期间，基站用正向业务信道和反向业务信道与移动台交换信息。同时，移动台处于业务信道控制状态。

**3. 移动台始呼和移动台被呼的处理流程**

语音呼叫主要分为移动台始呼和移动台被呼两类。

如图 17－1 所示，移动台始呼过程的各个步骤如下：

a. MS 在空中接口的接入信道上，向 BS 发送携带层证实请求的始发消息以请求业务。

b. BS 收到消息后向 MS 发送基站证实指令。

c. BS 构造一个 CM 业务请求信息，并将其发送给 MSC。如果使用了统一查询，那么 MSC 将在呼叫建立过程中等待鉴权证实。如果 MSC 收到了来自 VLR 的鉴权失败指示，则 MSC 可以清除该呼叫。

d. MSC 向 BS 发送指配请求消息以请求 BS 分配无线资源。

e. 如果有用于该呼叫的业务信道并且 MS 不在业务信道上，BS 将在空中接口的寻呼信道上发送信道指配消息(带 MS 的地址)，以启动无线业务信道的建立。

f. MS 开始在分配的反向业务信道上发送前同步码(业务信道 TCH 前同步)。

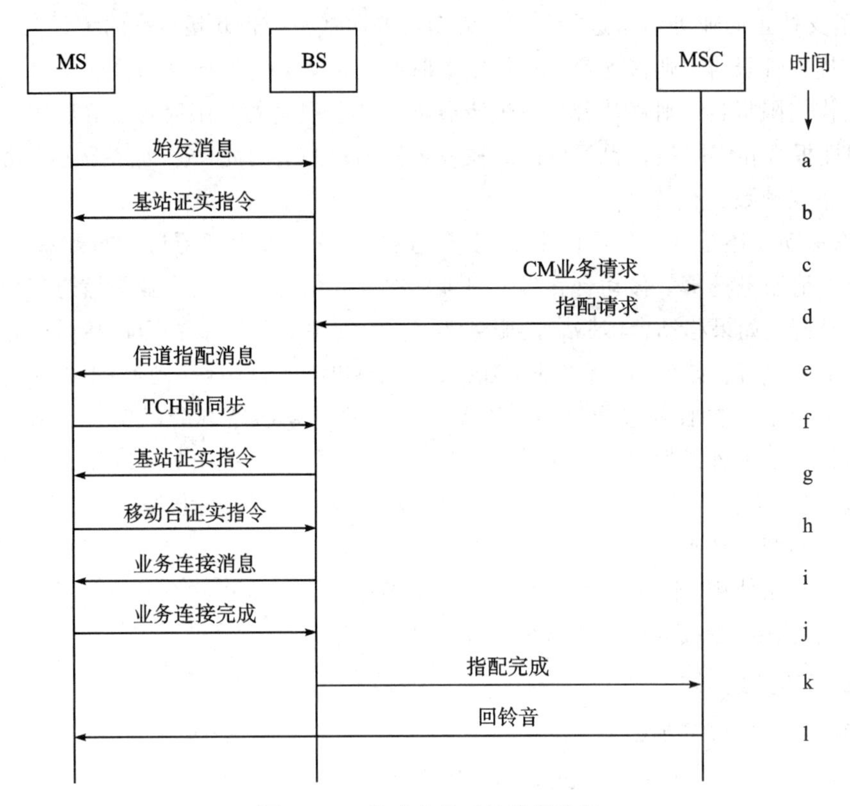


图 17-1　移动台始呼的处理流程

g. 获取反向业务信道后，BS 在前向业务信道上向 MS 发送基站证实指令。

h. MS 收到基站证实指令后，发送移动台证实指令，并且在反向业务信道上传送空的业务信道数据(空 TCH 数据)。

i. BS 向 MS 发送业务连接消息/业务选择响应消息，以指定用于呼叫的业务配置。MS 开始根据指定的业务配置处理业务。

j. 收到业务连接信息后，MS 响应一条业务连接完成消息。

k. 无线业务信道和地面电路均建立并且完全互通后，BS 向 MSC 发送指配完成消息，认为该呼叫进入通话状态。

l. 在呼叫过程音由带内提供的情况下，回铃音将在话音电路中向 MS 发送。

如图 17-2 所示，如果主要是外网用户，则通过 CDMA 网络中的 GMSC 接入。移动台被呼过程的各个步骤如下：

a. 由始发 MSC 接收一个呼叫 MS 的号码簿号码。

b. 始发 MSC/GMSC 向与 MS 有关的 HLR 发送一个位置申请信息(LOCREQ)，这一关系是通过 MS 的号码簿号码确定的。

c. 如果这个号码簿号码被分配给了合法用户，则 HLR 向 MS 漫游地的 VLR/MSC 发送一个路由申请信息(ROUTREQ)。在对 ROUTREQ 的响应过程中，服务 MSC/VLR 查询它的内部结构以确定 MS 是否正在进行一个呼叫。如果服务 MSC/VLR 没有获得服务项目清单，那么服务 MSC 可以通过向 VLR 发送资格申请消息(QUALREQ)得到 MS 的服务项目清

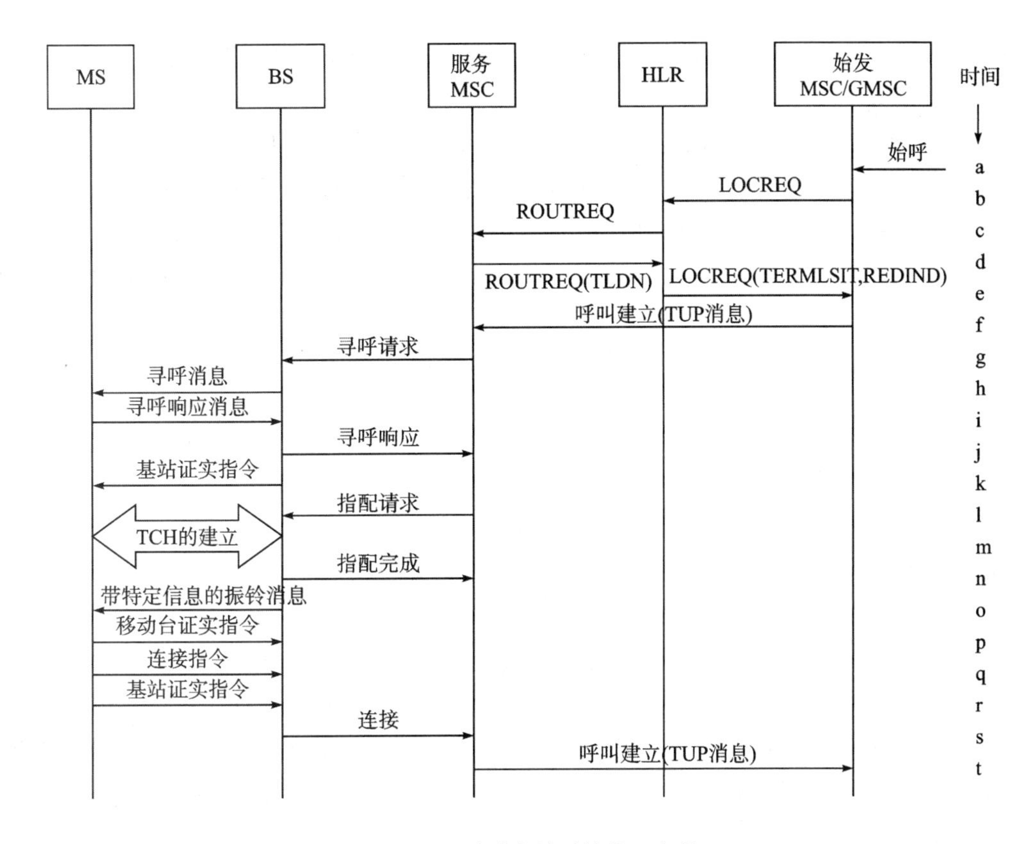


图 17-2　移动台被呼的处理流程

单。本例假设服务 MSC/VLR 已经获得服务项目清单(例如通过 MS 登记)。

d. 服务 MSC/VLR 分配一个临时本地号码簿号码(TLDN)，并且在路由申请消息返回结果(ROUTREP)中向 HLR 返回这一信息。

e. 当 HLR 收到 ROUTREP 时，它向始发 MSC/GMSC 返回位置申请信息(LOCREQ)。其中在终端列表参数中有路由信息。

f. 始发 MSC/GMSC 用 NO.7 信令和 LOCREQ 提供的路由信息建立至服务 MSC 的话音通路。

g. 服务 MSC 收到始发 MSC 的呼叫请求消息后，向 BS 发送寻呼请求信息，启动移动台被呼的建立过程。

h. BS 在寻呼信道上发送带 MS 识别码的寻呼消息。

i. MS 识别出一个寻呼请求中包含它的识别码，然后在接入信道上向 BS 回送一条寻呼响应消息。

j. BS 利用从 MS 收到的消息，组成一个寻呼响应消息，发送到 MSC。

k. 收到 MS 发来的寻呼响应消息后，BS 在空中接口上回应一条基站证实指令。

l. 指配请求消息从 MSC 发送到 BS，以请求无线资源的指配。

m. BS 和 MS 执行空中接口业务信道的建立过程，该过程与始呼处理中的对应操作相同。

n. 在无线业务信道和地面电路均建立起来之后，BS 向 MSC 发送指配完成消息。

o. BS 发送带特定信息的振铃消息使 MS 振铃。

p. MS 收到带特定信息的振铃消息后，向 BS 发送移动台证实指令。

q. 当 MS 应答该呼叫时(摘机)，移动台向 BS 发送带层证实请求的连接指令。

r. 收到连接指令消息后，BS 在前向业务信道上向 MS 回应基站证实指令。

s. BS 发送连接消息通知 MSC ，移动台已经应答该呼叫。此时，该呼叫被认为进入通话状态。

t. 服务 MSC 通知始发 MSC/GMSC，被叫已经接通。

## 五、实验步骤

(1) 硬件连接。在操作之前需要进行硬件连接：

① 用串口线连接计算机与 CDMA 测试模块；

② 在 CDMA 模块的 UIM 卡座上插入 UIM 卡；

③ 在 CDMA 模块上接好话筒和耳机；

④ 检查无误后接上 5 V 稳压电源，模块通电。

(2) 运行实验程序，如图 17－3 所示。图中，按钮“Call”表示接电话和拨打电话；按钮“Reject”表示挂电话；按钮“ClearNum”表示清空数字文本框中的信息；按钮“ClearMsg”表示清空信令文本框中的信息；按钮“Back”表示对左边的文本框中输入的电话号码进行位修改；下拉框中有 COM0～COM7 八个串口通道，选择其中可用的连接通道，按“Open”按钮打开此串口；其余为电话号码键。

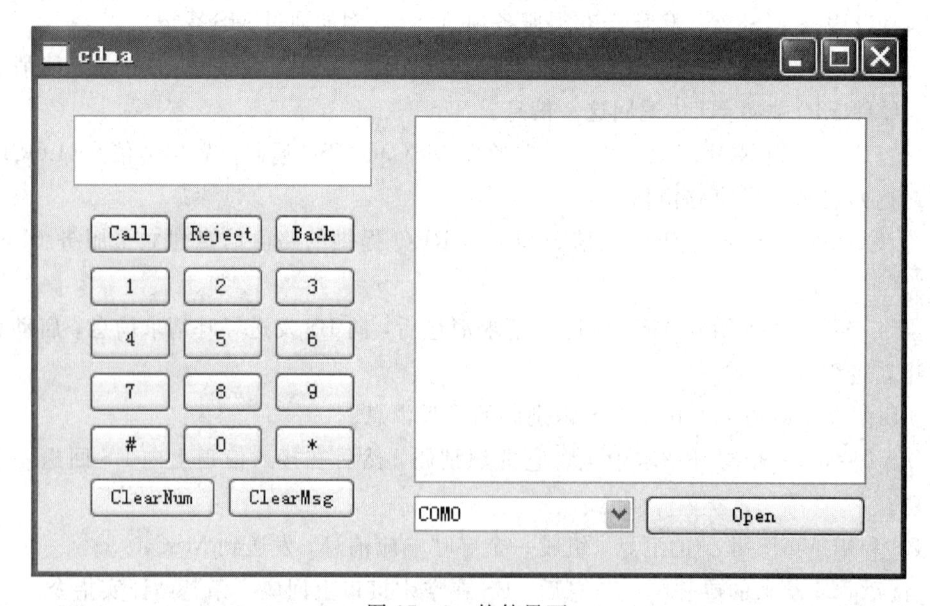


图 17－3　软件界面

(3) 打开相应的串口，本例使用的是 COM2，拨打对方的电话号码，如 10000。点击“Call”拨打，可在右边的文本框中看到一系列基站和移动台的交互信令。如图 17－4 所示。其中黑色字体代表前向信道的信息，红色字体代表反向信道的信息，绿色字体代表同步信道的信息。若要挂断电话，直接点击“Reject”即可实现。当收到呼叫时，可以通过耳机和话筒与对方进行语音通信。

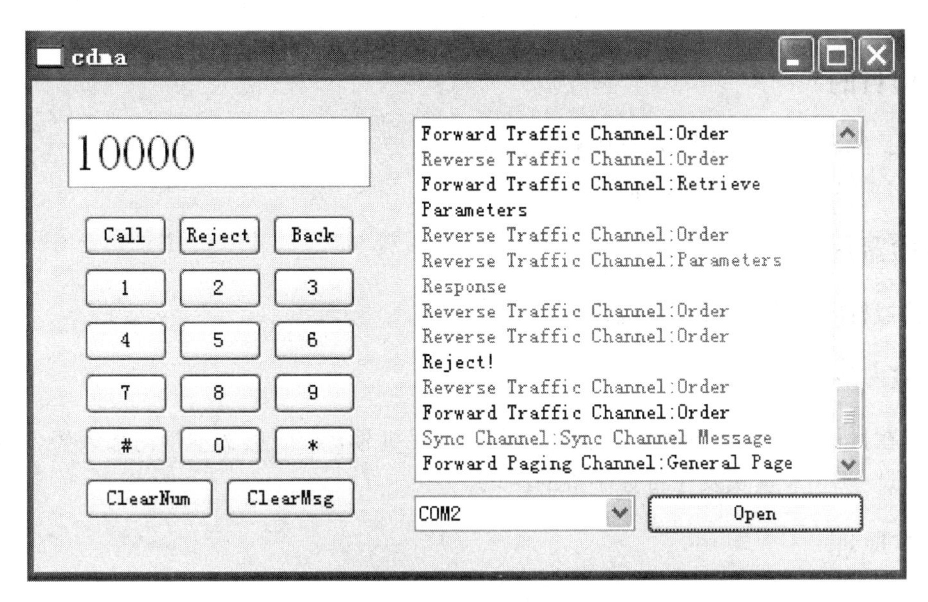


图 17-4 呼叫过程信令显示

## 六、思考题

移动台被呼的处理流程是怎样的？请简要阐述。

# 实验十八　CDMA 移动台短消息发送及接收(选做)

## 一、实验目的

(1) 了解 SMS 短消息服务的基本知识。

(2) 了解 CDMA 系统短消息发送和接收流程。

## 二、实验器材

实验器材同实验十七的实验器材。

## 三、实验内容

完成在目标号码标签后的选择框内输入目标手机号，在信息文本框内输入短消息内容，短消息通过 CDMA 模块发往目标手机的测试。

## 四、基本原理

短消息业务是 CDMA2000 系统支持的一种低速的数据业务，也是一项极具吸引力的增值业务，它已经成为移动网络运营商提供语音通信之外的另一个重要服务。

短消息业务分为三类：MS 起始的点到点短消息业务(SMS－MO)、MS 终止的点到点短消息业务(SMS－MT)和小区广播短消息业务。点对点短消息的发送或接收可采用寻呼信道发送，也可采用业务信道传送，这取决于 MS 所处的状态和短信的长度，但短消息不可超过 160 字节。MS 到 MS 的消息发送是将点到点的两种短消息业务通过业务中转连接完成的。点对点的短消息业务中转是由短消息中心完成存储和前转功能。小区广播短消息业务是指在 CDMA某特殊区域内广播短消息，此种短消息在控制信道上发送，移动台在空闲状态时才可接收，其最大长度为 82 字节。下面简要介绍 CDMA2000 系统中 SMS 业务的系统结构和实现流程。点对点短消息业务系统结构如图 18－1 所示。

SMSC(短消息中心)是实现 SMS 业务的主要功能实体，其主要功能是存储和转发用户的短消息，它作为一个独立实体，需要接入到网络中，与 HLR、MSC 等实体配合，才能为 MS 移动用户提供短消息业务。SMSC 与移动网在功能上是完全分离的实体，因此，在 SMSC 与移动通信网的 MSC 之间设置了一个 SMS G/IW MSC，简称为短消息关口局，由它完成 SMSC 与 CDMA 网络的接口功能，它以标准的 MAP 信令与 CDMA 网络中的其他实体进行信令交互，实现标准的 MAP 信令流程。其中，SMS GMSC 具有从 SMSC 接收短消息，向 HLR 询问路由信息，并向 MS 所访问的 MSC 转发短消息的功能；SMS IWMSC 从 PLMN (公共陆地移动通信网)中接收短消息，并发送给接收的 SMSC。

网络内一个完整的 SMS 流程如图 18－2 所示，首先 MS－A 把短消息内容通过空中接口和地面电路传送给 MSC－A，之后 MSC－A 将短消息封装在 SMDPP(Short Message Deliver Point-to-Point)消息中，发送给 SMSC－A，再由 SMSC－A 转发给 MS－B 归属的 SMSC－B，由 SMSC－B 通过 MSC－B 发送给 MS－B，从而完成了一次端到端的短消息传递。

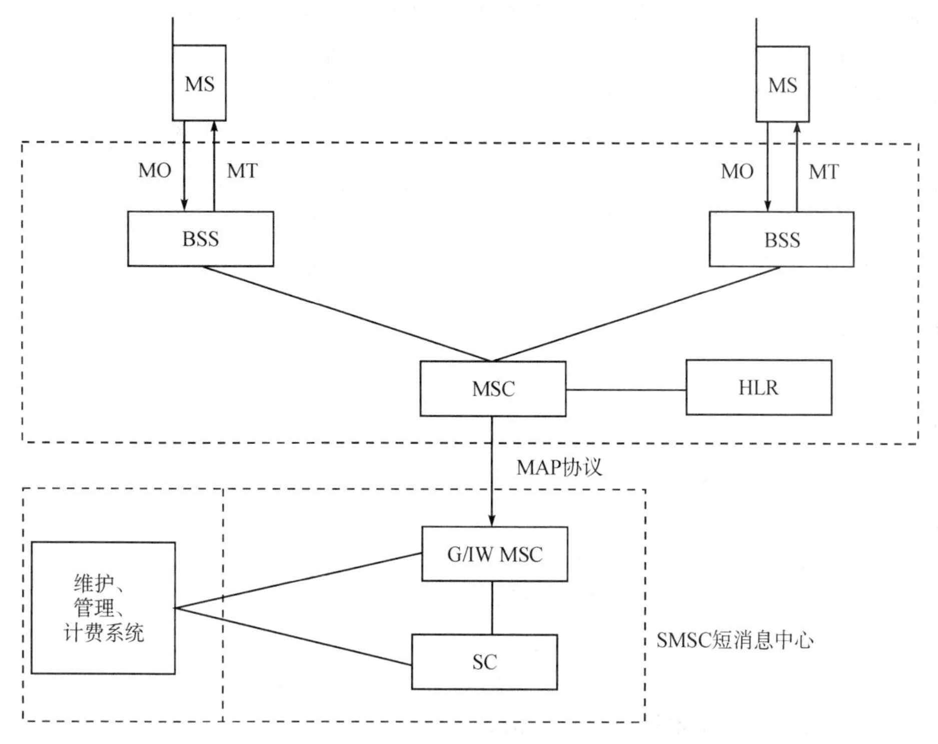


图 18－1　点对点短消息业务系统结构

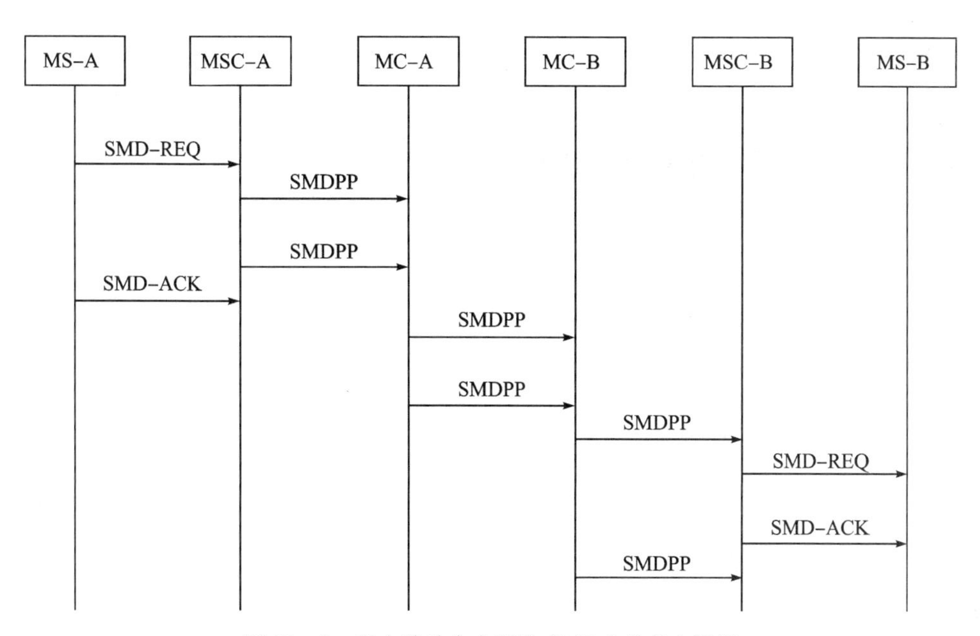


图 18－2　两个移动台之间的 SMS 业务基本流程

需要注意的是，在 MSC－A 收到 MS－A 的短消息之后，以及 MSC－B 向 MS－B 发送短消息之前，MSC－A 和 MSC－B 都要进行相应的鉴权操作，以证实 MS－A 或 MS－B 确实具有进行相应业务的权限。

除了上述点到点的短消息业务之外，CDMA 系统还可以提供小区广播短消息业务。该业务使系统可向指定区域的所有移动台周期性地广播数据信息，这个服务区域可以是整个系统，也可以是整个系统内的部分小区，还可以是一个广播 SMS 服务区的列表，一个广播 SMS 服务区可以对应一个小区的列表。由此可见，广播 SMS 业务的最大服务范围是整个系统覆盖区域，最小范围是一个小区的一个扇区。此种短消息在控制信道上发送，移动台只在空闲状态时才可接收。与点对点短消息不同的是移动台实时地接收，但不存储于 UIM 卡内。

广播 SMS 可以用来向处于某些特定地区的所有移动台广播特定的消息，例如，天气预报、交通信息、广告等，广播 SMS 还经常被用来向服务区域的所有用户广播系统维护消息。

## 五、实验步骤

(1) 硬件连接。在操作之前需要进行硬件连接：

① 连接计算机串口与 CDMA 模块串口；

② 连接好 CDMA 模块天线；

③ 在 CDMA 模块的 UIM 卡座上插入 UIM 卡；

④ 检查无误后接上 5 V 稳压电源，模块通电。

(2) 运行移动实验系统程序，选择 GSM 模式。

(3) 选择与模块连接的端口后连接设备。

(4) 点击“短消息发送”按钮，可以发送中英文短信；在目标号码标签后的选择框里输入目标手机号，在信息内容文本框里输入短消息内容后，点击“发送” 按钮，短消息即通过模块发往目标手机(注意：发送前请确认目标号码无误)。

## 六、思考题

(1) 点对点短消息业务系统的结构是怎样的?

(2) 两个移动台之间的 SMS 业务的基本流程是怎样的?

# 实验十九　CDMA移动台数据传输(选做)

## 一、实验目的

(1) 了解CDMA2000 EVDO相关背景知识。

(2) 了解CDMA2000 EVDO拨号上网流程。

## 二、实验器材

(1) PC机一台；

(2) 带USB接口的3G上网卡一个。

## 三、实验内容

完成拨号上网的设置以及测试，从而可以使用3G上网卡连入Internet网络。

## 四、实验原理

个人计算机通过连接到3G Modem，拨通Internet服务接入商(ISP)提供的接入服务器后，接入服务器为这个用户临时分配一个IP地址。在此次连接的全过程中，这台计算机就以这个IP地址访问Internet。

每个ISP可提供数百条以上的线路供用户连接，这些接入线路和接入服务器构成了一个局域网。众多的局域网连接在中国电信的网络上，并通过中国电信的国际出口连接到Internet。

## 五、实验步骤

(1) 硬件连接。

① 将CDMA EVDO模块的USB与计算机的USB进行连接(该USB的驱动程序已经安装在计算机上)；

② 连接模块天线；

③ 在模块的卡槽上插入UIM卡；

④ 检查无误后接上5 V电源，给模块供电。

(2) 建立拨号连接。

① 右键单击“网上邻居”，选择“属性”。

② 在左边框选择“创建一个新的连接”，会出现新建连接向导界面，如图19-1所示，直接点击“下一步”按钮。

③ 在网络连接类型中，选择第一个选项“连接到Internet(C)”，如图19-2所示，点击“下一步”按钮。

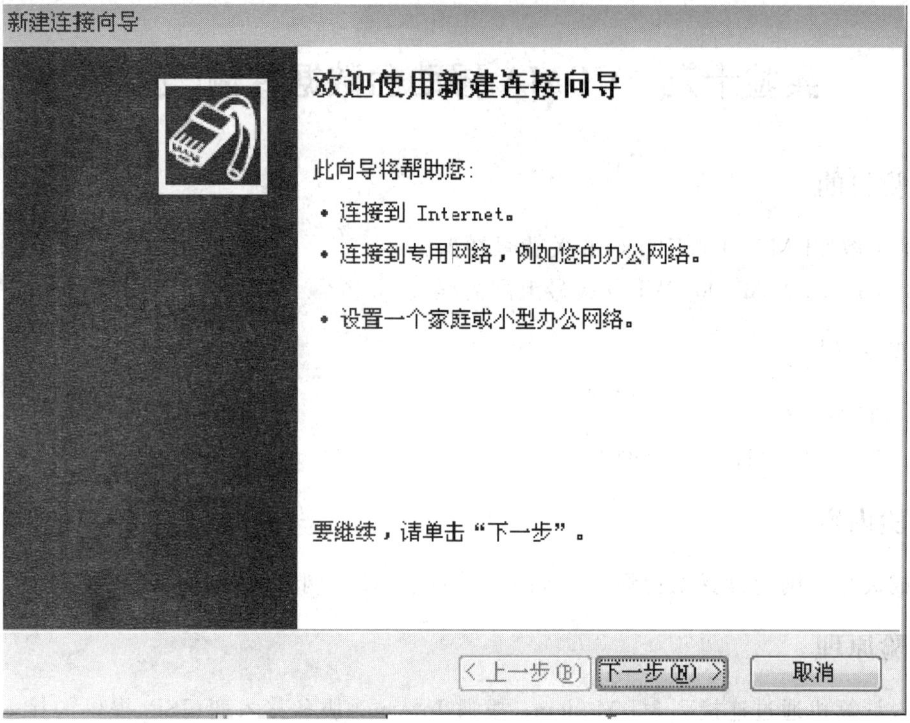

图 19－1　新建连接向导

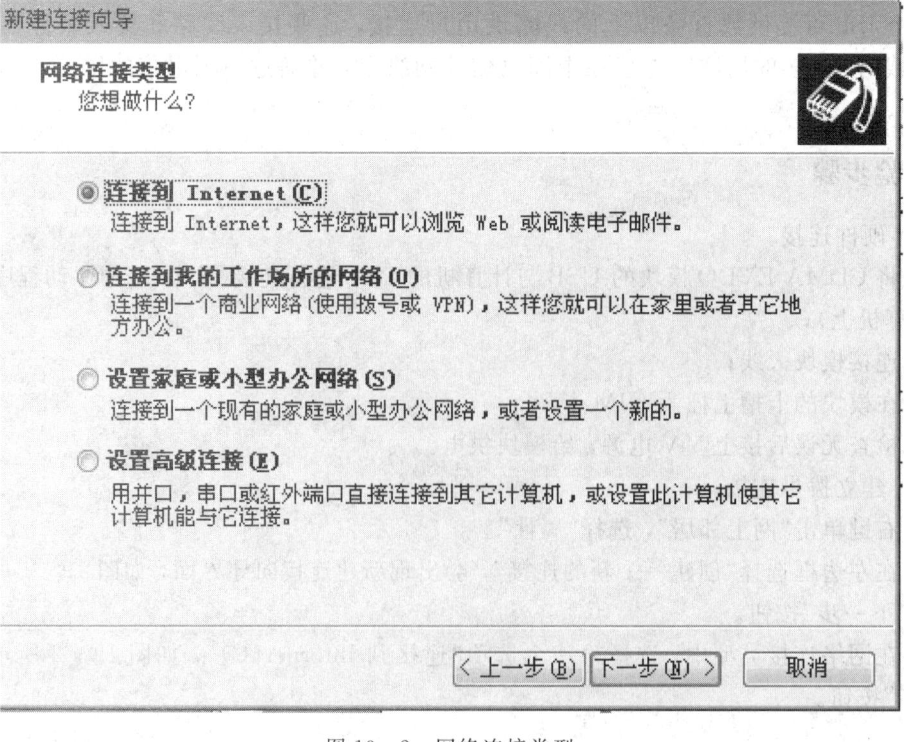


图 19－2　网络连接类型

④ 这里选择第二项“手动设置我的连接(M)”，如图 19－3 所示，然后点击“下一步”按钮。

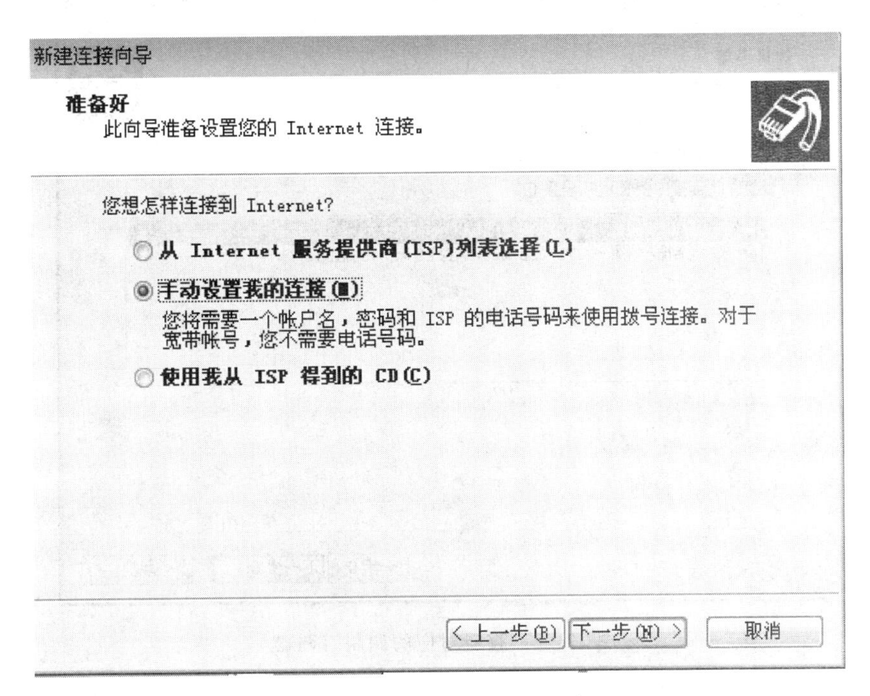


图 19－3 设置 Internet 连接

⑤ 选择“用拨号调制解调器连接(D)”，如图 19－4 所示，然后点击“下一步”按钮。

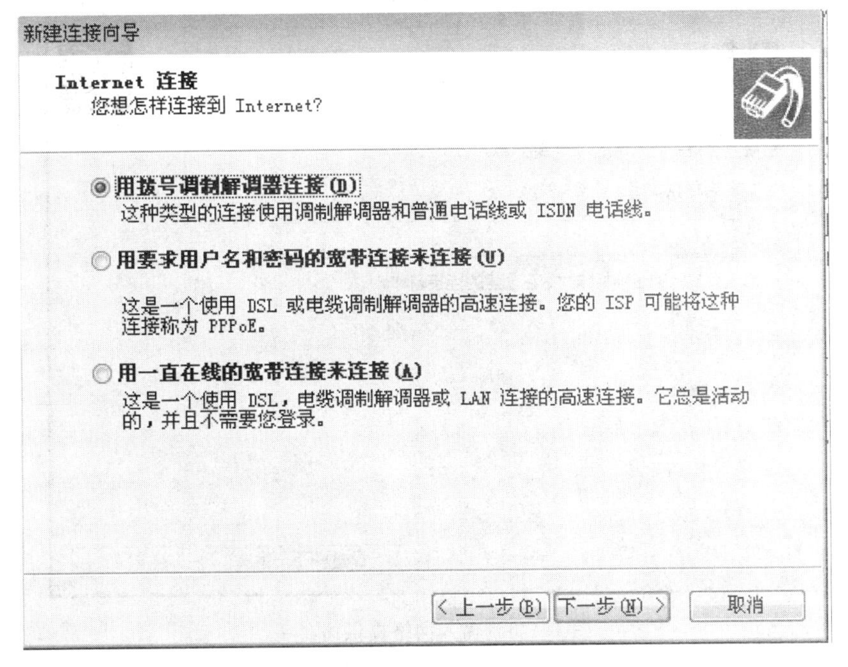


图 19－4 选择“用拨号调制解调器连接”

⑥ 通过硬件管理器，查看 EVDO 模块对应的调制解调器，如图 19－5 所示，然后点击

"下一步"按钮。

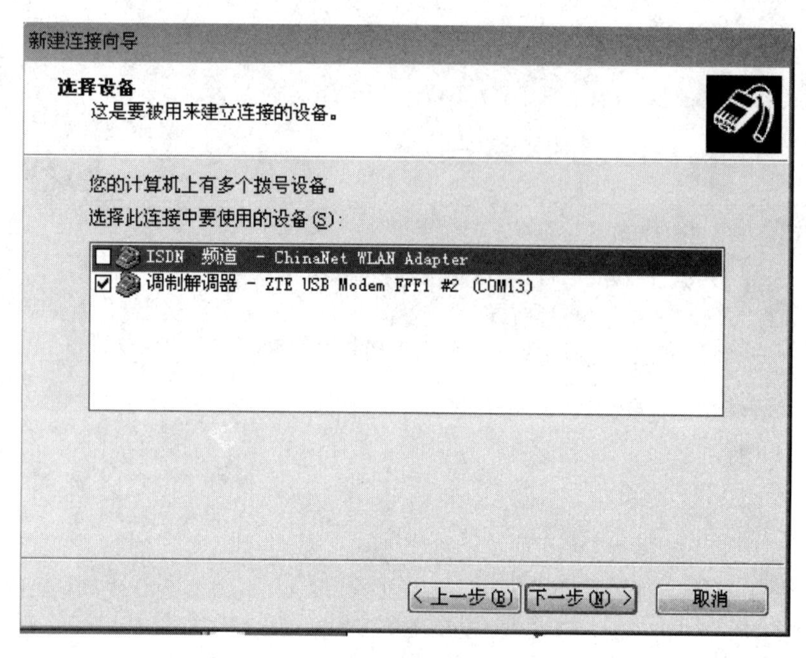


图 19-5　查看对应的调制解调器

⑦ 在图 19-6 所示窗口中输入你的网络提供商名字，点击"下一步"按钮。这里可以任意输入，对配置网络没有影响。

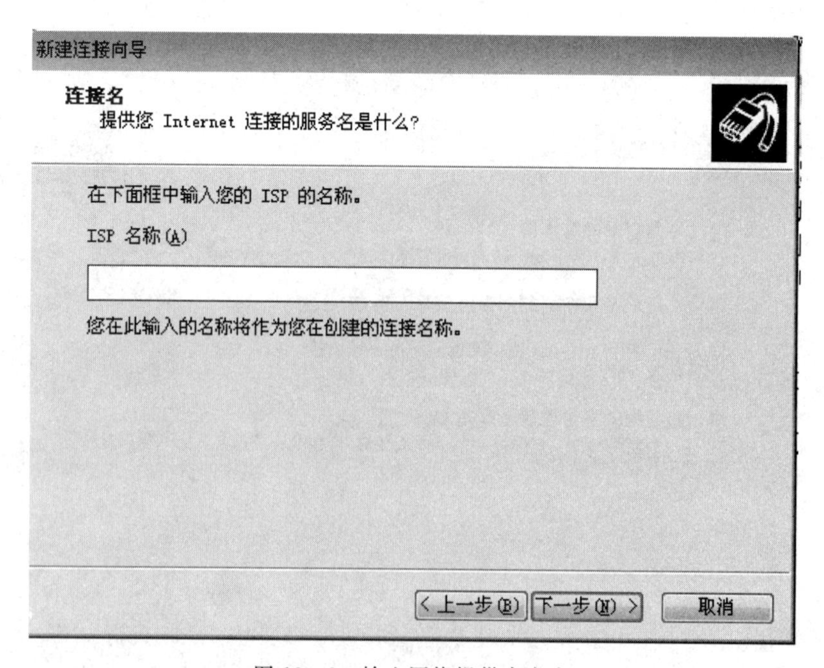


图 19-6　输入网络提供商名字

⑧ 在图 19-7 所示窗口中填写拨号上网要拨的号码，点击"下一步"按钮。根据运营商不同，要拨不同的号码。该实验中用的 EVDO 模块为中国电信的 3G 上网模块，所以这里相应

的号码应该为“#777”。

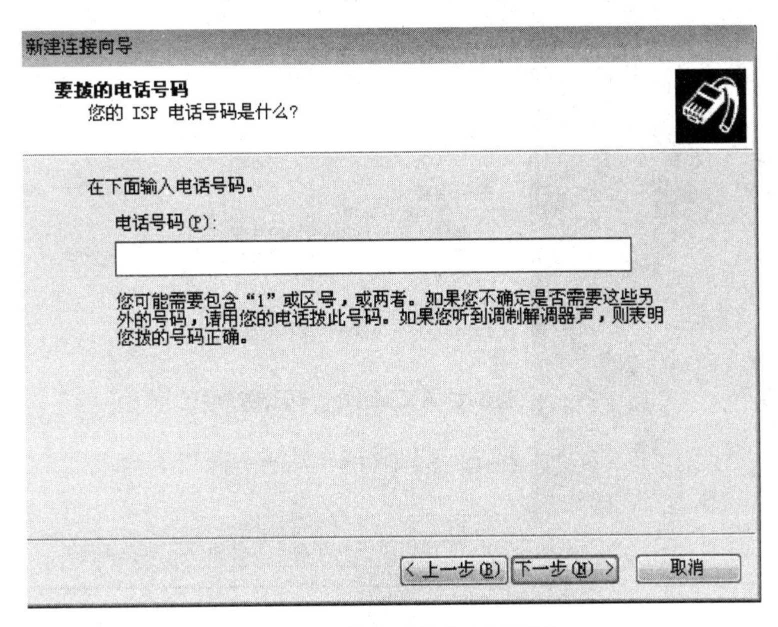


图 19-7　输入要拨的电话号码

⑨ 在图 19-8 所示窗口中输入用户名、密码，再点击“下一步”按钮。这里用户名为 ctnet@mycdma.cn，密码为 vnet.mobi。

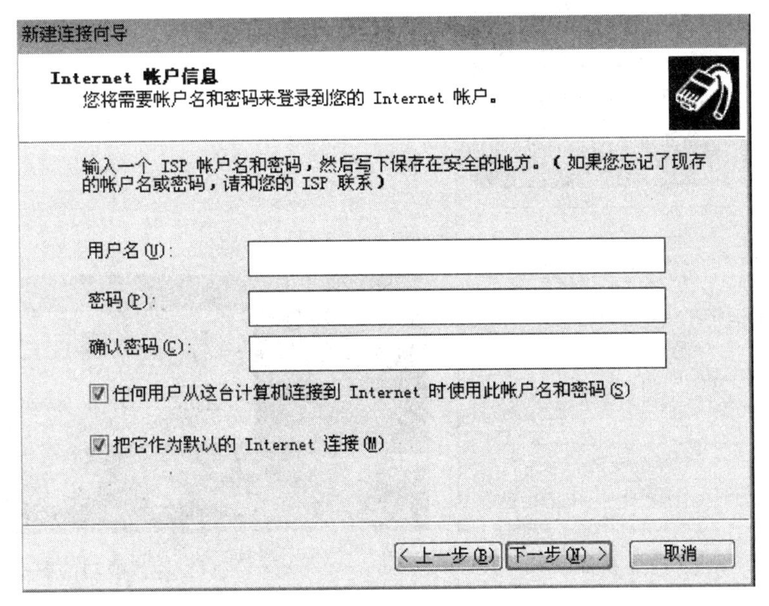


图 19-8　输入用户名和密码

⑩ 至此我们就完成了拨号的设置，点击图 19-9 所示窗口中的“完成”按钮，在桌面上会生成一个快捷方式。

⑪ 双击桌面上的快捷方式，会出现如图 19-10 所示的连接界面，点击“拨号(D)”即可连接到 3G 网络。

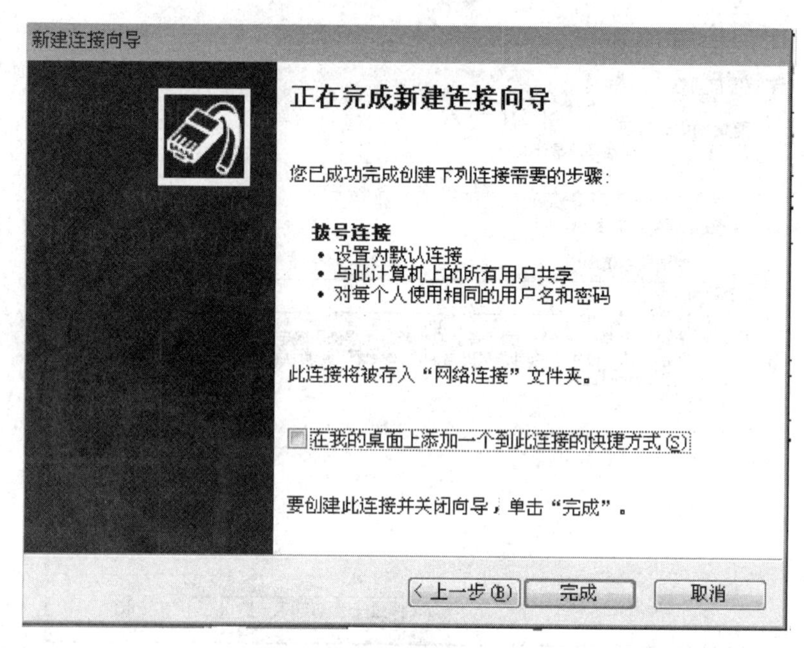


图 19－9　完成新建连接向导

连接成功后可以在屏幕右下角看到连接成功的图标，如图 19－11 所示，这样就可以上网了。

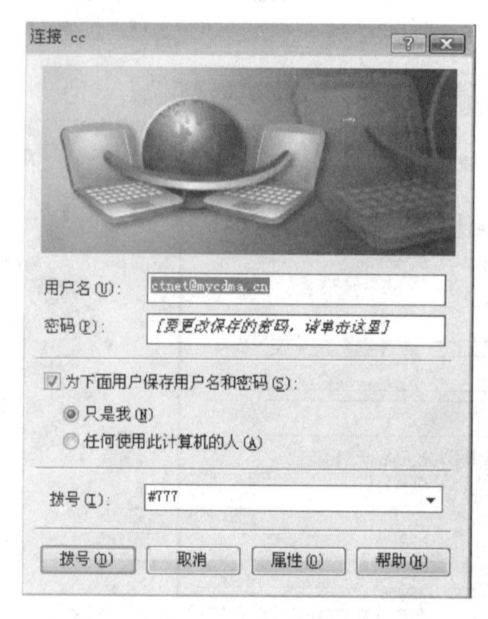


图 19－10　连接界面

图 19－11　连接成功的图标

## 六、思考题

（1）什么是局域网？

（2）个人计算机连接到 3G Modem 的过程是怎样的？

# 第七章　信号放大测试实验

## 实验二十　直放站测试(演示)

### 一、实验目的

(1) 掌握直放站的参数指标、测试方法与测试流程，从而全面了解直放站的工作原理。

(2) 掌握测试仪器的使用方法和操作规范，从而对测试仪器有一个全面的了解。

### 二、实验器材

(1) 计算机一台；

(2) 无线宽带直放站一台；

(3) 信号发生器一台(要求能产生 GSM 连续波信号，涵盖 GSM 工作频段)；

(4) 频谱分析仪一台(要求频率涵盖 9 kHz～12.75 GHz，频率分辨带宽 RBW 能达到 1 kHz)；

(5) 网络分析仪一台(要求频率涵盖 9 kHz～2 GHz，含校准件一套)；

(6) 噪声测试仪一台(要求频率涵盖 9 kHz～2 GHz)；

(7) 测试附件一套(测试电缆、衰减器、功率负载、耦合器、转接器等)；

(8) 直放站网管软件一套。

### 三、实验内容

(1) 最大输出功率的测试。

(2) 增益及调节范围的测试。

(3) 自动电平控制(ALC)范围及最大允许输入电平的测试。

(4) 杂散发射指标、带外增益指标及输入、输出电压驻波比的测试。

(5) 传输时延、带内波动及噪声系数的测试。

### 四、实验原理

直放站是移动通信的入网设备，用来对移动通信基站起延伸距离范围和覆盖重要盲区的作用。直放站系列产品主要分为无线宽带直放站、移频直放站和光纤直放站，本实验选用的是无线宽带直放站。无线宽带直放站的主要组成部件包括低噪声放大器(LNA)、合路器(CMB)、信道板(上下变频器、带通滤波器、功率放大器)、双工器、施主天线和业务天线等。

直放站的工作原理为：施主天线接收的基站下行载波信号首先经过低噪声放大器处理，再进行下变频，从 900 MHz 射频信号变为 71 MHz 中频信号，经过 200 kHz 带宽的中频滤波放大处理后，再上变频为 900 MHz 射频信号并进行功率放大，最后通过业务天线发射出去，对需要覆盖的区域进行覆盖。上行信号处理过程与下行信号处理过程完全一样。

直放站设备在移动通信中的连接示意图如图 20－1 所示。

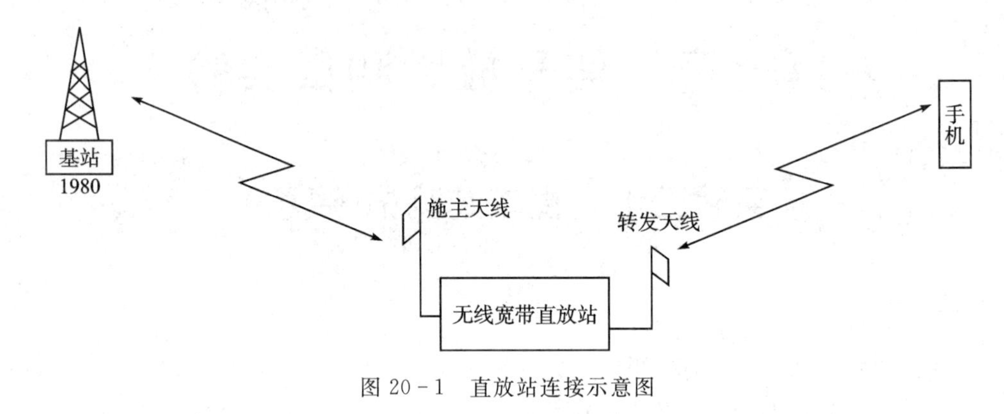


图 20－1　直放站连接示意图

## 五、实验步骤

### 1. 最大输出功率的测试

1）定义

最大(标称)输出功率是指直放站在线性工作区内所能达到的最大输出功率，此最大输出功率应满足以下条件：

(1) 输入信号为 GSM 连续波信号；

(2) 增益为最大增益；

(3) 满足本实验其他指标要求；

(4) 在网络应用中不应超过此功率。

2）指标要求

最大(标称)输出功率由设备厂家声明，但应≤30 W(45 dBm)；反向输出不作具体要求，由设备厂家规定；最大(标称)输出功率容差应在±2 dB 范围内，极限条件时应在±2.5 dB范围内。

3）测试方法

(1) 按图 20－2 所示连接测试系统。

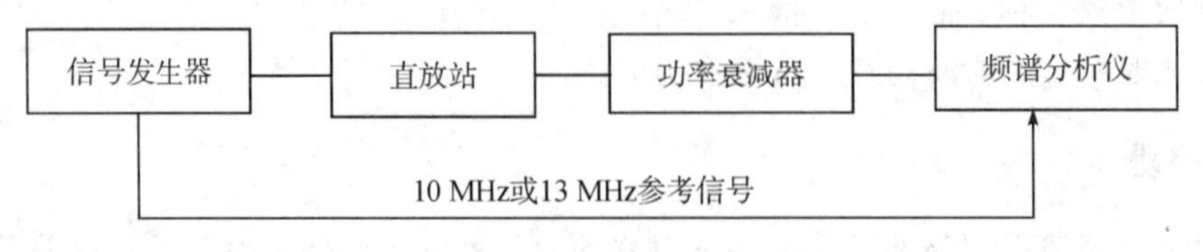


图 20－2　最大(标称)输出功率测试系统

(2) 将 GSM 信号发生器输出通过电缆接至被测设备输入端口，再将功率衰减器及连接电缆总损耗值作为偏置，输入 GSM 频谱分析仪中。

(3) 关闭反向链路(测量前向输出功率)或关闭前向链路(测量反向输出功率)。

(4) 将 GSM 信号发生器设置为该直放站工作频率范围内的中心频率或指配信道的中心频率；将被测直放站增益调到最大。

(5) 调节 GSM 信号发生器的输出电平至 ALC 启控点，GSM 频谱分析仪直接显示的每信道功率应在被测直放站厂商声明的最大输出功率的容差范围内。

(6) 记录被测直放站的输出功率电平 $L_{out}$(dBm)及输入功率电平(GSM 信号发生器输出功率电平减去连接电缆的损耗值)$L_{in}$(dBm)。

**2. 增益的测试**

1) 最大增益及其误差的测试

(1) 定义。

最大增益是指直放站在线性工作范围内对输入信号的最大放大能力。最大增益误差是指最大增益的实测值与设备厂家声明值之间的差值。

(2) 指标要求。

最大增益≤113 dB，具体增益值由设备厂家规定；最大增益误差不超过±3 dB。

(3) 测试方法。

① 测试系统及测试步骤同最大输出功率的测试；

② 最大增益为 $G_{max}=L_{out}-L_{in}$(dB)；

③ 最大增益误差为 $\Delta=G_{max}-G_{声明}$(dB)。

2) 增益调节范围的测试

(1) 定义。

增益调节范围是指当直放站增益可调时，其最大增益和最小增益的差值。

(2) 指标要求。

标称最大输出功率≥1W 时，增益调节范围≥30 dB；标称最大输出功率<1 W 时，由设备厂家声明。

(3) 测试方法。

① 测试系统及测试步骤同最大输出功率的测试；

② 调被测直放站增益至最小，从 GSM 频谱分析仪读出被测直放站的输出功率电平 $L_{outmin}$；

③ 调被测直放站增益至最大，从 GSM 频谱分析仪读出被测直放站的输出功率电平 $L_{outmax}$；

④ 增益调节范围为 $\Delta G=L_{outmax}-L_{outmin}$(dB)。

3) 增益调节步长及其误差的测试

(1) 定义。

增益调节步长是指直放站最小的增益调节量。增益调节步长误差是指实际增益步长与标称增益步长的差值。

(2) 指标要求。

增益调节步长≤2 dB；增益调节步长误差不超过±1 dB/步长，±1 dB/(1～10 dB)，±1 dB/(10～20 dB)，±1.5 dB/(20～30 dB)。

(3) 测试方法。

① 测试系统及测试步骤同最大输出功率的测试；

② 降低被测直放站增益，从 GSM 频谱分析仪测量被测直放站实际增益下降每一步长时的功率并记录，直至增益为最小；

③ 增益调节步长为每相邻测量功率电平之差；

④ 步长误差Δ=实际的增益调节步长－声明的增益调节步长；

⑤ 计算 0～10 dB、10～20 dB、20～30 dB 内的累积误差。

**3. 自动电平控制(ALC)范围的测试**

1）定义

自动电平控制是指当直放站工作于最大增益且输出为最大功率时，增加输入信号电平时，直放站对输出信号电平的控制能力。

2）指标要求

当输入信号电平提高小于 10 dB(含 10 dB)时，输出功率应保持在最大输出功率的±2 dB之内；当输入信号电平提高超过 10 dB 时，输出功率应保持在最大输出功率的±2 dB 之内或关闭输出。

3）测试方法

(1) 测试系统及测试步骤同最大输出功率的测试；

(2) 被测直放站增益调至最大；

(3) 接通被测直放站 ALC 功能；

(4) 被测直放站输入电平提高 10 dB，观测 GSM 信号分析仪上的读数变化(应不超过±2 dB)，继续提高输入电平，被测直放站输出变化仍应不超过±2 dB 或关闭。

**4. 最大允许输入电平的测试**

1）定义

最大允许输入电平是指被测直放站能承受而不致引起损伤的输入电平。

2）指标要求

上、下行链路最大无损伤输入功率为－10 dBm。

3）测试方法

(1) 测试系统同最大输出功率的测试；

(2) GSM 信号发生器频率调到被测直放站中心频率，电平调到－10 dBm，持续 1 min；

(3) 重复其他指标项的测试，所测数值应在指标范围内。

**5. 杂散发射指标的测试**

1）定义

杂散发射是指除去工作频带以及与正常调制相关的边带以外的频率上的发射。

2）指标要求

杂散发射的指标要求如表 20－1 所示。

**表 20－1　杂散发射的指标要求**

| 频　带 | 指标要求 |
|---|---|
| 工作频带外(偏离工作频带边缘 2.5 MHz 之外) | 9 kHz～1 GHz 带内≤－36 dBm |
| | 1 GHz～12.75 GHz 带内≤－30 dBm |

3）测试方法

(1) 测试系统同最大输出功率的测试；

(2) GSM信号发生器频率调到被测直放站中心频率；

(3) 被测直放站增益调到最大；

(4) 按表20－2调频谱分析仪测量带宽及检波方式；

**表20－2　带外杂散发射测量带宽**

| 频　带 | 频率偏移 | 测量带宽 | 视频带宽 | 检波方式 |
|---|---|---|---|---|
| 10 kHz～50 MHz | / | 10 kHz | 30 kHz | 峰值保持 |
| 50 MHz～500 MHz | / | 100 kHz | 100 kHz | |
| 50 MHz以上BTS发射带及MS发射带内 | >0 MHz | 10 kHz | 30 kHz | 峰值保持 |
| | ≥2 MHz | 30 kHz | 100 kHz | |
| | ≥5 MHz | 100 kHz | 300 kHz | |
| | ≥10 MHz | 300 kHz | 1 MHz | |
| | ≥20 MHz | 1 MHz | 3 MHz | |
| | ≥30 MHz | 3 MHz | 3 MHz | |

(5) 在不同的偏移频率上，读杂散发射的功率电平。

**6. 带外增益指标的测试**

带外增益指标的要求及测试方法应符合ETSI EN 300 609－4的相关条款。

1) 定义

带外增益是指被测直放站对工作频带外信号的放大能力。

2) 指标要求

带外增益的指标要求如表20－3所示。

**表20－3　带外增益的指标要求**

| 增　益 | ≥400 kHz | ≥600 kHz | ≥1 MHz | ≥5 MHz |
|---|---|---|---|---|
| $G\leqslant 80$ dB | — | ≤40 dB | ≤35 dB | ≤25 dB |
| $G>80$ dB | — | ≥40 dBc | ≥45 dBc | ≥55 dBc |

3) 测试方法

(1) 按图20－2所示连接测试系统；

(2) 被测直放站增益调至最大；

(3) 信号发生器频率调到被测直放站工作频率；

(4) 频谱分析仪的扫频宽度、分辨率带宽调到适当，保证测试方便。校准功率衰减器及连接电缆总损耗作为偏置修正输入到频谱分析仪内，将标记移到信号峰点；

(5) 保持CW信号发生器输出电平不变，从中心频率向外同步改变信号发生器频率和频谱分析仪中心频率，用标记读并记录偏离工作频带边缘400 kHz、600 kHz、1 MHz、5 MHz及以上时的幅度值$L_{out}$；

(6) 按下式计算带外各偏离频点的增益数值：

$$G_{外}=L_{out}-L_{in}(\text{dB})$$

**7. 输入、输出电压驻波比的测试**

1）定义

输入、输出电压反射系数$|\gamma|$是指从输入、输出端口反射的信号电压与输入信号电压的比值，电压驻波比为

$$S=\frac{(1+|\gamma|)}{(1-|\gamma|)}$$

2）指标要求

标称最大输出功率≥1 W时，电压驻波比≤1.4；标称最大输出功率<1 W时，电压驻波比≤1.6。

3）测试方法

（1）按图20-3所示连接测试系统；

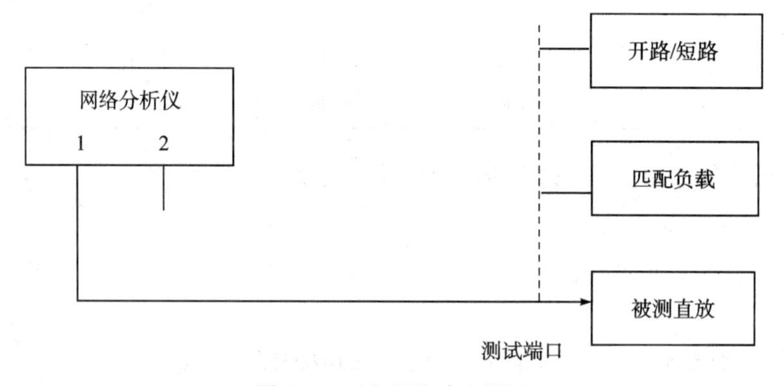


图20-3　电压驻波比测试

（2）在网络分析仪测试端口1或2进行开路、短路、负荷校准后，将网络分析仪设置为测量方式；

（3）电平调到被测直放站允许的最大输入电平；

（4）设置直放站的增益为最小增益，将其输入或输出端口接到测试端口，输出或输入端口接负载；

（5）从网络分析仪读被测直放站工作频带内最大的电压驻波比。

需要注意的是，测量前向或反向输出驻波比时应保证被测直放站无输出信号。

**8. 传输时延的测试**

1）定义

传输时延是指被测直放站输出信号对输入信号的时间延迟。

2）指标要求

宽带直放站≤1.5 μs；宽带直放站(应用声表面滤波器)≤5.0 μs。

3）测试方法

（1）按图20-4所示连接测试系统；

（2）按被测直放站要求设置矢量网络分析仪的起、止频率，并调矢量网络分析仪为传输测量、时延方式，按图20-4所示

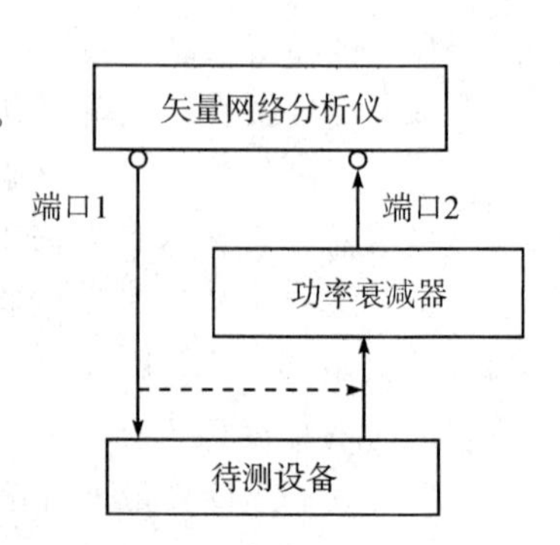


图20-4　传输时延测试

虚线连接进行直通校准；

(3) 被测直放站增益调到最大，按图 20－4 所示实线进行连接；

(4) 选择矢量网络分析仪时延测试项，直接读出被测直放站的传输时延。

**9. 带内波动的测试**

1) 定义

带内波动是被测直放站在设备厂家声明的工作频率范围内最大电平和最小电平的差值。

2) 指标要求

带内波动≤3 dB(峰峰值)。

3) 测试方法

(1) 按图 20－4 所示连接测试系统；

(2) 网络分析仪起、止频率设置成比被测直放站工作频带宽；

(3) 被测直放站增益调到最大；

(4) 当被测设备为宽带直放站时，从网络分析仪上读出被测直放站有效工作频带内最大、最小电平之间的差值，即为带内波动。

**10. 噪声系数的测试**

1) 定义

噪声系数是指被测直放站在工作频带范围内，正常工作时输入信噪比与输出信噪比的比值，用 dB 表示。

2) 指标要求

标称最大输出功率≥1 W 时，噪声系数 NF≤4 dB；标称最大输出功率<1 W 时，噪声系数 NF≤6 dB。

3) 测试方法

(1) 按图 20－5 所示虚线连接，校准噪声系数测试仪；

(2) 按图 20－5 所示实线连接测试系统；

(3) 关闭 ALC 并将被测直放站增益调节为最大增益；

(4) 用噪声系数测试仪测试被测直放站噪声系数。

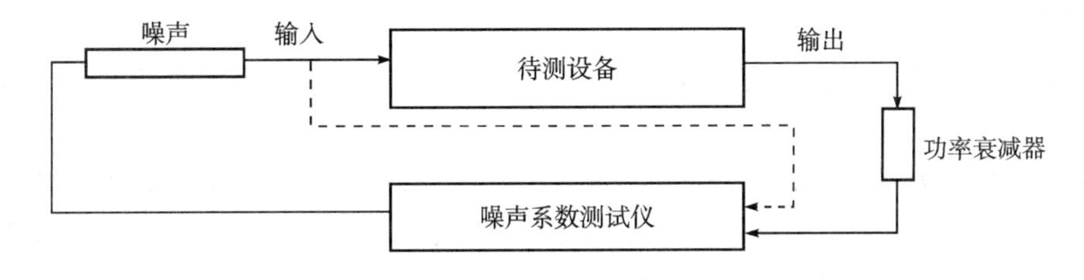


图 20－5　噪声系数测试

## 六、思考题

(1) 输入、输出电压驻波比的影响因素有哪些？

(2) 请简要阐述直放站的工作原理。

# 实验二十一　基站放大器测试(演示)

## 一、实验目的

(1) 掌握基站放大器的参数指标、测试方法与测试流程，从而全面了解基站放大器的工作原理。

(2) 掌握测试仪器的使用方法和操作规范，从而对测试仪器有一个全面的了解。

## 二、实验器材

(1) 计算机一台；

(2) 基站放大器一台；

(3) 信号发生器一台(要求能产生 GSM 连续波信号，涵盖 GSM 工作频段)；

(4) 频谱分析仪一台(要求频率涵盖 9 kHz～12.75 GHz，频率分辨带宽 RBW 能达到 1 kHz)；

(5) 网络分析仪一台(要求频率涵盖 9 kHz～2 GHz，含校准件一套)；

(6) 测试附件一套(测试电缆、衰减器、功率负载、耦合器、转接器等)；

(7) 基站放大器网管软件一套。

## 三、实验内容

(1) 最大输出功率的测试及增益的调节和测试。

(2) 自动电平控制(ALC)范围及最大允许输入电平的测试。

(3) 杂散发射指标的测试。

(4) 带内波动及输入、输出电压驻波比的测试。

(5) 旁路损耗的测试。

## 四、实验原理

微蜂窝基站放大器是将微蜂窝基站的输出功率增强及接收信号预放的双向全双式放大器，微蜂窝基站具有宏蜂窝同等功能。

当微蜂窝基站为二频点上、下行合路输出状态时，如图 21－1 所示，微蜂窝基站(BS)下行信号(如 935～960 MHz)经环行器(1)及滤波器(2)进入放大器下行通道步进衰减器 ATT (3)及功率放大器(4)，调整 ATT 可达到输入、输出功率的要求，再经滤波器(5)及环行器(6)，由覆盖天线向移动手机发送。移动手机发出的上行信号(如 890～915 MHz)经环行器(6)及滤波器(7)进入上行低噪声放大器(8)，将上行信号放大，经衰减器(9)设置到系统所需要的上行增益。滤波器为带通交指式滤波，可根据所需频带宽度配置不同带宽的滤波器，由上行滤波器、下行滤波器及环行器的特性保证上、下行之间有必需的隔离度，使系统能正常工作。

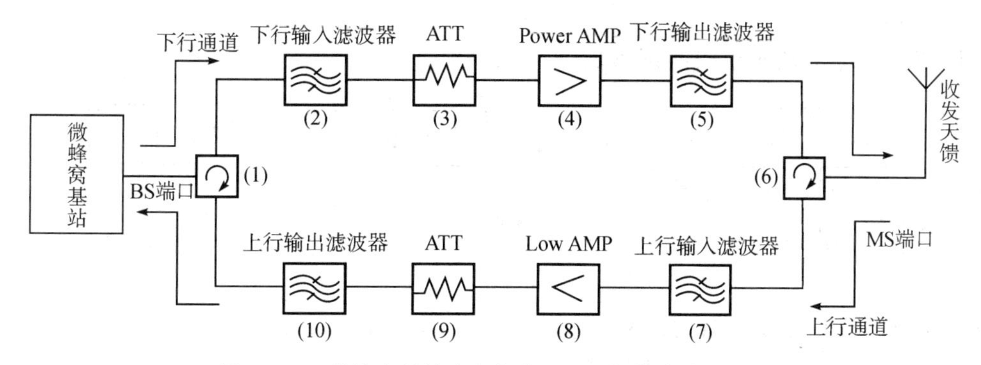


图 21－1　微蜂窝基站为二频点上、下行合路输出状态

当微蜂窝基站为上、下行分路状态时，放大器基站端口也可设置为分路状态，如图 21－2 所示。主机对微蜂窝基站二组频点的下行频点进行合路后进入下行通道，经放大后由发送天线向移动手机发送，移动手机上行信号经接收天线接收后，进入上行通道，输出端由分路器分成二路进入微蜂窝基站。

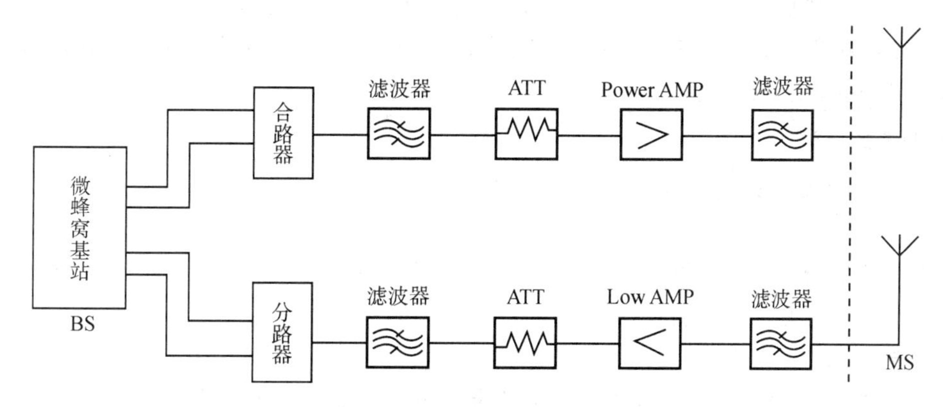


图 21－2　微蜂窝基站为上、下行分路状态

## 五、实验步骤

### 1. 最大输出功率的测试

1）定义

最大(标称)输出功率是指基站放大器在线性工作区内所能达到的最大输出功率，此最大输出功率应满足以下条件：

(1) 输入信号为 GSM 连续波信号；

(2) 增益为最大增益；

(3) 满足本实验其他指标要求；

(4) 在网络应用中不应超过此功率。

2）指标要求

最大(标称)输出功率由设备厂家声明，但应≤30 W(45 dBm)；反向输出不作具体要求，由设备厂家规定；最大(标称)输出功率容差应在±2 dB 范围内，极限条件时应在±2.5 dB范围内。

3）测试方法

（1）按图 21－3 所示连接测试系统。

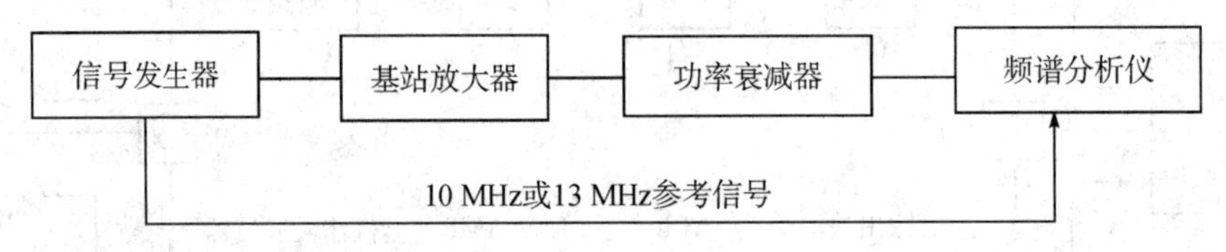


图 21－3　最大(标称)输出功率测试

（2）将 GSM 信号发生器输出通过电缆接至被测设备输入端口，再将功率衰减器及连接电缆总损耗值作为偏置输入 GSM 频谱分析仪中。

（3）关闭反向链路(测量前向输出功率)或关闭前向链路(测量反向输出功率)。

（4）将 GSM 信号发生器设置为该基站放大器工作频率范围内的中心频率或指配信道的中心频率；将被测基站放大器增益调到最大。

（5）调节 GSM 信号发生器的输出电平至 ALC 启控点，GSM 频谱分析仪直接显示的每信道功率应在被测基站放大器厂商声明的最大输出功率的容差范围内。

（6）记录被测基站放大器的输出功率电平 $L_{out}$(dBm)及输入功率电平(GSM 信号发生器输出功率电平减去连接电缆的损耗值)$L_{in}$(dBm)。

**2. 增益的测试**

1）最大增益及其误差的测试

（1）定义。

最大增益是指基站放大器在线性工作范围内对输入信号的最大放大能力。最大增益误差是指最大增益的实测值与设备厂家声明值之间的差值。

（2）指标要求。

最大增益≤35 dB(可调)，具体增益由厂家声明。最大增益误差不超过±3 dB。

（3）测试方法。

① 测试系统及测试步骤同最大输出功率的测试；

② 最大增益为 $G_{max}=L_{out}-L_{in}$(dB)；

③ 最大增益误差为 $\Delta=G_{max}-G_{声明}$(dB)。

2）增益调节范围的测试

（1）定义。

增益调节范围是指当基站放大器增益可调时，其最大增益和最小增益的差值。

（2）指标要求。

增益可调范围≥5 dB，具体值由厂家声明。

（3）测试方法。

① 测试系统及测试步骤同最大输出功率的测试；

② 调被测基站放大器增益至最小，从 GSM 频谱分析仪读出被测基站放大器的输出功率电平 $L_{outmin}$；

③ 调被测基站放大器增益至最大，从 GSM 频谱分析仪读出被测基站放大器的输出功率电平 $L_{outmax}$；

④ 增益调节范围为 $\Delta G = L_{\text{outmax}} - L_{\text{outmin}}$(dB)。

3）增益调节步长及其误差的测试

(1) 定义。

增益调节步长是指基站放大器最小的增益调节量。增益调节步长误差是指实际增益步长与标称增益步长的差值。

(2) 指标要求。

增益调节步长≤2 dB；增益调节步长误差不超过±1 dB/步长，±1 dB/(1～10 dB)，±1 dB/(10～20 dB)，±1.5 dB/(20～30 dB)。

(3) 测试方法。

① 测试系统及测试步骤同最大输出功率的测试；

② 降低被测基站放大器增益，从 GSM 频谱分析仪测量被测基站放大器实际增益下降每一步长时的功率并记录，直至增益为最小；

③ 增益调节步长为每相邻测量功率电平之差；

④ 步长误差 Δ=实际的增益调节步长－声明的增益调节步长；

⑤ 计算 0～10 dB、10～20 dB、20～30 dB 内的累积误差。

**3. 自动电平控制(ALC)范围的测试**

1）定义

自动电平控制是指当基站放大器工作于最大增益且输出为最大功率时，增加输入信号电平时，基站放大器对输出信号电平的控制能力。

2）指标要求

当输入信号电平提高小于等于 6 dB 时，输出功率应保持在最大输出功率的±1 dB 之内或关闭输出(启动旁路保护)。

3）测试方法

(1) 测试系统及测试步骤同最大输出功率的测试；

(2) 被测基站放大器增益调至最大；

(3) 接通被测基站放大器 ALC 功能；

(4) 被测设备输入电平提高 6 dB，观测 GSM 频谱分析仪或功率计上的读数变化应不超过±1 dB 或关闭。

**4. 最大允许输入电平的测试**

1）定义

最大允许输入电平是指被测基站放大器能承受而不致引起损伤的输入电平。

2）指标要求

下行链路最大无损伤输入功率是在厂家声明的额定输入功率基础上增加 3 dB，上行不作要求。由厂家声明的额定输入功率增加 3 dB 后的功率作为最大允许输入功率。

3）测试方法

(1) 测试系统同最大输出功率的测试；

(2) GSM 信号发生器频率调到被测基站放大器中心频率，电平调到－10 dBm，持续 1 min；

(3) 重复其他指标项的测试，所测数值应在指标范围内。

**5. 杂散发射指标的测试**

1) 定义

杂散发射是指除去工作载频及与正常调制相关的边带以外的频率上的发射。

2) 指标要求

杂散发射的指标要求如表 21 - 1 所示。

**表 21 - 1　杂散发射的指标要求**

| 频　带 | 指 标 要 求 |
| --- | --- |
| 工作频带外(偏离工作频带边缘 2.5 MHz 之外) | 9 kHz～1 GHz 带内≤－36 dBm |
| | 1～12.75 GHz 带内≤－30 dBm |

3) 测试方法

(1) 测试系统同最大输出功率的测试；

(2) GSM 信号发生器频率调到被测干线放大器中心频率；

(3) 被测干线放大器增益调到最大；

(4) 按表 21 - 2 调频谱分析仪测量带宽及检波方式；

(5) 在不同的偏移频率上，读杂散发射的功率电平。

**表 21 - 2　带外杂散发射测量带宽**

| 频　带 | 频率偏移 | 测量带宽 | 视频带宽 | 检波方式 |
| --- | --- | --- | --- | --- |
| 10 kHz～50 MHz | — | 10 kHz | 30 kHz | 峰值保持 |
| 50 MHz～500 MHz | — | 100 kHz | 100 kHz | |
| 50 MHz 以上 BTS 发射带及 MS 发射带内 | >0 MHz | 10 kHz | 30 kHz | 峰值保持 |
| | ≥2 MHz | 30 kHz | 100 kHz | |
| | ≥5 MHz | 100 kHz | 300 kHz | |
| | ≥10 MHz | 300 kHz | 1 MHz | |
| | ≥20 MHz | 1 MHz | 3 MHz | |
| | ≥30 MHz | 3 MHz | 3 MHz | |

**6. 带内波动的测试**

1) 定义

带内波动是被测干线放大器在设备厂家声明的工作频率范围内最大电平和最小电平的差值。

2) 指标要求

在有效工作频带内，带内波动≤3 dB(峰峰值)。

3) 测试方法

(1) 按图 21 - 4 所示连接测试系统；

(2) 网络分析仪起、止频率设置成比被测干线放大器工作频带宽；

(3) 被测干线放大器增益调到最大；

(4) 当被测设备为宽带干线放大器时，从网络分析仪上读出被测干线放大器有效工作频带内最大、最小电平之间的差值，即为带内波动。

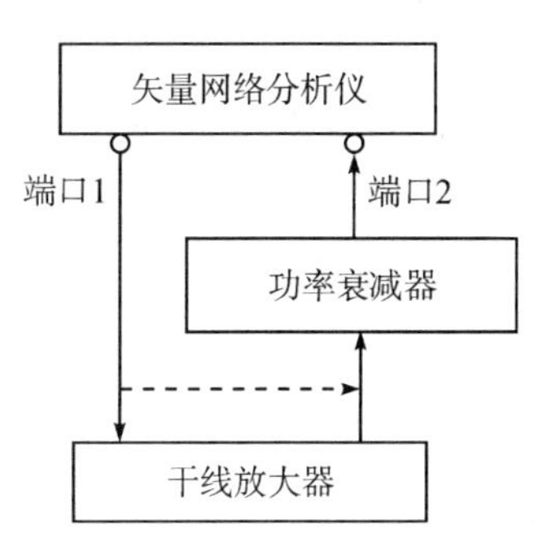


图 21-4　带内波动测试

**7. 输入、输出电压驻波比的测试**

1) 定义

输入、输出电压反射系数$|\gamma|$是指从输入、输出端口反射的信号电压与输入的信号电压的比值，电压驻波比为

$$S=\frac{1+|\gamma|}{1-|\gamma|}$$

2) 指标要求

标称最大输出功率≥1 W时，电压驻波比≤1.4；标称最大输出功率<1 W时，电压驻波比≤1.6。

3) 测试方法

(1) 按图 21-5 所示连接测试系统；

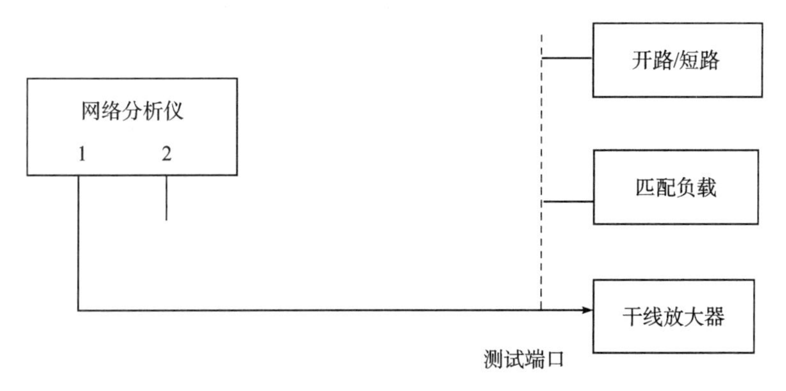


图 21-5　电压驻波比测试

(2) 在网络分析仪测试端口 1 或 2 进行开路、短路、负荷校准后，将网络分析仪设置为测量方式；

(3) 电平调到被测干线放大器允许的最大输入电平；

(4) 设置干线放大器的增益为最小增益，将其输入或输出端口接到测试端口，输出或输入端口接负载；

(5) 从网络分析仪读被测干线放大器工作频带内最大的电压驻波比。

需要注意的是，测量前向或反向输出驻波比时应保证被测干线放大器无输出信号。

**8. 旁路损耗的测试**

1) 定义

旁路损耗是指基站放大器故障时，旁路保护功能启动后引入的损耗。

2) 指标要求

旁路损耗≤2.0 dB。

3) 测试方法

(1) 测试系统如图 21-6 所示；

(2) 基站放大器加电，通过监控面板关闭功放"OFF"，此时为基站放大器旁路状态；

(3) 信号发生器接基站放大器的 BTS 端(注意信号源的保护措施)；

(4) 频谱分析仪接基站放大器输出端 ANT(加大功率衰减器或耦合器以保护仪器)；

(5) 输入信号 0 dBm，在频谱分析仪上读取输出电平，所得值便是旁路损耗值。

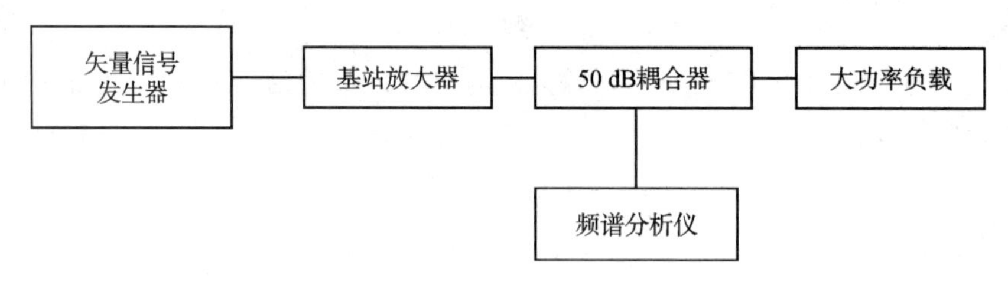


图 21-6 旁路损耗测试

## 六、思考题

(1) 基站放大器的工作原理是什么？请简要阐述。

(2) 自动电平控制(ALC)范围的影响因素有哪些？怎样测定？

# 实验二十二　塔顶放大器测试

## 一、实验目的

(1) 掌握塔顶放大器的参数指标、测试方法与测试流程，从而全面了解塔顶放大器的工作原理。

(2) 掌握测试仪器的使用方法和操作规范，从而对测试仪器有一个全面的了解。

## 二、实验器材

(1) 计算机一台；

(2) 塔顶放大器一台；

(3) 信号发生器一台(要求能产生 GSM 连续波信号，涵盖 GSM 工作频段)；

(4) 频谱分析仪一台(要求频率涵盖 9 kHz～12.75 GHz，频率分辨带宽 RBW 能达到 1 kHz)；

(5) 网络分析仪一台(要求频率涵盖 9 kHz～2 GHz，含校准件一套)；

(6) 噪声测试仪一台(要求频率涵盖 9 kHz～2 GHz)；

(7) 测试附件一套(测试电缆、衰减器、功率负载、耦合器、转接器等)；

(8) 塔顶放大器网管软件一套。

## 三、实验内容

(1) 最大输出功率的测试及增益的调节和测试。

(2) 自动电平控制(ALC)范围及最大允许输入电平的测试。

(3) 杂散发射指标和噪声系数(仅对塔顶放大器的上行链路)的测试。

(4) 带内波动及输入、输出电压驻波比的测试。

(5) 旁路损耗的测试。

## 四、实验原理

作为移动通信设备的塔顶放大器具有特别灵敏的滤波器和低噪声放大器，用于移动通信基站铁塔顶部天线下方对上行链路射频信号进行放大，提高上行信号的接收灵敏度，进而解决上、下行链路不平衡的问题。塔顶放大器的种类包括：单工塔顶放大器、双工塔顶放大器、双向双工塔顶放大器。

塔顶放大器的功能包括以下几点：

(1) 扩大基站覆盖范围。由于塔顶放大器提高了基站接收灵敏度，改善了基站上、下行不平衡问题，可以增加基站有效覆盖半径。

(2) 提高上行接收电平，改善弱信号覆盖。安装塔顶放大器后，基站接收系统增加了增益，上行接收电平提高，也就改善了弱信号地区的覆盖问题。

(3) 降低掉话率，提高通话质量。塔顶放大器最根本的技术原理是降低基站接收系统的噪声系数，提高基站信噪比，也就是提高了通话质量。

(4) 降低手机输出功率，减少上行信号的干扰。加装塔顶放大器的基站，由于其上行接收电平得到加强，因此，所需的手机发射功率可以降低，为手机用户带来节省电量和减少辐射的好处。

## 五、实验步骤

### 1. 最大(标称)输出功率(仅针对双向塔顶放大器的下行链路)的测试

1) 定义

最大(标称)输出功率是指塔顶放大器在线性工作区内所能达到的最大输出功率，此最大输出功率应满足以下条件：

(1) 输入信号为 GSM 连续波信号；

(2) 增益为最大增益；

(3) 满足本实验其他指标要求；

(4) 在网络应用中不应超过此功率。

2) 指标要求

双向塔顶放大器的下行最大(标称)输出功率由厂家声明，最大(标称)输出功率容差应在±2 dB 范围内，极限条件时应在±2.5 dB 范围内。

3) 测试方法

(1) 按图 22－1 所示连接测试系统。

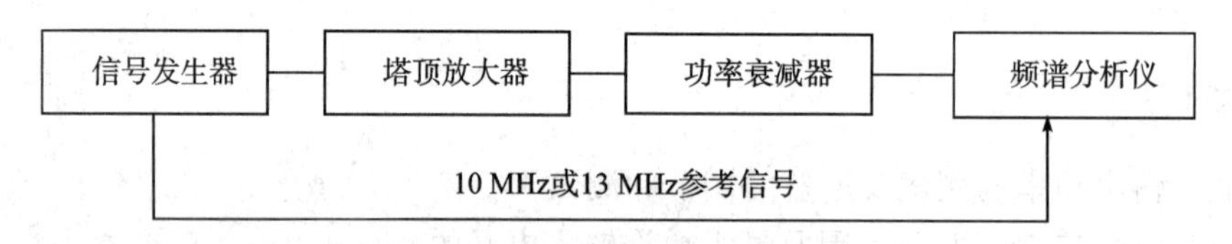


图 22－1　最大(标称)输出功率测试

(2) 将 GSM 信号发生器输出通过电缆接至被测设备输入端口，再将功率衰减器及连接电缆总损耗值作为偏置输入 GSM 频谱分析仪或功率计中。

(3) 关闭反向链路(测量前向输出功率)或关闭前向链路(测量反向输出功率)。

(4) 将 GSM 信号发生器设置为该被测设备工作频率范围内的中心频率或指配信道的中心频率；将被测设备增益调到最大。

(5) 调节 GSM 信号发生器的输出电平至 ALC 启控点，GSM 频谱分析仪或功率计上直接显示的每信道功率应在被测设备厂商声明的最大输出功率的容差范围内。

(6) 记录被测设备的输出功率电平 $L_{out}$(dBm)及输入功率电平(GSM 信号发生器输出功率电平减去连接电缆的损耗值)$L_{in}$(dBm)。

### 2. 增益的测试

1) 最大增益及其误差的测试

(1) 定义。

最大增益是指塔顶放大器在线性工作范围内对输入信号的最大放大能力。最大增益误差是指最大增益的实测值与厂家声明值之间的差值。

（2）指标要求。

12 dB≤上行最大增益≤20 dB，下行最大增益≤35 dB（可调），具体增益值由厂家声明；最大增益误差不超过±3 dB。

（3）测试方法。

① 测试系统及测试步骤同最大输出功率的测试；

② 最大增益为 $G_{max}=L_{out}-L_{in}$（dB）；

③ 最大增益误差为 $\Delta=G_{max}-G_{声明}$（dB）。

2）增益调节范围的测试

（1）定义。

增益调节范围是指当塔顶放大器增益可调时，其最大增益和最小增益的差值。

（2）指标要求。

增益调节范围≥5 dB，具体值由厂家声明。

（3）测试方法。

① 测试系统及测试步骤同最大输出功率的测试；

② 调被测设备增益为最小，从 GSM 频谱分析仪读出被测设备的输出功率电平 $L_{outmin}$；

③ 调被测设备增益为最大，从 GSM 频谱分析仪读出被测设备的输出功率电平 $L_{outmax}$；

④ 增益调节范围为 $\Delta G=L_{outmax}-L_{outmin}$（dB）。

**3. 自动电平控制（ALC）范围的测试**

1）定义

自动电平控制是指当塔顶放大器工作于最大增益且输出为最大功率时，增加输入信号电平时，塔顶放大器对输出信号电平的控制能力。

2）指标要求

对单向塔顶放大器和双向塔顶放大器的上行链路不作要求；对双向塔顶放大器的下行链路：当输入信号电平提高小于等于 6 dB 时，输出功率应保持在最大输出功率的±1 dB 之内或关闭输出（旁路保护）。

3）测量方法

（1）测试系统及测试步骤同最大输出功率的测试；

（2）被测设备增益调至最大；

（3）接通被测设备 ALC 功能；

（4）被测设备输入电平提高 6 dB，观测 GSM 频谱分析仪或功率计上的读数变化（应不超过±2 dB），继续提高输入电平，被测设备输出变化应不超过±1 dB 或关闭。

**4. 最大允许输入电平的测试**

1）定义

最大允许输入电平是指被测塔顶放大器能承受而不致引起损伤的输入电平。

2）指标要求

单向塔顶放大器：上行链路最大无损伤输入功率为－10 dBm，下行不作要求；双向塔顶放大器：下行链路最大无损伤输入功率为厂家声明的额定输入功率基础上增加 3 dB；上行链路最大无损伤输入功率为－10 dBm。

3）测试方法

(1) 测试系统如图22－1所示；

(2) GSM信号发生器频率调到被测设备中心频率，电平调到指标要求中规定的最大无损伤输入功率电平，持续1 min；

(3) 重复其他指标项的测试，所测数值应在指标范围内。

**5. 杂散发射(仅对双向塔顶放大器的下行链路)指标的测试**

1）定义

杂散发射是指除去工作频带及与正常调制相关的边带以外的频率上的发射。

2）指标要求

杂散发射的指标要求如表22－1所示。带外杂散发射测量带宽如表22－2所示。

**表22－1　杂散发射的指标要求**

| 频　带 | 指 标 要 求 |
|---|---|
| 工作频带外(偏离工作频带边缘2.5 MHz之外) | 9 kHz～1 GHz带内≤－36 dBm |
| | 1 GHz～12.75 GHz带内≤－30 dBm |

**表22－2　带外杂散发射测量带宽**

| 频　带 | 频率偏移 | 测量带宽 | 视频带宽 | 检波方式 |
|---|---|---|---|---|
| 10 kHz～50 MHz | / | 10 kHz | 30 kHz | 峰值保持 |
| 50 MHz～500 MHz | / | 100 kHz | 100 kHz | |
| 50 MHz以上BTS发射带及MS发射带内 | >0 MHz | 10 kHz | 30 kHz | 峰值保持 |
| | ≥2 MHz | 30 kHz | 100 kHz | |
| | ≥5 MHz | 100 kHz | 300 kHz | |
| | ≥10 MHz | 300 kHz | 1 MHz | |
| | ≥20 MHz | 1 MHz | 3 MHz | |
| | ≥30 MHz | 3 MHz | 3 MHz | |

3）测量方法

杂散发射测量系统与测试方法类同最大输出功率的测量方法，可参见图22－1。

**6. 带内波动的测试**

1）定义

带内波动是被测塔顶放大器在设备厂家声明的工作频率范围内最大电平和最小电平的差值。

2）指标要求

带内波动≤3 dB(峰峰值)。

3）测试方法

(1) 按图22－2所示连接测试系统；

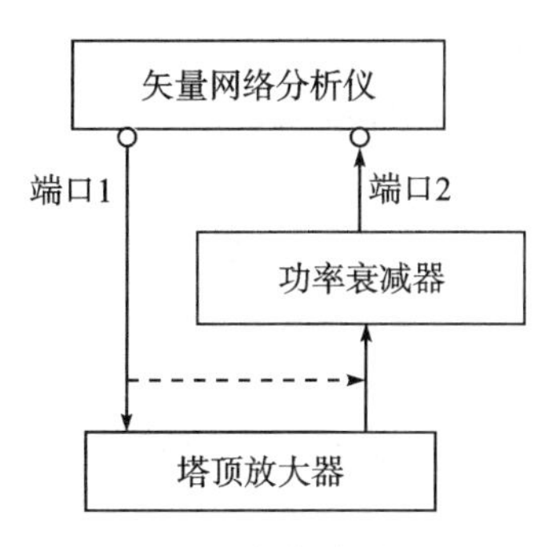


图 22－2　带内波动测试

(2) 扫频信号发生器起、止频率设置成比被测设备工作频带宽，电平调到增益调节范围测试中记录的 $L_{in}$；

(3) 被测设备增益调到最大；

(4) 当被测设备为宽带设备时，从网络分析仪上读出被测设备有效工作频带内最大、最小电平之间的差值，即为带内波动。

**7. 输入、输出电压驻波比的测试**

1) 定义

输入、输出电压反射系数$|\gamma|$是指从输入、输出端口反射的信号电压与输入的信号电压的比值，电压驻波比为

$$S=\frac{1+|\gamma|}{1-|\gamma|}$$

2) 指标要求

单向塔顶放大器：电压驻波比≤1.4；双向塔顶放大器：电压驻波比≤1.5。

3) 测试方法

(1) 按图 22－3 所示连接测试系统；

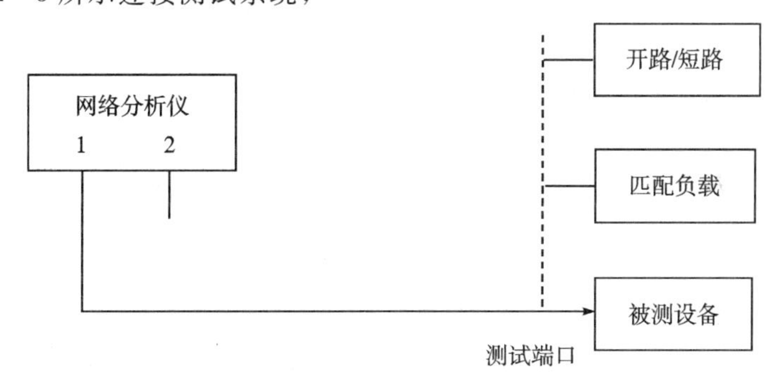


图 22－3　电压驻波比测试

(2) 按被测设备要求调网络分析仪起、止频率，单端口 $S_{11}$（或 $S_{22}$）测量，并调表达格式为驻波对应频率，电平调到被测设备允许的最大输入电平；

(3) 在网络分析仪测试端口 1 或 2 进行开路、短路、负荷校准后，将网络分析仪设置为测量方式；

(4) 设置被测设备的增益为最小增益，将其输入或输出端口接到测试端口，输出或输入端口接负载，从网络分析仪读被测设备工作频带内最大的电压驻波比。

需要注意的是，测量前向或反向输出驻波比时应保证被测设备无输出信号。

**8. 噪声系数(仅对塔顶放大器的上行链路)的测试**

1) 定义

噪声系数是指被测塔顶放大器在工作频带范围内正常工作时，输入信噪比与输出信噪比的比值，用 dB 表示。

2) 指标要求

单向塔顶放大器：上行链路噪声系数 NF≤2 dB(最大增益)；双向塔顶放大器：上行链路噪声系数 NF≤3 dB(最大增益)。

3) 测试方法

(1) 按图 22-4 所示虚线连接，校准噪声系数测试仪；

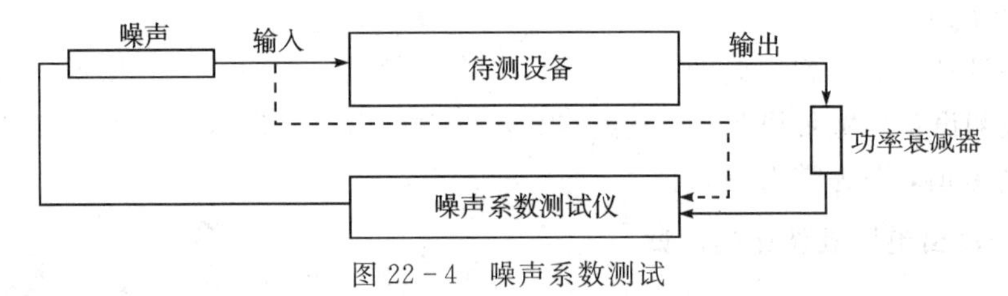


图 22-4　噪声系数测试

(2) 按图 22-4 所示实线连接测试系统；

(3) 关闭 ALC 并将被测设备增益调节为最大增益；

(4) 用噪声系数测试仪测试被测设备噪声系数。

**9. 旁路损耗的测试**

1) 定义

旁路损耗是指塔顶放大器故障时，旁路保护功能启动后引入的损耗。

2) 指标要求

单向塔顶放大器：上行旁路损耗≤1.8 dB；双向塔顶放大器：上行、下行旁路损耗≤1.5 dB。

3) 测试方法

(1) 按如图 22-5 所示连接测试系统；

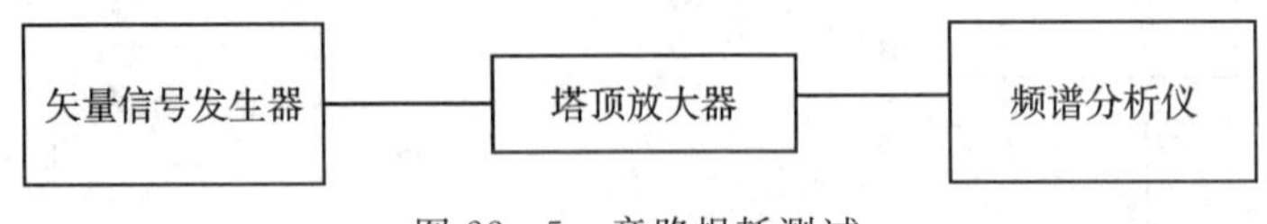


图 22-5　旁路损耗测试

(2) 塔顶放大器无需加电，此时上行链路直接为旁路状态；

(3) 信号发生器接塔顶放大器的重发端，频谱分析仪接塔顶放大器的施主端；

(4) 输入信号 0 dBm，在频谱分析仪上读取输出电平，所得值便是旁路损耗值；

(5) 双向塔顶放大器下行链路旁路损耗参照此测试方法。

## 六、思考题

(1) 塔顶放大器的工作原理是什么？请简要阐述。

(2) 旁路损耗的影响因素有哪些？如何测试？

# 第五部分　手机编程实验

# 第八章　手机编程实验

## 实验二十三　基于 Android 的手机编程——系统安装与新建工程

### 一、实验目的

(1) 熟悉 Android 开发环境的搭建。

(2) 了解 Android 常用开发工具的用法。

### 二、实验内容

(1) 完成智能手机开发平台的安装以及相关配置。

(2) 新建 HelloWorld 工程。

(3) 了解项目的基本文件目录结构。

### 三、实验原理

配置 Android 开发环境之前，首先需要了解 Android 对操作系统的要求。操作系统可以使用 Windows XP 及其以上版本、Mac OS、Linux 等。

Android 以 Java 作为开发语言，JDK 是进行 Java 开发时必需的开发包。Eclipse 是一款非常优秀的开源 IDE(集成开发环境)，在大量插件的"配合"下，完全可以满足从企业级 Java 应用到手机终端 Java 游戏的开发。Google 官方也提供基于 Eclipse 的 Android 开发插件 ADT，所以这里选用 Eclipse 作为开发 IDE。Android 开发所需软件的下载地址如表 23－1 所示。

**表 23－1　Android 开发所需软件的下载地址**

| 软件名称 | 下　载　地　址 |
|---|---|
| JDK | http://www.oracle.com/technetwork/java/javase/downloads/index.html |
| Eclipse | http://www.eclipse.org/downloads/ |
| Android SDK | http://developer.android.com/sdk/index.html |
| ADT | https://dl-ssl.google.com/android/eclipse |

Android 应用通常是由一个或多个基本组件组成的，基本组件包括 Activity、Service、BroadcastReceiver、ContentProvider 等。组件之间的消息传递通过 Intent 组件来完成，可视化界面的显示由 View 类来完成。如果 Android 应用程序使用到了这些组件中的某个组件，这个组件必须在 AndroidManifest.xml 文件中进行声明。

## 四、实验步骤

### 1. 开发环境的搭建

1）安装 JDK 和配置 Java 环境

（1）下载最新版 JDK，安装 Java JDK。

（2）配置环境变量。

（3）打开命令行模式，键入“java-version”，检测是否安装成功。

2）安装 Android SDK

（1）解压缩下载好的 SDK 安装包到 SDK 的路径，然后运行“SDK Manager. exe”。

（2）安装所需要的 Eclipse 和 ADT 插件工具包。将下载的压缩包解压，双击“Eclipse. exe”。

（3）启动 Eclipse，单击主菜单上的 Help→Install New Software 菜单项，添加 ADT 压缩包，再通过 Archive 选择 ADT 插件。

（4）设置 Android SDK 的路径，单击主菜单 Windows→Perferences 菜单项，在弹出的文本框中输入 Android SDK 的安装目录。

### 2. HelloWorld 工程的新建

1）新建工程

打开 Eclipse，在菜单项选择 File→New→Android 工程，在弹出的对话框中配置工程的相关属性，如图 23－1 所示，点击“Finish”完成。

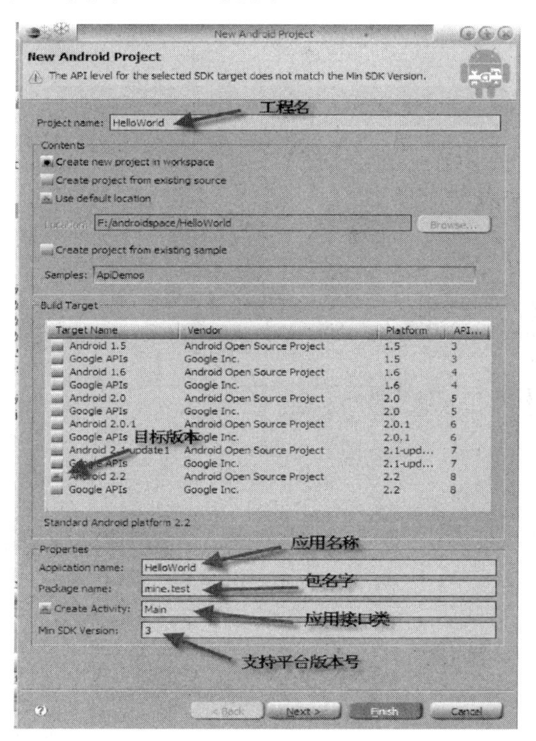


图 23－1　新建工程

2）打开模拟器

如图 23－2 所示，打开左上角的 AVD 模拟器管理窗口按钮，选择你需要版本的模拟器，点击“Start”按钮，打开模拟器。

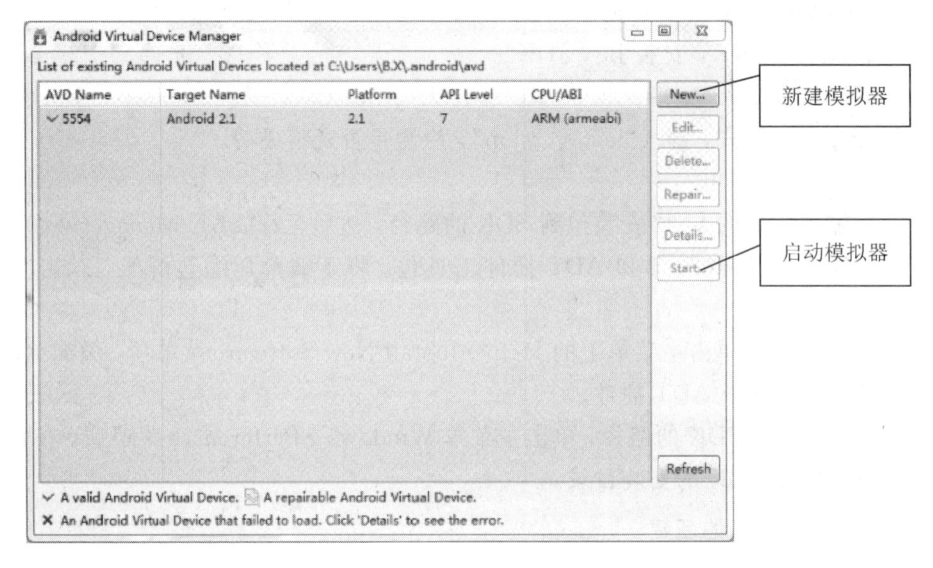


图 23－2　打开模拟器

3）运行程序

右键选中你的工程，在弹出的菜单中选择 Run as→Android Application，就可以运行工程。运行之后就可以在模拟器上看到效果，如图 23－3 所示。

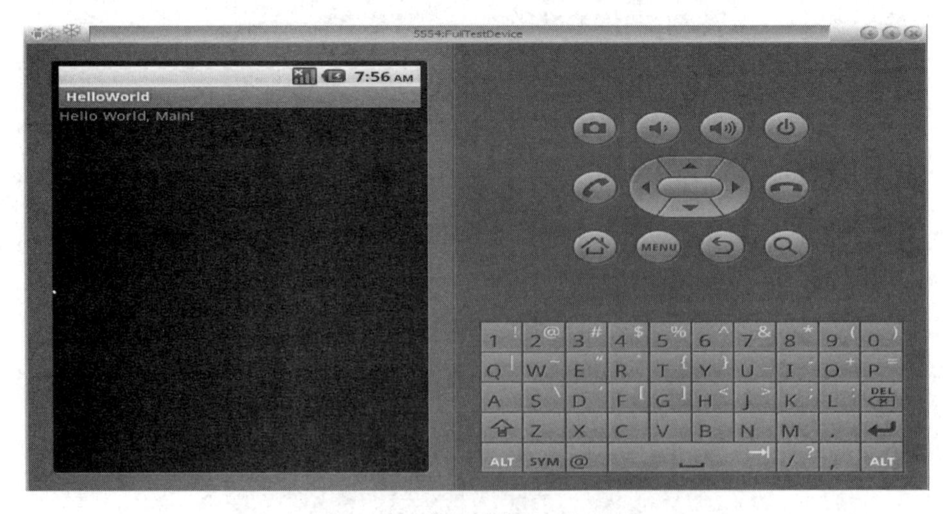


图 23－3　模拟器中的运行效果

**3. Android 程序框架**

1）Android 项目目录结构

新建一个 Android 工程，工程名为“HelloWorld”，进入该项目所在目录下，可以看到整个工程目录列表，如图 23－4 所示。

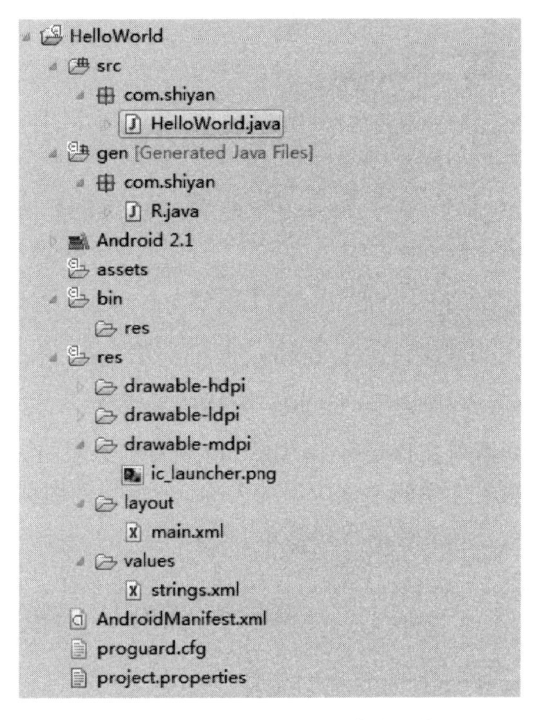


图 23－4　HelloWorld 项目目录

（1）src 目录是一个普通的、保存 Java 源文件的目录。

（2）gen 目录用于保存 Android 自动生成的一个 R. java 的清单文件。

（3）bin 目录用于存放生成的目标文件，如 Java 的二进制文件、资源打包文件（. ap_后缀）、Dalvik 虚拟机的可执行性文件（. dex 后缀）等。

（4）res 目录用于存放 Android 项目的各种资源文件，比如 layout 目录下的界面布局文件 main. xml，values 目录下的字符串资源文件 strings. xml。drawable-hdpi、drawable-ldpi、drawable-mdpi 这三个目录分别存放大、小、中三种图片文件。

（5）AndroidManifest. xml 文件是 Android 项目的系统清单文件，用于控制 Android 应用的名称、图标、访问权限等整体属性。

2）代码清单解析

了解了项目目录结构以后，现在我们打开前面建立的 HelloWorld 项目，对 Android 项目作进一步地深入了解。

（1）R. java 文件。

R. java 文件是建立项目时自动生成的，这个文件是只读模式，不能更改，R. java 文件是定义该项目所有资源的索引文件。R. java 文件的代码清单如图 23－5 所示。

可以看到，这里定义了很多常量，这些常量的名字与 res 文件夹中的文件名相同，这再次证明了 R. java 文件所储存的是该项目所有资源的索引。有了这个文件，就可以很快地找到要使用的资源。由于这个文件不能手动编辑，因此当在项目中加入新的资源时，只需要刷新一下该项目，R. java 文件便能自动生成所有资源的索引。

（2）AndroidManifest. xml 文件。

```java
package com.shiyan;

public final class R {
    public static final class attr {
    }
    public static final class drawable {
        public static final int ic_launcher=0x7f020000;
    }
    public static final class layout {
        public static final int main=0x7f030000;
    }
    public static final class string {
        public static final int app_name=0x7f040001;
        public static final int hello=0x7f040000;
    }
}
```

图 23－5　R. java 文件的代码清单

AndroidManifest. xml 清单文件是每个 Android 项目都必需的，它是整个全局描述文件。AndroidManifest. xml 清单文件说明了该应用的名称、所使用的图标，以及包含的组件等。图 23－6 是 AndroidManifest. xml 文件的代码清单。

```xml
<?xml version="1.0" encoding="utf-8"?>
<manifest xmlns:android="http://schemas.android.com/apk/res/android"
    package="com.shiyan"
    android:versionCode="1"
    android:versionName="1.0" >

    <uses-sdk android:minSdkVersion="7" />

    <application
        android:icon="@drawable/ic_launcher"
        android:label="@string/app_name" >
        <activity
            android:name=".HelloWorld"
            android:label="@string/app_name" >
            <intent-filter>
                <action android:name="android.intent.action.MAIN" />

                <category android:name="android.intent.category.LAUNCHER" />
            </intent-filter>
        </activity>
    </application>

</manifest>
```

命名空间的声明

应用程序包包名

所用SDK版本

应用程序图标和名字

指定程序入口

指定程序显示在程序列表中

图 23－6　AndroidManifest. xml 文件的代码清单

（3）strings. xml 文件。

strings. xml 文件是资源文件，这个文件很简单，就定义了两个字符资源，图 23－7 是 strings. xml 文件的代码清单。因此，图 23－5 中 R. java 定义了“app_name”和“hello”的两个常量分别指向图 23－7 代码清单的两个字符串资源。

```xml
<?xml version="1.0" encoding="utf-8"?>
<resources>

    <string name="hello">Hello World, HelloWorldActivity!</string>
    <string name="app_name">HelloWorld</string>

</resources>
```

图 23－7　strings. xml 文件的代码清单

（4）main. xml 文件。

Android 推荐使用 XML 布局文件来定义用户界面，这样不仅简单明了，而且可以将视图控制逻辑从 Java 代码中分离出来，放入 XML 文件中控制，这样可以更好地体现 MVC 原则。main. xml 是这个工程使用的布局文件，图 23－8 是 main. xml 文件的代码清单。fill_parent 布局指将视图扩展以填充所在容器的全部空间，wrap_content 布局指根据视图内部内容自动扩展以适应其大小。我们在布局中设置了一个 TextView，而这里 android：text 引用了@string中的 hello 字符串资源，即 strings. xml 文件中 hello 所代表的字符串资源。

```
<?xml version="1.0" encoding="utf-8"?>
<LinearLayout xmlns:android="http://schemas.android.com/apk/res/android"
    android:layout_width="fill_parent"
    android:layout_height="fill_parent"        当前视图在屏幕上所占的宽度和高度
    android:orientation="vertical" >           垂直布局

    <TextView
        android:layout_width="fill_parent"
        android:layout_height="wrap_content"
        android:text="@string/hello" />

</LinearLayout>        线性布局
```

图 23－8　main. xml 文件的代码清单

（5）HelloWorld. java 文件。

最后，我们分析 HelloWorld 项目的主程序文件 HelloWorld. java，代码清单如图 23－9 所示。主程序 HelloWorld 类继承自 Activity 类，重写了 void onCreate(Bundle savedInstance State)方法，在 onCreate 方法中通过 setContentView(R. layout. main)设置了 Activity 要显示的布局文件(\layout\main. xml)。

```
package com.shiyan;

import android.app.Activity;

public class HelloWorld extends Activity {
    /** Called when the activity is first created. */
    @Override
    public void onCreate(Bundle savedInstanceState) {
        super.onCreate(savedInstanceState);
        setContentView(R.layout.main);
    }
}
```

图 23－9　HelloWorld. java 文件的代码清单

## 五、思考题

（1）新建一个和示例不一样的工程，并尝试运行。

（2）R. java 文件、AndroidManifest. xml 文件、strings. xml 文件、main. xml 文件、Hello World. java文件有什么区别？各自的作用是什么？

# 实验二十四　基于 Android 的手机编程——界面设计

## 一、实验目的

（1）了解 Android 编程原理。

（2）掌握界面控件设计的方法。

（3）掌握控件的事件处理编程。

## 二、实验内容

完成一个完整的 UI 界面的设计。

## 三、实验原理

UI 界面设计原理主要涉及以下几方面的问题：

### 1. 使用大小适当的图像

在图像方面，许多 Android 应用开发者采用的是大小单一的做法。尽管这会使资源管理变得更为简单，但就应用的视觉吸引力而言，这是个错误的做法。要让应用呈现出最佳的视觉效果，就应当针对具体的设备屏幕设计不同的图像。最适当的图像才能构建出最棒的用户体验。

### 2. 使用适当格式的图像

我们都见过有些应用在尝试加载某些大型图像时会暂停，这不仅仅因为图像的大小存在偏差，而且还因为图像采用了非理想的格式。Android 平台支持多种媒体格式，例如 PNG、JPEG、GIF、BMP 和 WebP(仅 Android 4.0＋版本支持)。PNG 是无损图片的理想格式，而 JPEG 的呈现质量并不稳定。

Android 还支持带有 Nine-Patch 的弹性图像。如果可行的话，可以考虑使用 WebP 来替代 JPEG，因为这种格式在存储和下载时效率更高。也就是说，如果将其作为与较老格式同时使用的独立图片，那么应用整体规模会变大，这就削减了使用新格式的优势。

### 3. 运用微妙动画及颜色来呈现状态改变

在屏幕转场时运用微妙动画以及 UI 控制颜色变化来呈现应用状态改变，这会让你的应用更显专业感。例如，活动间的淡入淡出使屏幕转变更为自然，改变被按动的按键颜色会突显正在发生的用户动作，清晰地呈现出用户正在做的事情。

Android 3.x 及随后的版本可开启硬件加速，这会让动画运行更为流畅。但是需要进行测试，因为并非应用的所有功能都能够兼容硬件加速。

### 4. 用圆角效果来软化 UI

Button、PageView 等用户界面控制按钮在屏幕上都会呈现矩形的像素形状，但这需要进行处理。在控制界面上，使用圆角效果来软化用户界面的外观，这显得很像Web的风格，但确实很受用户喜欢。

**5. 遵从UI指导原则**

Android程序说明书中有许多可以整合到应用中的UI指导原则。根据应用所使用的Android版本的不同，这些指导原则往往也有所差异。当出现这种情况时，你需要制作多种资产来应对多种指导原则。指导原则涵盖了图标、小部件、菜单和活动等部分。

## 四、实验步骤

**1. 了解各种控件的基本功能**

各种控件的布局如图24-1所示，包括文本框(TextView)、编辑框(EditText)、单项选择(RadioGroup、RadioButton)、多项选择(CheckBox)、按钮(Button)等。

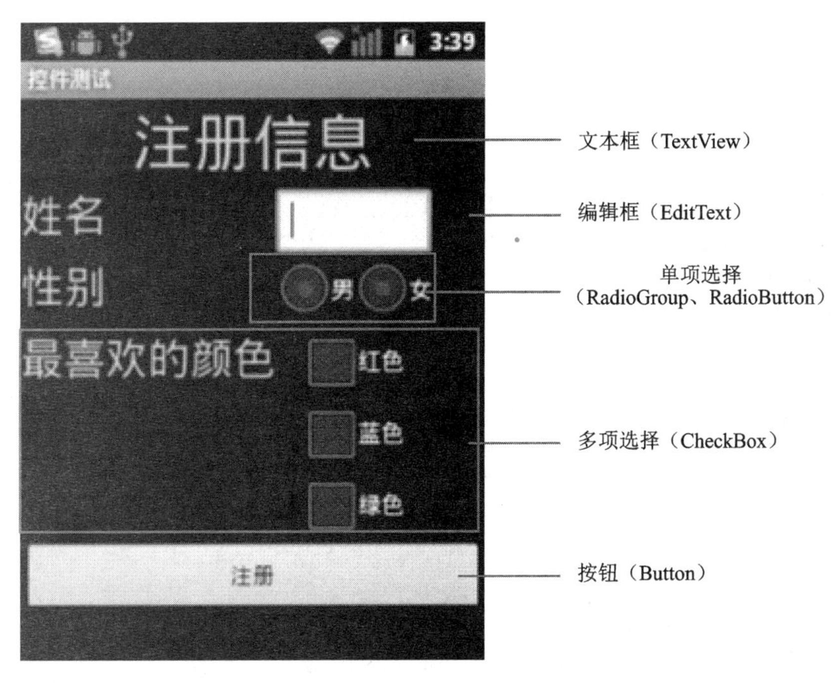


图24-1　各种控件的布局

**2. 了解布局Layout的应用**

一个完整的UI界面需要将这些常用组件按照一定的样式进行布局，需要用AndroidXML布局文件来完成，这个模式的设计灵感来自于Web开发，就是将界面和应用程序逻辑分离的模式，下面介绍几个常用的布局框架。

(1) 相对布局(RelativeLayout)：RelativeLayout里面可以放多个控件，不过控件的位置都是相对的。

(2) 线性布局(LinearLayout)：可以使用垂直线性布局，也可以使用水平线性布局，在LinearLayout里面可以放多个控件，但是一行(列)只能放一个控件。

(3) 表格布局(TableLayout)：这要和TableRow配合使用，很像HTML里的Table。

**3. 利用布局安排各种控件**

以下是图 24 - 1 布局的代码清单。

```
<? xml version="1.0" encoding="utf-8"? >
<TableLayout xmlns:android="http://schemas.android.com/apk/res/android"
    android:layout_width="fill_parent"
    android:layout_height="fill_parent"
    android:orientation="vertical" >
    <TextView
        android:layout_width="fill_parent"
        android:layout_height="wrap_content"
        android:text="注册信息"
        android:textSize="14pt"
        android:gravity="center"
        />
<TableRow >
    <TextView
        android:layout_width="wrap_content"
        android:layout_height="wrap_content"
        android:text="姓名"
        android:textSize="10pt"/>
    <EditText
        android:layout_width="fill_parent"
        android:layout_height="wrap_content"
        android:id="@+id/editText"
        android:selectAllOnFocus="true"/>
</TableRow>
<TableRow>
    <TextView
        android:layout_width="fill_parent"
        android:layout_height="wrap_content"
        android:text="性别"
        android:textSize="10pt"
        />
    <RadioGroup
        android:orientation="horizontal"
        android:layout_gravity="center_horizontal"
        android:id="@+id/radioGroup">
        <RadioButton
            android:layout_width="wrap_content"
```

```
            android:layout_height="wrap_content"
            android:id="@+id/radioButton1"
            android:text="男" />
        <RadioButton
            android:layout_height="wrap_content"
            android:layout_width="wrap_content"
            android:id="@+id/radioButton2"
            android:text="女"/>
        </RadioGroup>
</TableRow>
<TableRow>
    <TextView
        android:layout_width="wrap_content"
        android:layout_height="wrap_content"
        android:text="最喜欢的颜色"
        android:textSize="10pt"/>
    <LinearLayout
        android:layout_gravity="center_horizontal"
        android:orientation="vertical"
        android:layout_width="fill_parent"
        android:layout_height="wrap_content">
        <CheckBox
         android:layout_width="wrap_content"
         android:layout_height="wrap_content"
         android:id="@+id/checkBox1"
         android:text="红色"    />
        <CheckBox
         android:layout_width="wrap_content"
         android:layout_height="wrap_content"
         android:id="@+id/checkBox2"
         android:text="蓝色"    />
        <CheckBox
         android:layout_width="wrap_content"
         android:layout_height="wrap_content"
         android:id="@+id/checkBox3"
         android:text="绿色"    />
    </LinearLayout>
</TableRow>
<Button
```

```
    android:layout_width="fill_parent"
    android:layout_height="wrap_content"
    android:id="@+id/button"
    android:text="注册"/>
</TableLayout>
```

## 五、思考题

（1）请根据上例，自行设计一个 UI 界面，要求要有所创新。

（2）布局 Layout 的具体应用有哪些？

# 实验二十五　基于 iPhone 的手机编程

## 一、实验目的

（1）熟悉 iPhone 开发环境的安装。

（2）了解 iPhone 开发的常用工具。

## 二、实验内容

（1）在 Mac 电脑上实现 iPhone SDK 的安装。

（2）完成 PC 机上 VMware 虚拟机开发环境的安装。

（3）对 iPhone 开发的工具有大致的了解。

（4）新建 HelloWorld 工程并编辑界面文件。

## 三、实验原理

iPhone SDK 包含开发、安装及运行本地应用程序所需的工具和接口。本地应用程序使用 iOS 系统框架和 Objective-C 语言进行构建，并且直接运行于 iOS 设备。SDK 中还包含下述重要组件：

（1）Xcode 工具：是提供 iOS 应用程序开发的工具。Xcode 是一个集成开发环境，它负责管理应用程序工程。可以通过它来编辑、编译、运行以及调试代码。Xcode 还集成了许多其他工具，它是开发过程中使用到的主要应用程序。

（2）Interface Builder 工具：是以可视化方式组装用户接口的工具。通过 Interface Builder 创建出来的接口对象将会保存到某种特定格式的资源文件中，并且在运行时加载到应用程序。

（3）Instruments 工具：是运行时性能分析和调试的工具。可以通过 Instruments 收集应用程序运行时的行为信息，并利用这些信息来确认可能存在的问题。

（4）iPhone 模拟器：是 Mac OS X 平台应用程序，它对 iOS 技术栈进行模拟，以便于在基于 Intel 的 Macintosh 计算机上测试 iOS 应用程序。

另外，iOS 参考库 SDK 默认包含 iOS 的参考文档。如果文档库有更新，则更新会被自动下载到本地。iPhone 开发环境一般需要安装在 Mac 计算机下的 Mac OS 中，所以这里我们通过在现有的 Windows 系统中，使用 VMware 虚拟机软件安装 Mac OS。然后在 Mac OS 系统中搭建开发环境，最终实现 iPhone 开发。

## 四、实验步骤

### 1. Mac 机 iPhone SDK 的安装

1）下载 iPhone SDK

iPhone SDK 可由 Apple Developer Connection 免费下载。下载之前需要注册“Apple ID”。如果你之前使用过 iTunes 下载音乐，或者在线使用过 Apple Store 购买商品，那么你使用以前注册的“Apple ID”就可以了。

2）安装 iPhone SDK

打开下载的文件，双击里面的“iPhone SDK. mkpg”文件，只需一直点击“下一步”、“确定”，就可以完成了。接下来点击硬盘的 Developer→Applications→Xcode. app，就可以启动 Xcode 了。

**2. PC 机上开发环境的搭建**

1）检测 CPU 是否支持硬件级虚拟模式

如图 25－1 所示，可通过 SecurAble 工具检测 CPU 是否支持硬件虚拟模式。当 Hardware Virtualization 为“Yes”或者“Locked ON”的时候才可以使用虚拟机。如果你的 CPU 支持硬件级虚拟模式，但是 Hardware Virtualization 显示为“Locked OFF”，则说明该功能未开启。重新开机进入 BIOS 设置，点击 Configuration→Intel Virtual Technology，改为 Enable 即可。

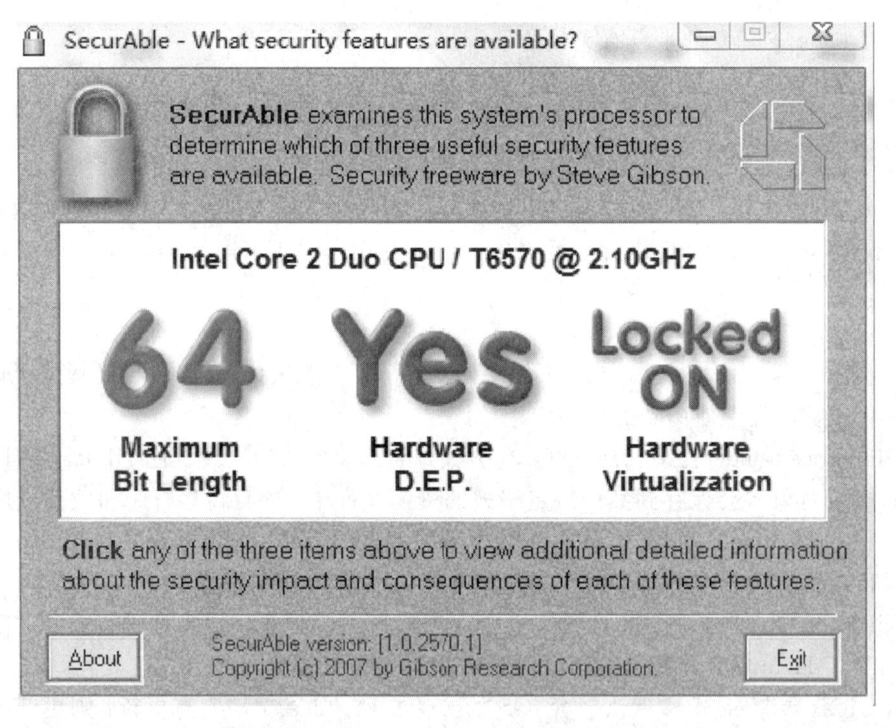


图 25－1　SecurAble 工具检测

2）VMware Workstation 安装

下载 VMware Workstation7. 1. 3、VMware Workstation 汉化包及 VMware Workstation Mac 补丁。先安装 VMware Workstation 到 C 盘（补丁打在 C 盘），重启电脑后，关闭所有 VMware 相关进程，然后把汉化包的文件覆盖到 VMware 安装文件夹。解压补丁包，以管理员身份运行“windows. bat”文件。

（1）打开 VMware Workstation，点击新建虚拟机，进入新建虚拟机向导。

（2）选择“自定义”，点击“下一步”。

（3）选择“虚拟机硬件兼容性”，点击“下一步”。

（4）选择“我以后再安装操作系统”，点击“下一步”。

(5) 选择客户机操作系统，选择“Apple Mac OS X”，如果没有这个选择，建议重装虚拟机，然后打补丁，如图 25-2 所示。

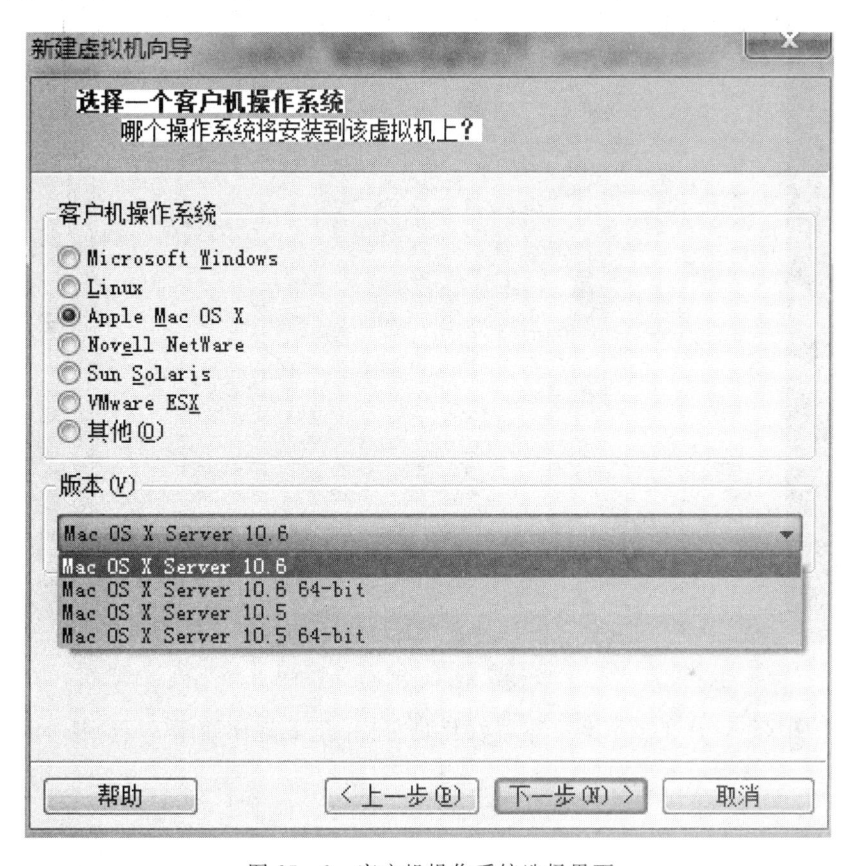


图 25-2　客户机操作系统选择界面

(6) 命名虚拟机，可命名为 Mac OS X 10.7。

(7) 处理器配置，点击“下一步”。

(8) 虚拟机内存配置，点击“下一步”。

(9) 网络类型，默认选择“使用网络地址翻译 NAT”，点击“下一步”。

(10) 选择 I/O 控制器类型，默认选择“LSI Logic”，点击“下一步”。

(11) 选择磁盘，选择“使用一个已存在的虚拟磁盘”浏览本地下载好的“Mac OS X 10.7-VM”。

(12) 点击“完成”。

(13) 打开该虚拟机电源，就可以进入苹果系统。

3) VM 下 Mac 安装 Xcode

(1) 下载 xcode_4.1_developer_preview_2.dmg。

(2) 将 Xcode 拷贝到 Mac 系统里(将 xcode_4.1_developer_perview_2.dmg 放到 U 盘中，然后进入 Mac 系统之后再插入 U 盘，这时 U 盘就显示在 Mac 系统里，再将文件复制到桌面)。

(3) 双击 xcode_4.1_developer_preview_2.dmg，显示验证，验证过后就能看到镜像文件

里面是一个文档和 SDK 的安装包，如图 25－3 所示。

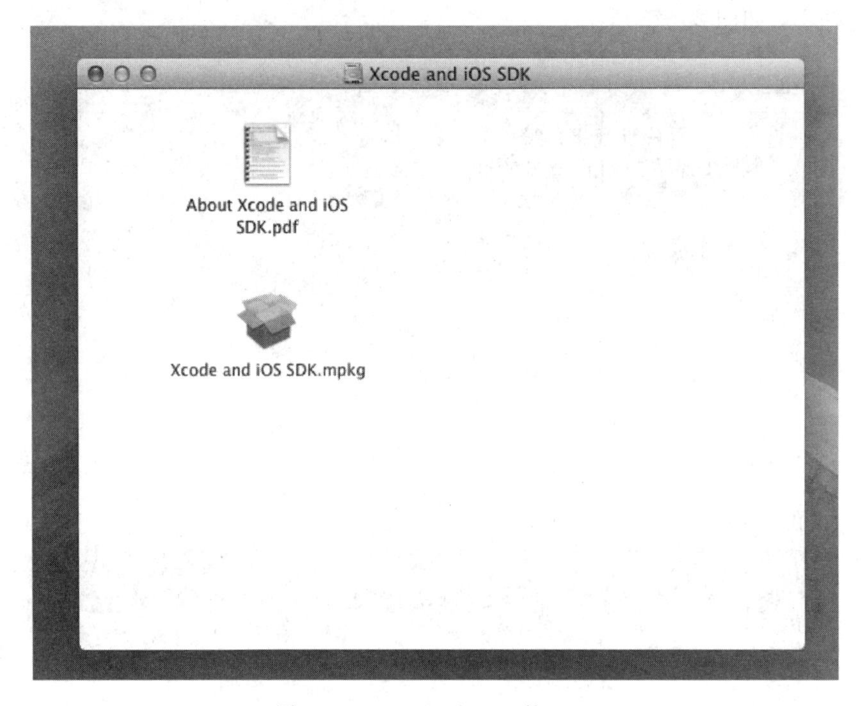


图 25－3　Xcode 和 iOS 的 SDK

（4）双击图 25－3 中的安装包，然后就开始安装，安装界面如图 25－4 所示。

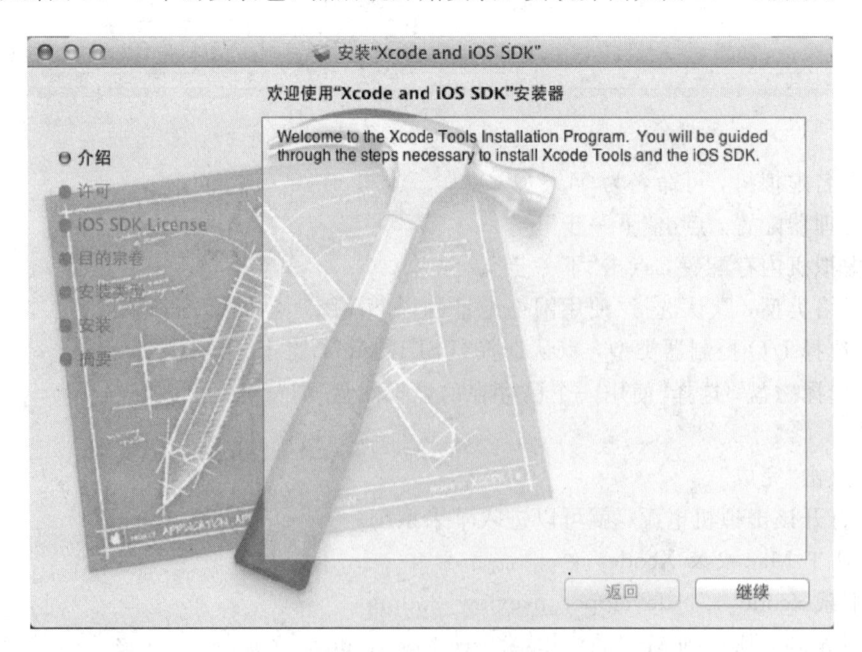


图 25－4　SDK 的安装界面

（5）输入账户密码，这里的密码是"sssssssss"，界面如图 25－5 所示。

（6）最好能安装成功，如果安装失败，则可将 Mac 系统里的时间设置为"2012.1.1"，再试一遍就可以了（修改时间的具体路径：左上角苹果图标→系统偏好设置→日期与时间，去

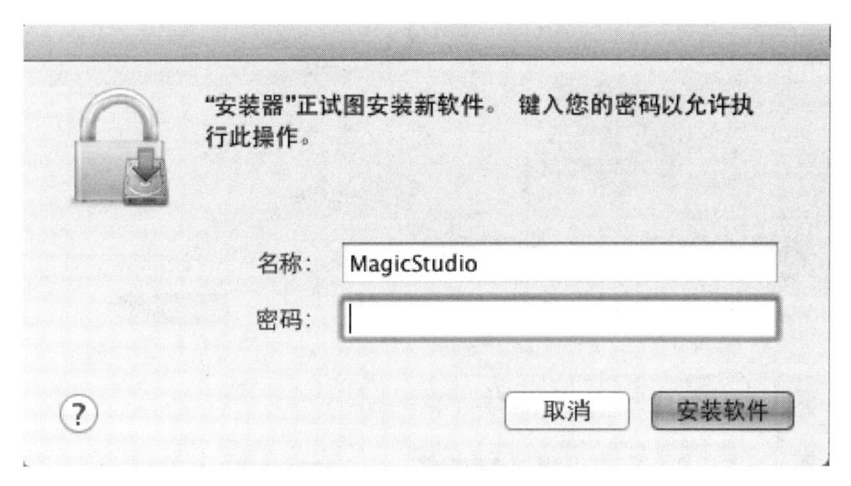


图 25－5　输入管理员权限界面

掉"自动设置日期与时间"的勾选，就可以修改时间了）。

（7）安装好后，找到 Xcode，具体路径是：磁盘→Developer→Applications→Xcode。路径界面如图 25－6 所示。

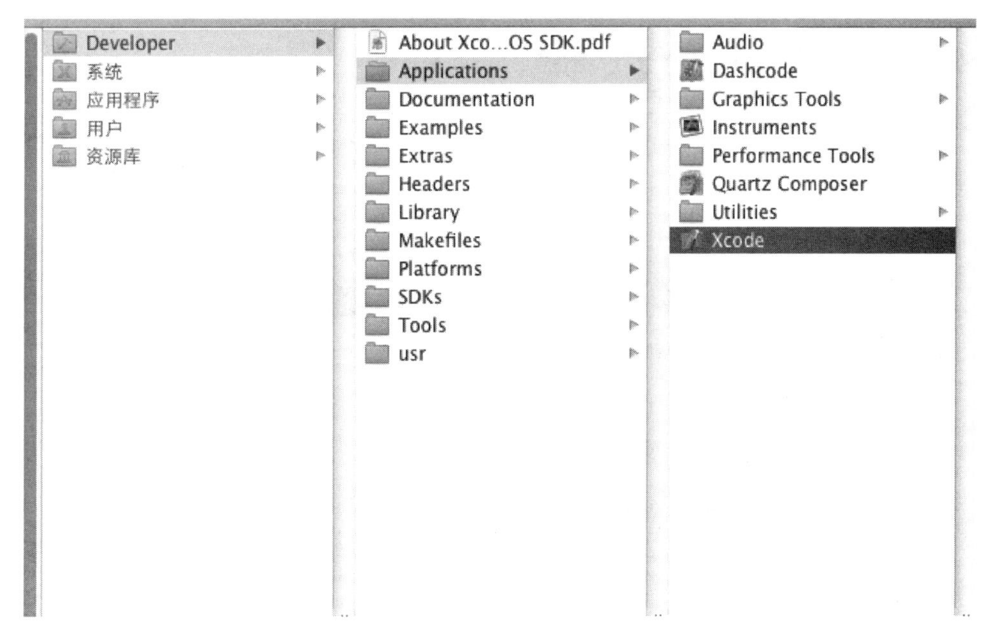


图 25－6　Xcode 具体路径

**3. HelloWorld 工程的新建**

（1）启动 Xcode 后，首先会有一个欢迎窗口，点击"Create a new Xcode project"，直接创建项目，如图 25－7 所示。

（2）进入项目模板选择，如图 25－8 所示，Xcode4 默认提供以下几种项目模板：

① Navigation-based Application：该模板适用于需要界面导航的应用，基于该模板生成的应用程序，带一个导航，显示一个列表项。

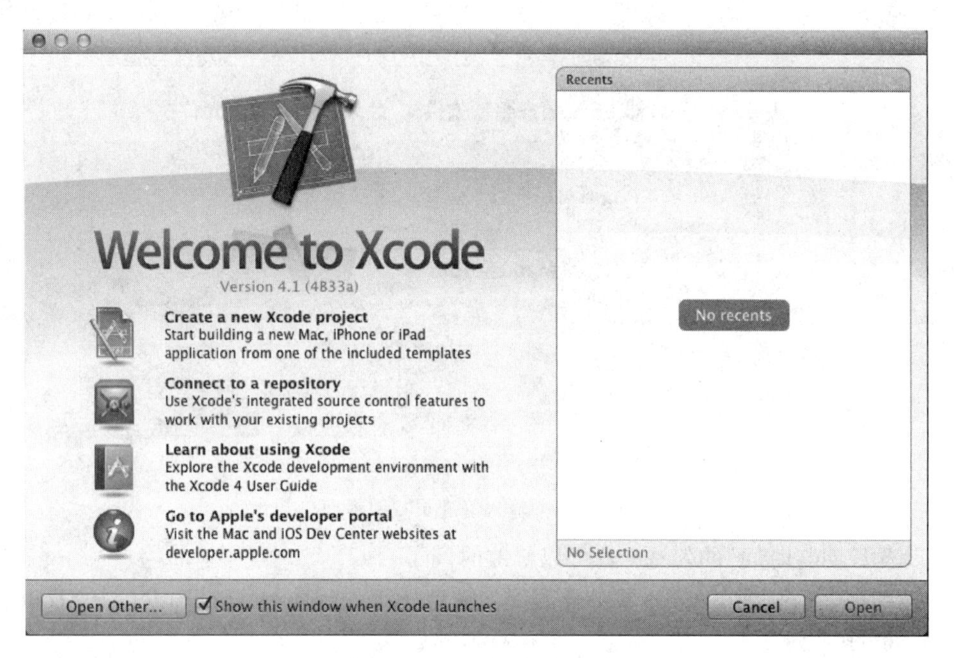


图 25－7　Xcode 启动界面

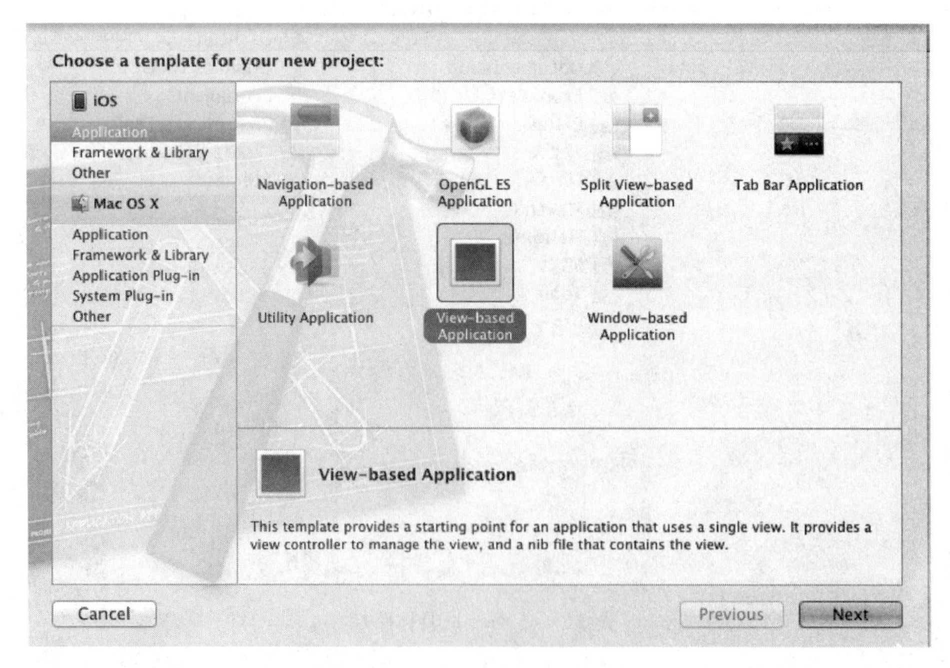


图 25－8　Xcode 模板选择界面

② OpenGL ES Application：该模板适用于基于 OpenGL ES 的应用程序，例如游戏类程序。基于该模板生成的应用程序，带一个用来输出 OpenGL ES 场景的视图和一个支持动画的视图。

③ Splite View-based Application：该模板适用于需要用到左右分栏视图的 ipad 程序，基于该模板生成的应用程序，提供一个左右分栏的界面控件。

④ Tab Bar Application：该模板适用于采用标签页的应用程序，基于该模板生成的应用程序，默认带有标签页。

⑤ Utility Application：该模板适用于有一个主界面和一个信息页的应用，基于该模板生成的应用程序，主界面上有一个信息按钮，点击后，有一个翻转动画切换到另一个信息界面。

⑥ View-based Application：该模板适用于单一界面应用，基于该模板生成的应用程序，只有一个空白界面视图。

⑦ Window-based Application：该模板适用于空白的应用程序，基于该模板生成的应用程序，只有一个窗体，没有任何视图，需要手动添加。

对于新建的 HelloWorld 项目来说，最合适的模板是“View-based Application”，我们只要基于它创建一个单一的带有空白视图的应用即可。

(3) 项目基本选项。

点击“Next”，进入“Choose options for your new preject”界面，如图 25-9 所示，选择设置项目的基本选项，其中：

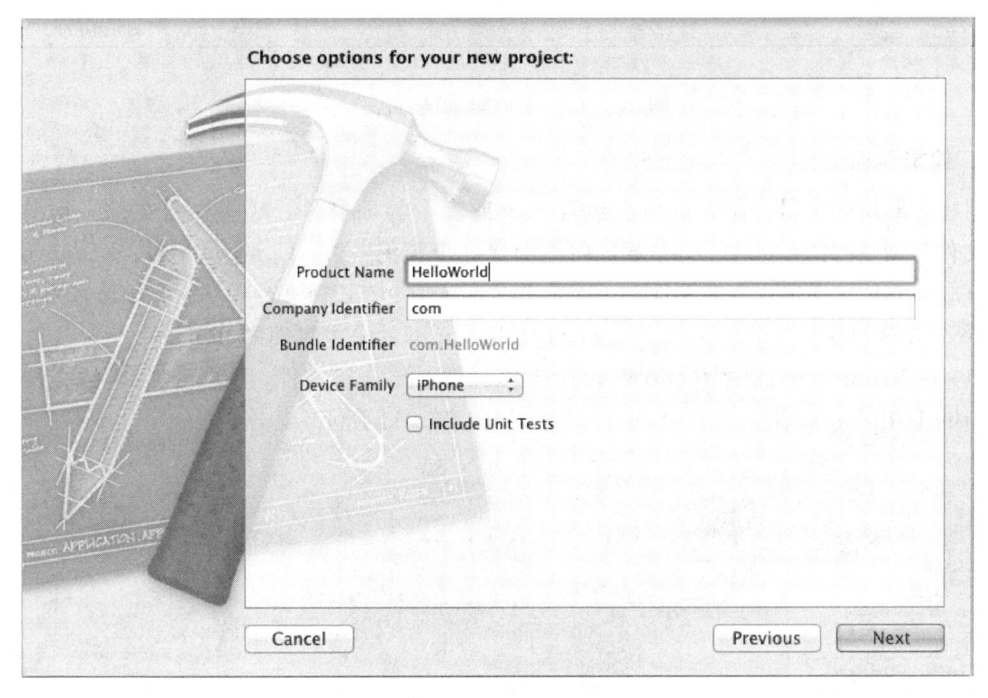


图 25-9　项目新建资料选择界面

① Product Name：产品名称，直接命名为“HelloWorld”

② Company Identifier：公司标识符，一般命名规则为“com.公司名”

③ Bundle Identifier：包标识符，用于唯一标识应用程序，默认会根据公司标识符和产品名组合生成。

④ Device Family：该应用支持的设备类型，共有 iPhone、iPad、Universal(通用)三个选项。

⑤ Include Unite Tests：是否包括单元测试代码模块选项。

(4) 点击“Next”按钮后，进入选择文件存储路径界面，选择存储项目的目录。

（5）点击“Create”按钮，项目创建完成，弹出项目窗口，如图25－10所示。

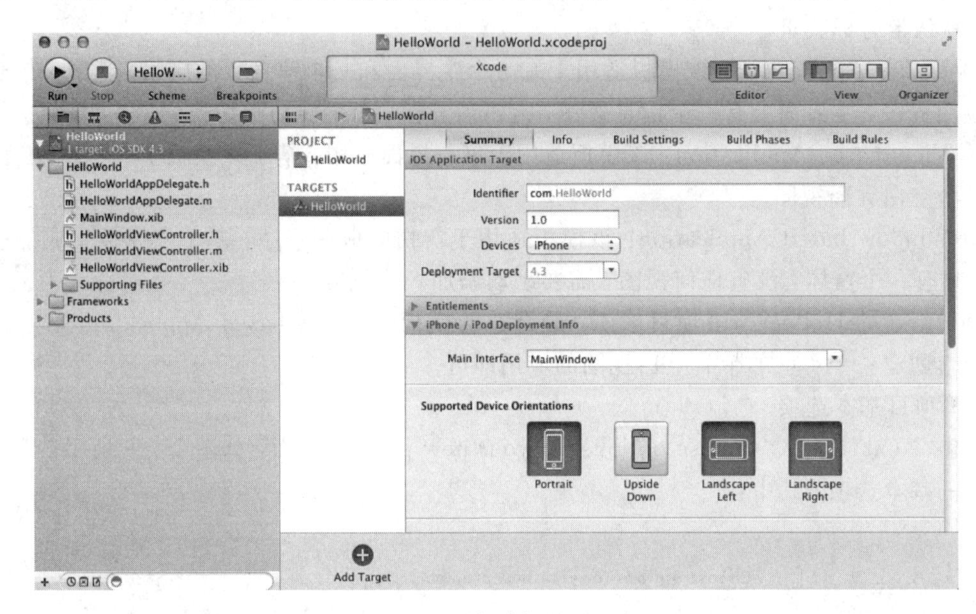


图25－10　刚新建好的项目窗口

**4. 编辑界面文件**

创建一个新的项目，在项目中会包含一个或多个界面文件，这些界面文件一般称之为“nib文件”，扩展名为nib或xib。通过向导创建一个新的View Controller时，Xcode会包含一个对应的nib文件、一个头文件和一个实现文件。在以“View-based Application”为模板的HelloWorld项目中，“HelloWorldViewController. xib”就是主界面的nib文件。

（1）在Xcode左侧选中“HelloWorldViewController. xib”文件，并点击工具栏的“Hide or Show the Utilities”按钮，显示Utility区域，如图25－11所示。

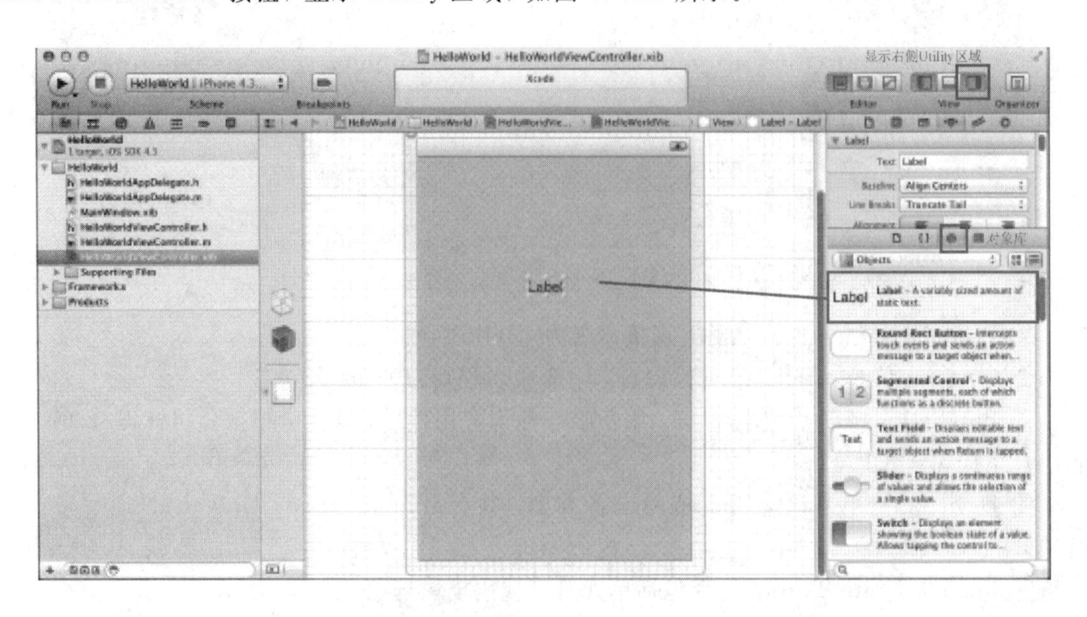


图25－11　空白的HelloWorldViewController. xib文件的操作界面

（2）从对象库中，找到 Label 控件对象，拖动到主界面中，即完成 Label 控件的添加。Button 控件同理。

（3）点击右侧的“Show the Assistant Editor”按钮，会显示出“HelloWorldViewController. h”文件，用“Ctrl＋左键”选中控件，拖到“HelloWorldViewController. h”中，就可以在两个文件中建立链接关系。这里 Label 控件命名为“mylabel”，Button 控件命名为“mybutton”。

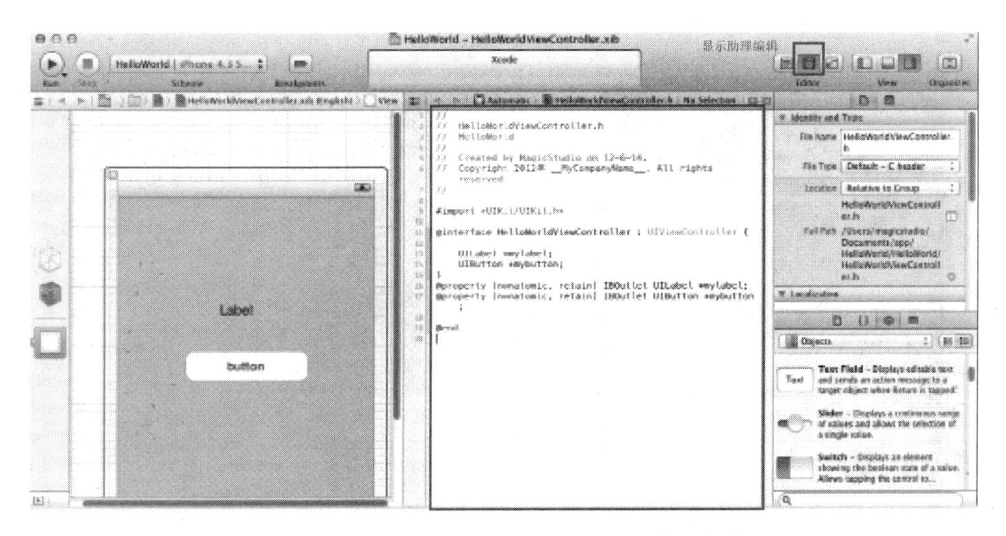


图 25－12　HelloWorldViewController. h 文件的操作界面

（4）点击选中“button”按钮，然后点击右侧的“Show the Connections Inspector”按钮。选中“Touch Up Inside”，拖到“HelloWorldViewController. h”文件中，给“button”按钮添加方法，这里命名为“onClick”。最后点击“Connect”，如图 25－13 所示。

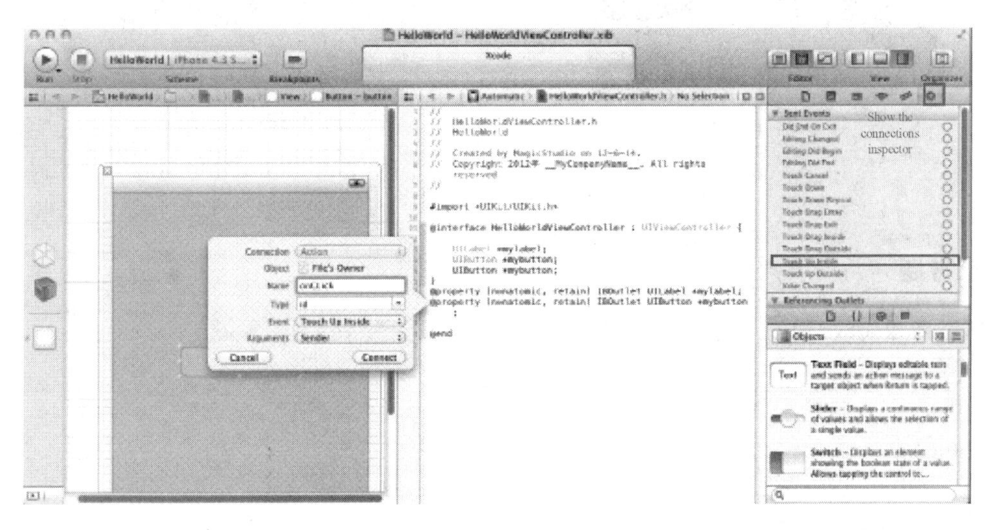


图 25－13　“button”上添加 Touch Up Inside 事件的操作界面

（5）在左侧打开“HelloWorldViewController. m”文件，编写 onClick 的方法为：点击“button”按钮，Label 会显示“HelloWorld”，语法实现如图 25－14 所示。

```
- (IBAction)onClick:(id)sender {
    [mylabel setText:@"Hello World"];
}
```

图 25-14　Label 上显示 Hello World 的代码清单

（6）最后保存文件，点击运行程序，启动模拟机，模拟机上程序的运行效果如图 25-15 所示。

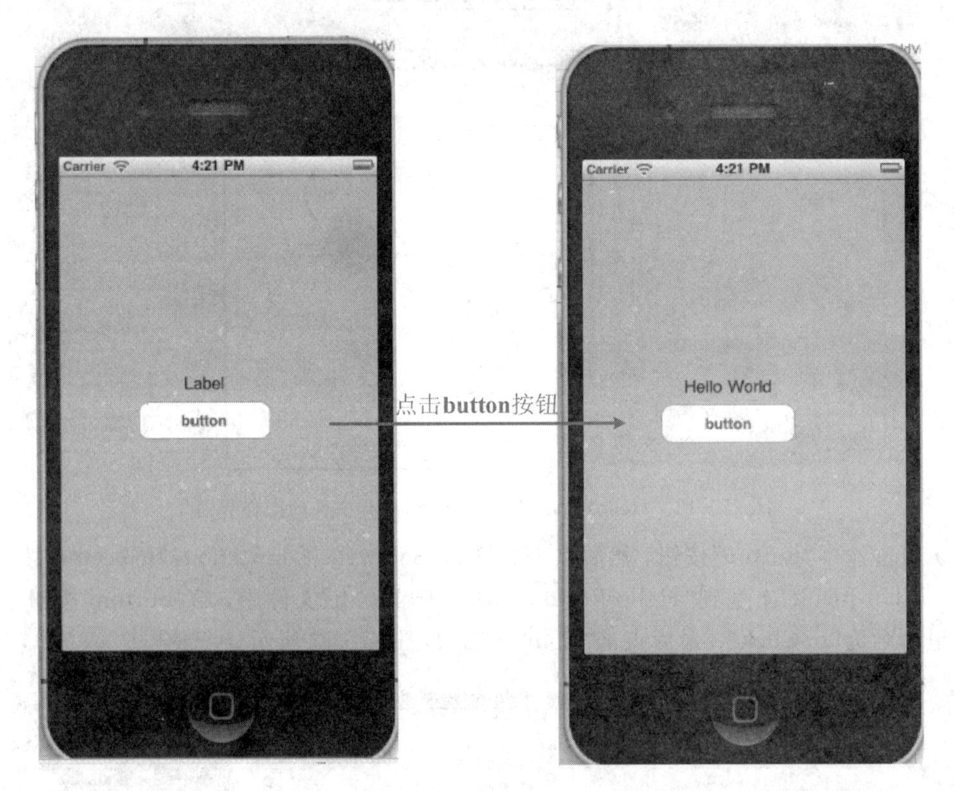


(a) 程序初始界面　　(b) 点击“button”后显示界面

图 25-15　iPhone 模拟机上程序的运行界面

## 五、思考题

请思考如何在 iPhone 模拟机上实现一个四则运算计算器的功能。

# 实验二十六　基于 Windows Phone 7 的手机编程

## 一、实验目的

（1）熟悉 Windows Phone 7 开发环境的搭建。

（2）了解 Windows Phone 常用开发工具的用法。

## 二、实验内容

（1）Windows Phone 7 SDK 开发环境的搭建。

（2）了解 Windows Phone 7 开发工具。

（3）实现一个 Windows Phone 的程序 HelloWorld。

## 三、实验原理

开发 Windows Phone 7 智能型手机应用程序，必须先下载并安装 Windows Phone Developer Tools 套件，再利用 Windows Phone Developer Tools 套件提供的 Visual Studio 2010 Express 进行开发 Windows Phone 7 智能型手机应用程序的工作，将开发妥的应用程序部署到 Windows Phone 仿真器进行测试。

微软公司已经将 WP7 开发环境打包好，直接下载安装即可，包括 Visual Studio 2010 Express for Windows Phone、Expression Blend 4，还有 Windows Phone 7 模拟器，安装过程大约需要 30 分钟。目前 Windows Phone 7 开发环境只支持 Windows 7 和 Vista，推荐使用 Windows 7。

## 四、实验步骤

### 1. Windows Phone 7 开发环境安装

（1）进入微软官网，下载 vm_web2. exe 文件，如图 26－1 所示。

（2）点击运行 vm_web2. exe 文件，即可进入安装界面，如图 26－2 所示。

（3）在图 26－2 中点击“Install Now”，出现如图 26－3 所示界面。

（4）在图 26－3 中点击“Accept”，出现如图 26－4 所示界面。

（5）最后显示安装完成，提示重启电脑，如图 26－5 所示，说明 Windows Phone 7 SDK 安装成功，这个安装过程大约需要 30 分钟。

### 2. HelloWorld 工程的新建

（1）点击 Microsoft Visual Studio 2010 Express for Windows Phone，第一次打开会进入一个欢迎界面，这里可以下载一些与 Windows Phone 7 相关的文档和视频，如图 26－6 所示。

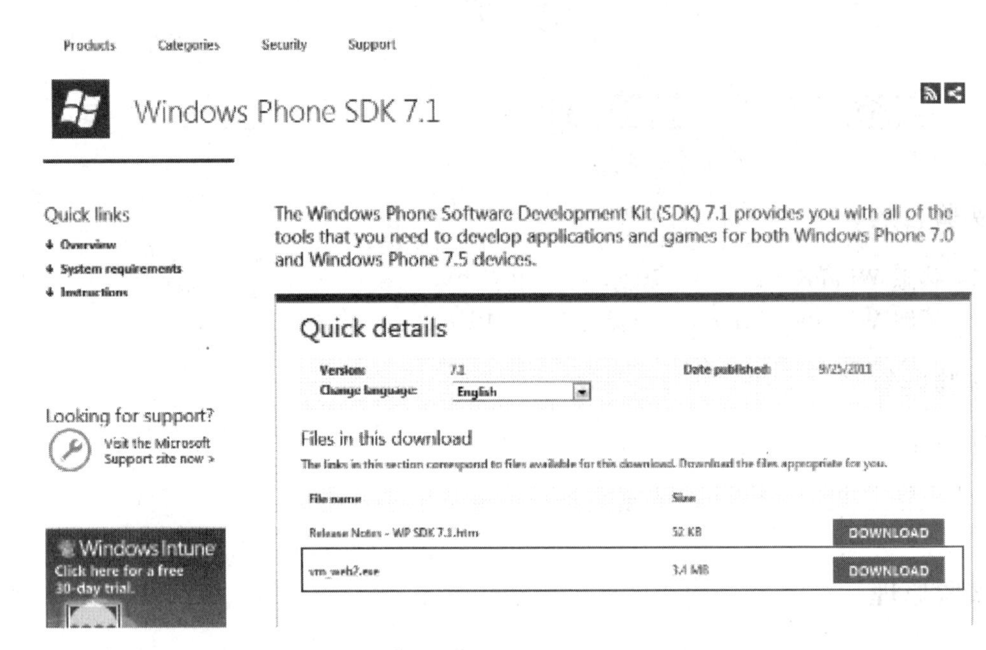


图 26－1　Windows Phone SDK 7.1 下载界面

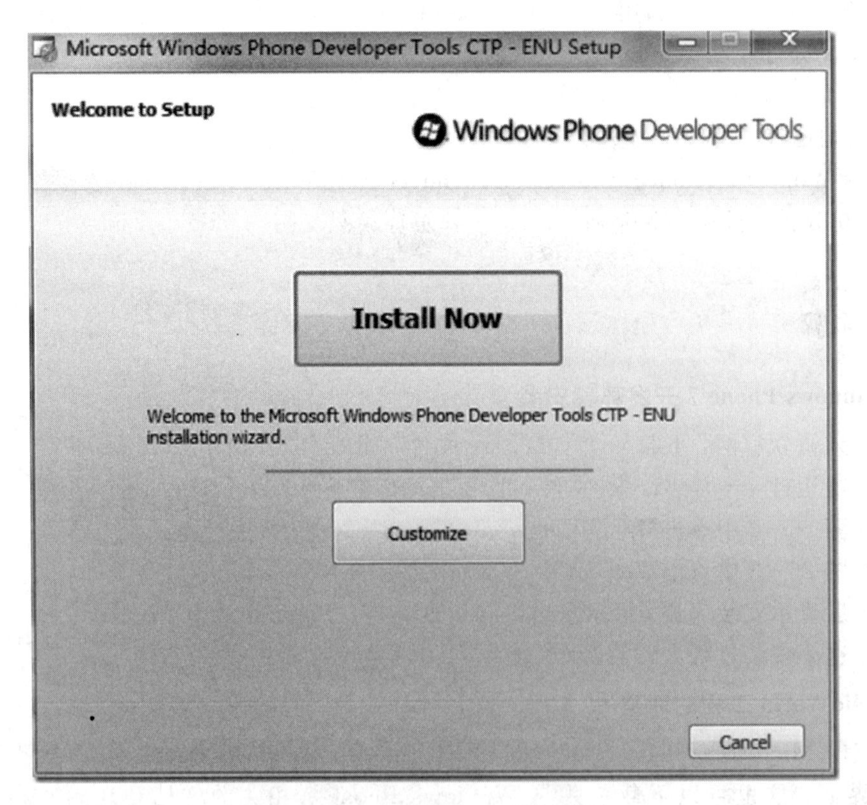


图 26－2　vm_web2.exe 安装界面

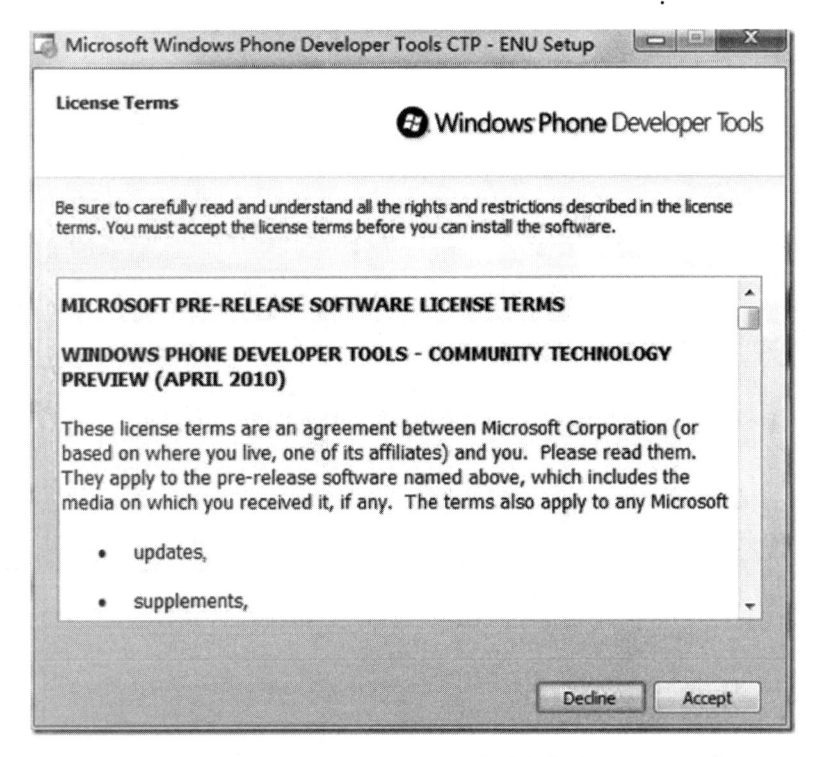


图 26-3　vm_web2.exe 接受安装界面

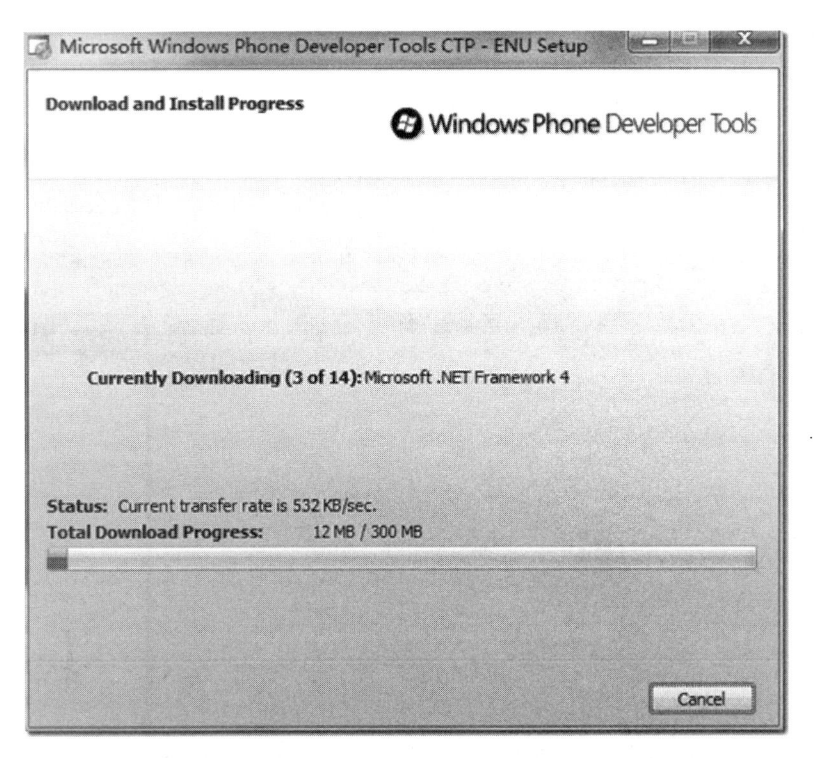


图 26-4　vm_web2.exe 正在安装

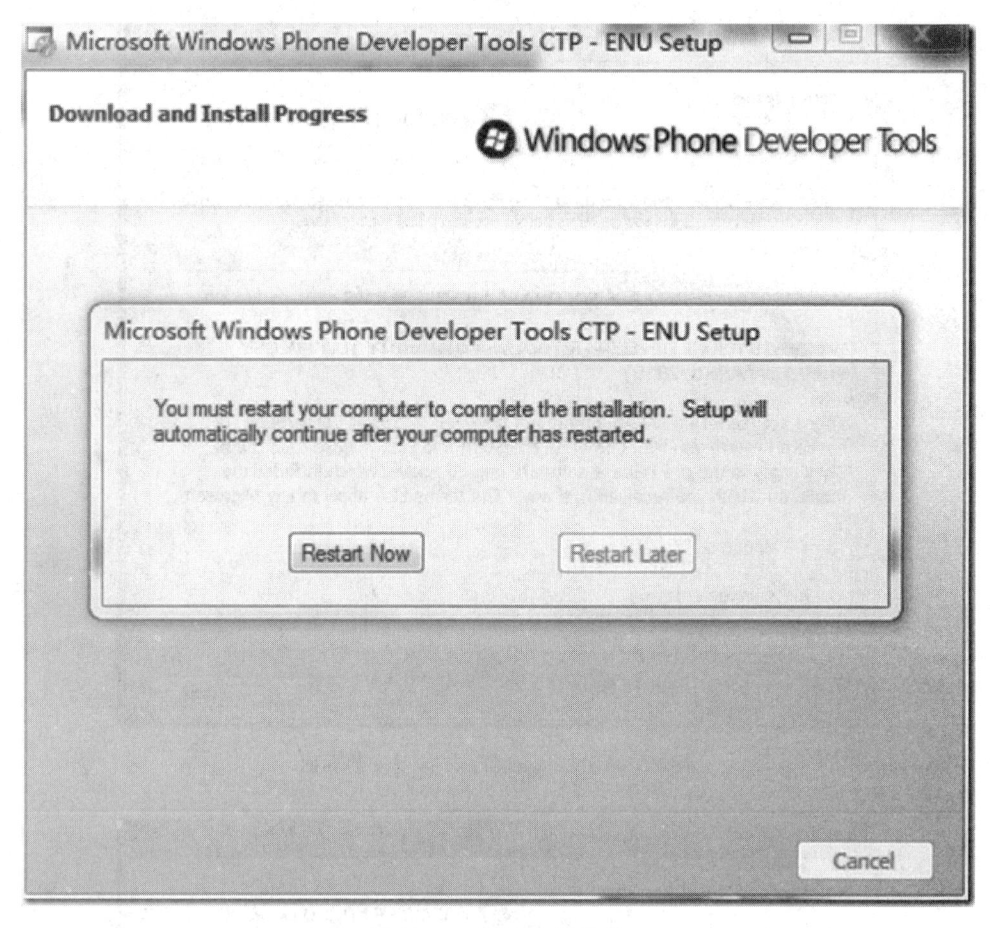


图 26－5　SDK 安装完成

(2) 在图 26－6 中点击左上角的“文件”按钮，选择新建项目，左侧会显示已安装好的模

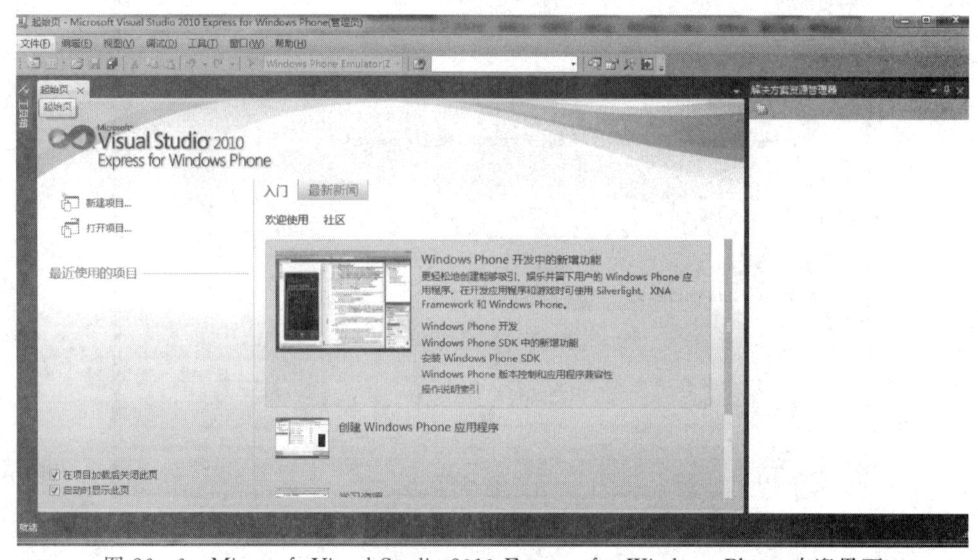


图 26－6　Microsoft Visual Studio 2010 Express for Windows Phone 欢迎界面

版，这里选择 Visual C# ——>Windows Phone 应用程序，然后在名称栏里写入要新建的项目名称“HelloWorld”，如图 26-7 所示。

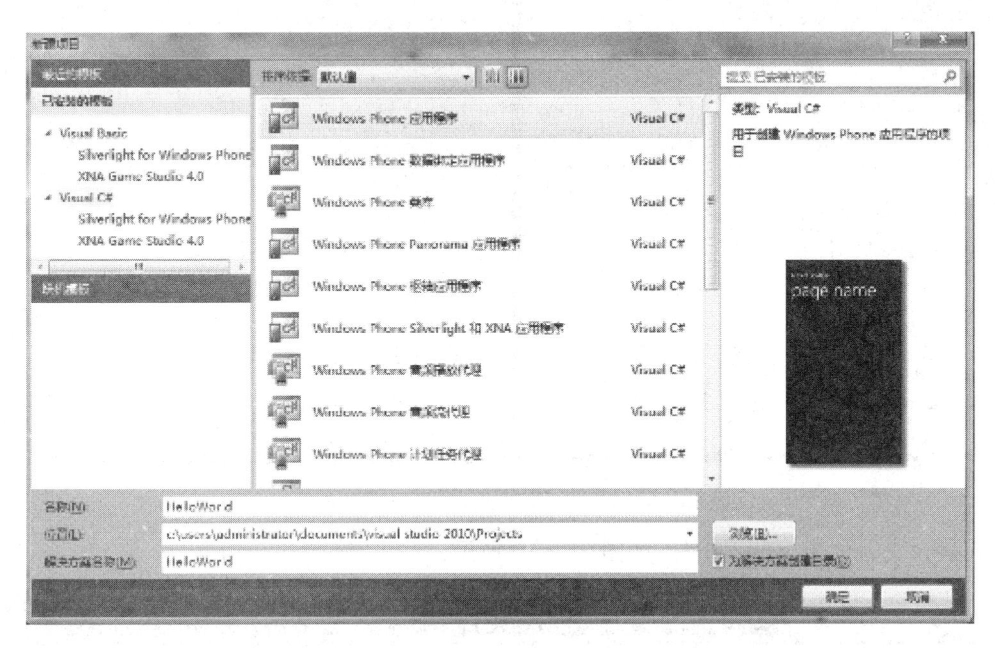


图 26-7 Windows Phone 新建项目界面

(3) 进入 Windows Phone 7 的集成开发环境，如图 26-8 所示，从左到右依次是工具箱、Windows Phone 的图形表示形式、Windows Phone 的界面布局代码表示形式、属性窗口。

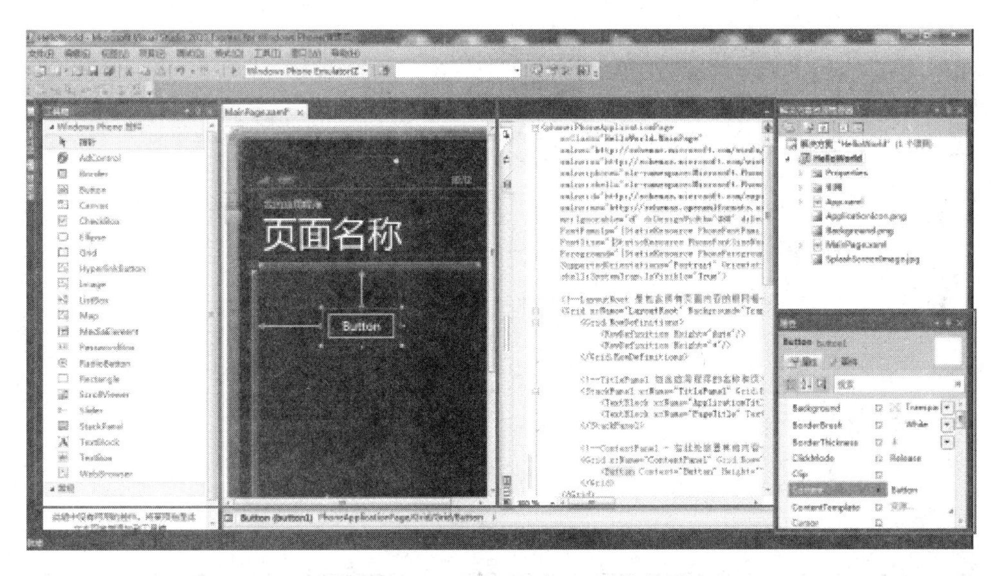


图 26-8 Windows Phone 开发界面

(4) 将工具箱中的“Button”控件拖入到设计器的图形界面，通过右下角的属性窗口设计控件属性，如图 26-9 所示。

(5) 双击设计器的图形界面窗口中的“Button”按钮，进入 C# 编辑器，即 MainPage. xaml. cs 文件，cs 文件表示 C Sharp，这类文件称为 Code-Behind 文件(代码后置文件)，其中

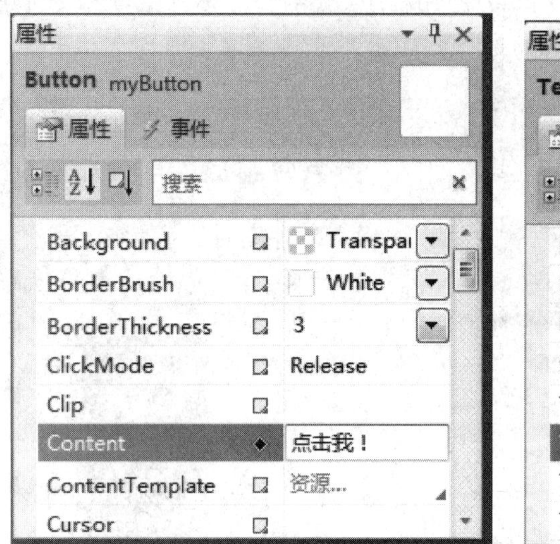


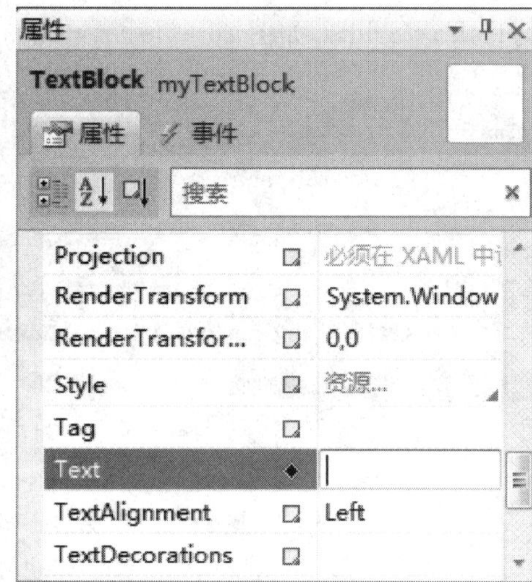


图 26－9　Windows Phone 控件属性设置界面

代码在后台支持这个 xaml 文件。如图 26－10 所示。

```
MainPage.xaml.cs  MainPage.xaml
HelloWorld.MainPage          myButton_Click(object sender, RoutedEventArgs e)
{
    public partial class MainPage : PhoneApplicationPage
    {
        // 构造函数
        public MainPage()
        {
            InitializeComponent();
        }

        private void button1_Click(object sender, RoutedEventArgs e)
        {

        }

        private void myButton_Click(object sender, RoutedEventArgs e)
        {
            myTextBlock.Text = "Hello World!";
        }
    }
}
100 %
```

图 26－10　Windows Phone MainPage. xaml 界面

（6）如图 26－11 所示，点击左上角的“Save all”，保存所有项目，再点击“Run debugging”，启动 Emulator 进行调试。

（7）点击 Emulator 中的“点击我”Button，显示出“Hello World”，如图 26－12 所示。

图 26 - 11　Windows Phone 调试界面

图 26 - 12　Windows Phone 模拟器界面

## 五、思考题

(1) 请按照示例完成 HelloWorld 工程的创建。

(2) 请思考试如何在 Windows Phone 模拟器中编程实现圆面积的计算。

# 附　录

# 附录Ⅰ　MATLAB 仿真部分源码

## 实验一　四相相移键控(QPSK)调制及解调

```
%仿真 QPSK 调制，生成相应的时域波形图、功率谱图
A=1;                                    %载波幅度
fc=2;                                   %载波频率
N_sample=8;                             %基带码元抽样点数
N=500;                                  %码元数
Ts=1;                                   %码元宽度
dt=Ts/fc/N_sample;                      %抽样时间间隔
T=N*Ts;                                 %信号持续时间长度
t=0:dt:T-dt;                            %时间向量
Lt=length(t);                           %时间向量长度
tx1=0;                                  %时域波形图横坐标起点
tx2=10;                                 %时域波形图横坐标终点
ty1=-2;                                 %时域波形图纵坐标起点
ty2=2;                                  %时域波形图纵坐标终点
fx1=-10;                                %功率谱图横坐标起点
fx2=10;                                 %功率谱图横坐标终点
fy1=-40;                                %功率谱图纵坐标起点
fy2=25;                                 %功率谱图纵坐标终点

%产生二进制信源

m=randn(1,N);
d=sign(m);
dd=sigexpand(d,fc*N_sample);             %将信号转换成双极性信号，同时序列之间
                                          插入 N-1 个 0
gt=ones(1,fc*N_sample);                  % NRZ 波形
d_NRZ=conv(dd,gt);                       %卷积后得到基带信号

[f,d_NRZf]=T2F(t,d_NRZ(1:Lt));

%串并转换
d1=[];
d2=[];
for i=1:N
```

```
    if rem(i, 2)==1                               %求余，符号与 i 相同
        d1((i+1)/2)=d(i);
    else
        d2(i/2)=d(i);
    end
end

dd1=sigexpand(d1,2 * fc * N_sample);              %双极性
gt1=ones(1,2 * fc * N_sample);                    % NRZ 波形
d_NRZ1=conv(dd1,gt1);                             %上支路基带信号

[f1,d_NRZ1f]=T2F(t,d_NRZ1(1:Lt));

dd2=sigexpand(d2,2 * fc * N_sample);              %双极性
% gt1=ones(1,2 * fc * N_sample);                  % NRZ 波形
d_NRZ2=conv(dd2,gt1);                             %下支路基带信号

[f2,d_NRZ2f]=T2F(t,d_NRZ2(1:Lt));

%星座图
figure(5);
subplot(1,2,1);
plot(d_NRZ1,d_NRZ2);
axis([-2,2,-2,2]);
xlabel('I');
ylabel('Q');
title('发送信号星座图');
grid on;

%载波
h1t=A * cos(2 * pi * fc * t);
h2t=A * sin(2 * pi * fc * t);

[f3,h1tf]=T2F(t,h1t);

%生成 QPSK 信号
s_qpsk1=d_NRZ1(1:Lt). * h1t;                      %生成上支路调制信号
s_qpsk2=d_NRZ2(1:Lt). * h2t;                      %生成下支路调制信号

[f4,s_qpsk1f]=T2F(t,s_qpsk1);

[f5,s_qpsk2f]=T2F(t,s_qpsk2);
```

```
s_qpsk=s_qpsk1+s_qpsk2;                            %信号相加得到合路已调信号

[f6,s_qpskf]=T2F(t,s_qpsk);

%信道加入高斯白噪声-10dB进行接收解调
%产生-10dB高斯白噪声
m=1;
p1=-20;
noise = wgn(m,Lt,p1);

%接收信号
y_qpsk = s_qpsk + noise;

[f7,y_qpskf]=T2F(t,y_qpsk);

%相干解调
%通过乘法器1
r_qpsk1 = y_qpsk .* h1t;

%通过低通滤波器进行整形滤波
[f8,r_qpsk1f]=T2F(t,r_qpsk1);

B1=1;
[t1,r_qpsk11]=lpf(f8,r_qpsk1f,B1);

%抽样判决
dd11=r_qpsk11(fc*N_sample:2*fc*N_sample:end);  %在每个码元中间抽样

dd22=sign(dd11);                                  %判决
dd222=sigexpand(dd22,2*fc*N_sample);
d_NRZ11=conv(dd222,gt1);

%通过乘法器2
r_qpsk2 = y_qpsk .* h2t;

%通过低通滤波器
[f9,r_qpsk2f]=T2F(t,r_qpsk2);

B1=1;
[t2,r_qpsk21]=lpf(f9,r_qpsk2f,B1);

%抽样判决
dd33=r_qpsk21(fc*N_sample:2*fc*N_sample:end);  %在每个码元中间抽样
```

```
dd44=sign(dd33);                          %判决
dd444=sigexpand(dd44,2*fc*N_sample);
d_NRZ21=conv(dd444,gt1);                  %上支路解调判决后时域波形图

%星座图
figure(5);
subplot(1,2,2);
plot(r_qpsk11,r_qpsk21);
axis([-2,2,-2,2]);
xlabel('I');
ylabel('Q');
title('接收信号星座图');
grid on;

%并串转换
ddd=[];
for s=1:N/2
    ddd(2*s-1)=dd22(s);
    ddd(2*s)=dd44(s);
end

rddd=sigexpand(ddd,fc*N_sample);

%解调信号输出
r_qpsk=conv(rddd,gt);

[f10,r_qpskf]=T2F(t,r_qpsk(1:Lt));

%低通滤波器
function [t,st]=lpf(f,sf,B)
% This function filter an input data using a lowpass filter
% input:
%       f: frequency samples
%       sf: input data spectrum samples
%       B: lowpass's bandwidth with a rectangle lowpass
% output:
%       t: sample
%       st: output data's time samples

df = f(2)-f(1);
T = 1/df;
hf = zeros(1,length(f));
```

```
bf = [-floor(B/df):floor(B/df)]+floor(length(f)/2);
hf(bf) = 1;                                              %设计矩形窗
yf = hf . * sf;                                          %与矩形窗进行相乘滤波
[t,st] = F2T(f,yf);                                      %转换到时域
st = real(st);

%带通滤波器
function [t,st]=bpf(f,sf,B1,B2)
% input:
%      f: frequency samples
%      sf: input data spectrum samples
%      B1: bandpass's lower frequency
%      B2: bandpass's higher frequency
% Outputs:
%      t: frequency samples
%      st: out data's time samples

df=f(2)-f(1);
T=1/df;
hf=zeros(1,length(f));
bf=[floor(B1/df):floor(B2/df)];
bf1=floor(length(f)/2)+bf;
bf2=floor(length(f)/2)-bf;
hf(bf1)=1/sqrt(2*(B2-B1));
hf(bf2)=1/sqrt(2*(B2-B1));

yf=hf. * sf. * exp(-j * 2 * pi * f * 0.1 * T);
[t,st]=F2T(f,yf);

%计算信号的傅里叶变换
function[f,sf]=T2F(t,st);
%Input is the time and the signal vectors, the length of time must greater than 2
%Output is the frequency and the signal spectrum
dt=t(2)-t(1);
T=t(end);
df=1/T;
N=length(st);

f=-N/2 * df:df:N/2 * df-df;
sf=fft(st);
sf=T/N * fftshift(sf);

%计算信号的反傅里叶变换
```

```
function [t,st]=F2T(f,sf)
df=f(2)-f(1);
Fmx=(f(end)-f(1)+df);
dt=1/Fmx;
N=length(sf);
T=dt*N;


%t=-T/2:dt:T/2-dt;
t=0:dt:T-dt;

sff=fftshift(sf);
st=Fmx*ifft(sff);

%信号扩展函数
function [out]=sigexpand(d,M)
%将输入的序列扩展成间隔为N-1个0的序列，即将序列中间插入N个0
N=length(d);
out=zeros(M,N);
out(1,:)=d;
out=reshape(out,1,M*N);
```

# 实验二 MSK、GMSK调制及相干解调

```
clear all
clc
global dt df t f N
close all
pi=3.1415926;
fc=5;                          %单位:MHz
N=2^13;                        %采样点数
L=64;                          %每码元的采样点数
M=N/L;                         %码元数
Rb=2;                          %发送码元的信息速率: 2 Mb/s
Tb=1/Rb;                       %码元宽度: 0.5 μs
dt=Tb/L;
df=1/(dt*N);
T=N*dt;                        %截短时间
B=N*df/2;                      %系统带宽
t=[-T/2+dt/2:dt:T/2];          %时域横坐标
f=[-B+df/2:df:B];              %频域横坐标
```

```
EP=zeros(size(f));
EPg=zeros(size(f));
%
for ii=1:10;
for j=1:50;

%原始双极性不归零码
b=sign(randn(1,M));
for i=1:L,s(i+[0:M-1]*L)=b;end
%原始双极性不归零码的功率谱
P=t2f(s);
P=P.*conj(P)/T;
EP=(EP*(j-1)+P)/j;                  %RZ 功率谱的累计平均
end
Ps=10*log10(EP+eps);                %换算为 dB 值

%高斯滤波器的传递函数
Bb=Tb/0.3;
alpha=sqrt(logm(2)/2/Bb^2);
H=exp(-alpha^2*f.^2);

%预编码
a(1)=b(1);
for i=M:-1:2,a(i)=b(i)*b(i-1);end
for i=1:L,sa(i+[0:M-1]*L)=a;end

%高斯滤波后的双极性不归零码
send=real(f2t(t2f(s).*H));

%串并转换

%It
It=zeros(size(t));
for k=0:2*L:N-1;
    kk=1:2:2*L;
    kkk=1:L;
    It(k+kk)=send(k+kkk+L);
    It(k+kk+1)=send(k+kkk+L);
end

for k=N:-1:L+1,It(k)=It(k-L);end

%Qt
```

```
Qt=zeros(size(t));
for k=0:2*L:N-1;
    kk=1:2:2*L;
    kkk=1:L;
    Qt(k+kk)=send(k+kkk);
    Qt(k+kk+1)=send(k+kkk);
end

%Itt
Itt=It.*cos(pi*t/2/Tb);

%Qtt
Qtt=Qt.*sin(pi*t/2/Tb);

%GMSK 时域波形
gmsk=Itt.*cos(2*pi*fc*t)-Qtt.*sin(2*pi*fc*t);

%GMSK 功率谱
PP=t2f(gmsk);
Pa=PP.*conj(PP)/T;
EPg=(EPg*(ii-1)+Pa)/ii;                    %RZ 功率谱的累计平均
end

Pgmsk=10*log10(EPg+eps);                   %换算为 dB 值
%接收端
r=gmsk;

%接收端的低通滤波器，带宽为 Rb
LPF=zeros(size(f));
ai=(B-Rb)/2/B*size(f);
aj=(B+Rb)/2/B*size(f);
for k=(ai(1,2):aj(1,2)),LPF(k)=1;end

%接收端上支路 LPF 的输出，与 Itt 相似
RI=r.*cos(2*pi*fc*t);
RI=real(f2t(t2f(RI).*LPF));

%接收端下支路 LPF 的输出，与 Qtt 相似
RQ=-r.*sin(2*pi*fc*t);
RQ=real(f2t(t2f(RQ).*LPF));

%取样
RIt=RI(2*L:2*L:N);                         %上支路取样，每 2Tb 取样一个值，在整数处取样，-31
```

```
                                    -32，共 M/2=64 个
RQt=RQ(L:2*L:N);                    %下支路取样，每 2Tb 取样一个值，在整数+0.5 处取
                                      样，-31.5-31.5，共 M/2=64 个

%码型串并转换
Rt=zeros(1,M);
Rt(2:2:M)=RIt(1:M/2);
Rt(1:2:M-1)=RQt(1:M/2);

%判决
Rt=sign(Rt);
clear j;                            %清除原复数变量的定义
d(1)=j;
for i=2:M,d(i)=d(i-1)*j;end
e=Rt.*d;
for i=1:2:M,e(i)=imag(e(i));end
f=b-e;

%判决后的双极性不归零码
for i=1:L,sy(i+[0:M-1]*L)=e;end

%傅里叶变换
function X=t2f(x)
global dt df N t f T

%X=t2f(x)
%x 为时域的取样值矢量
%X 为 x 的傅里叶变换
%X 与 x 长度相同，并为 2 的整幂
%本函数需要一个全局变量 dt(时域取样间隔)

H=fft(x);
X=[H(N/2+1:N),H(1:N/2)]*dt;
%傅里叶反变换函数
function x=f2t(X)
global dt df t f T N

%x=f2t(X)
%x 为时域的取样值矢量
%X 为 x 的傅里叶变换
%X 与 x 长度相同并为 2 的整幂
%本函数需要一个全局变量 dt(时域取样间隔)
```

```
X=[X(N/2+1:N),X(1:N/2)];
x=ifft(X)/dt;
```

# 实验三　正交振幅调制(QAM)及解调

```
function project(N,p)
%  N为待仿真序列的长度
%  p为产生“1”的概率
%==============================
%首先产生随机二进制序列
N=input('请输入二进制序列的长度：N=');
p=input('请设定产生“1”的概率：p=');
source=randsrc(1,N,[1,0;p,1-p]);
figure(1);
stem(source);
axis([1 N -1 2]);
%s=source(N,p);
%==============================
%对产生的二进制序列进行QAM调制
[source1,source2]=Qam_modulation(source);
%====================================
%画出星座图
figure(2);
plot_astrology(source1,source2);
%==================================
%两路信号进行插值(8倍过采样)
sig_insert1=insert_value(source1,8);
sig_insert2=insert_value(source2,8);
%========================================
%画出两路信号的波形图
figure(3);
plot_2way(sig_insert1,sig_insert2,length(sig_insert1),0.5);
title('两路信号波形图');
%===========================================
%通过低通滤波器
[sig_rcos1,sig_rcos2]=rise_cos(sig_insert1,sig_insert2,0.25,2);
%===========================================
%画出两路信号的波形图
figure(4);
plot_2way(sig_rcos1,sig_rcos2,length(sig_rcos1)/4,0.5);
title('通过低通滤波器后两路信号波形图');
hold on
```

```
stem_2way(sig_insert1,sig_insert2,3,0.25,2,length(sig_rcos1)/4);
%============================================
%将基带信号调制到高频上
[t,sig_modulate]=modulate_to_high(sig_rcos1,sig_rcos2,0.25,2.5);
figure(5);
plot(t(1:500),sig_modulate(1:500));
title('载波调制信号图');
%============================================
%将滤波后的信号加入高斯白噪声
snr=10;
[x1,x2]=generate_noise(sig_rcos1,sig_rcos2,snr);
sig_noise1=x1';
sig_noise2=x2';
figure(6);
plot_2way(sig_noise1,sig_noise2,length(sig_noise1)/4,0.5);
title('加入高斯白噪声的两路信号波形图');
%============================================
%经过匹配滤波器
[sig_match1,sig_match2]=rise_cos(sig_noise1,sig_noise2,0.25,2);
figure(7);
plot_2way(sig_match1,sig_match2,length(sig_match1)/4,0.5);
title('经过匹配滤波器后');
%============================================
%采样
[x1,x2]=pick_sig(sig_match1,sig_match2,8);
sig_pick1=x1;
sig_pick2=x2;
%画出星座图
figure(8)
plot_astrology(sig_pick1,sig_pick2);
%============================================
%解调
signal=demodulate_sig(sig_pick1,sig_pick2);
r=signal;
%画出解调后的信号
figure(9);
stem(r);
axis([1 N -1 2]);

%QAM 调制函数
function [yy1,yy2]=Qam_modulation(x)
%对产生的二进制序列进行 QAM 调制
    %首先进行串并转换,将原二进制序列转换成两路信号
```

```
N=length(x);
a=1:2:N;
y1=x(a);
y2=x(a+1);
%分别对两路信号进行 QPSK 调制
%对两路信号分别进行 2~4 电平转换
a=1:2:N/2;
temp11=y1(a);
temp12=y1(a+1);
y11=temp11*2+temp12;
temp21=y2(a);
temp22=y2(a+1);
y22=temp21*2+temp22;
%对两路信号分别进行相位调制
yy1(find(y11==0))=-3;
yy1(find(y11==1))=-1;
yy1(find(y11==3))=1;
yy1(find(y11==2))=3;
yy2(find(y22==0))=-3;
yy2(find(y22==1))=-1;
yy2(find(y22==3))=1;
yy2(find(y22==2))=3;

%解调
function y=demodulate_sig(x1,x2)
%x1=[3 -1 -3 1];
%x2=[-3 1 3 -1];
xx1(find(x1>=2))=3;
xx1(find((x1<2)&(x1>=0)))=1;
xx1(find((x1>=-2)&(x1<0)))=-1;
xx1(find(x1<-2))=-3;
xx2(find(x2>=2))=3;
xx2(find((x2<2)&(x2>=0)))=1;
xx2(find((x2>=-2)&(x2<0)))=-1;
xx2(find(x2<-2))=-3;
%xxx1=xx1
%xxx2=xx2
temp1=zeros(1,length(xx1)*2);
temp1(find(xx1==-1)*2)=1;
temp1(find(xx1==1)*2-1)=1;
temp1(find(xx1==1)*2)=1;
temp1(find(xx1==3)*2-1)=1;
temp2=zeros(1,length(xx2)*2);
```

```
temp2(find(xx2==-1)*2)=1;
temp2(find(xx2==1)*2-1)=1;
temp2(find(xx2==1)*2)=1;
temp2(find(xx2==3)*2-1)=1;
%x11=temp1
%x22=temp2
n = length(temp1);
for i = 1:2:2*n-1
    y(i) = temp1((i+1)/2);
    y(i+1) = temp2((i+1)/2);
end

function [y1,y2]=generate_noise(x1,x2,snr)
%叠加高斯噪声
snr1=snr+10*log10(4);                    %符号信噪比
ss=var(x1+i*x2,1);
y=awgn([x1+j*x2],snr1+10*log10(ss/10),'measured');
y1=real(y);
y2=imag(y);

function [t,y]=modulate_to_high(x1,x2,f,hf)
%调制到载波
yo1=zeros(1,length(x1)*hf/f*10);
yo2=zeros(1,length(x2)*hf/f*10);
n=1:length(yo1);
yo1(n)=x1(floor((n-1)/(hf/f*10))+1);
yo2(n)=x1(floor((n-1)/(hf/f*10))+1);
t=(1:length(yo1))/hf*f/10;
y=yo1.*cos(2*pi*hf*t)-yo2.*sin(2*pi*hf*t);

function y=insert_value(x,ratio)
%两路信号进行插值
y=zeros(1,ratio*length(x));
a=1:ratio:length(y);
y(a)=x;

function [y1,y2]=rise_cos(x1,x2,fd,fs)
%升余弦滤波
[yf,tf]=rcosine(fd,fs,'fir/sqrt');
[yo1,to1]=rcosflt(x1,fd,fs,'filter/Fs',yf);
[yo2,to2]=rcosflt(x2,fd,fs,'filter/Fs',yf);
y1=yo1;
y2=yo2;
```

```
function [y1,y2]=pick_sig(x1,x2,ratio)
%采样
y1=x1(ratio*3*2+1:ratio:(length(x1)-ratio*3*2));
y2=x2(ratio*3*2+1:ratio:(length(x2)-ratio*3*2));

function plot_astrology(a,b)
%画出星座图
%figure(c)
subplot(1,1,1)
plot(a,b,'+');
axis([-5 5 -5 5]);
line([-5,5],[0,0],'LineWidth',3,'Color','red');
line([0,0],[-5,5],'LineWidth',3,'Color','red');
title('QAM 星座图');

function plot_2way(x1,x2,len,t)
%绘制正交信号图
subplot(2,1,2);
plot((1:len)*t,x2(1:len));
axis([0 len*t -4 4]);
hold on
plot((1:len)*t,x2(1:len),'.','color','red');
hold off
xlabel('虚部信号');
subplot(2,1,1);
plot((1:len)*t,x1(1:len));
axis([0 len*t -4 4]);
hold on
plot((1:len)*t,x1(1:len),'.','color','red');
xlabel('实部信号');
hold off

function stem_2way(x1,x2,delay,fd,fs,len)
%绘制滤波后的信号图
subplot(2,1,1);
hold on
stem(((1:len)+fs/fd*3)/fs,x1(1:len));
subplot(2,1,2);
hold on
stem(((1:len)+fs/fd*3)/fs,x2(1:len));
```

# 实验四　OFDM 调制及解调

```
clear all;
close all;
N=input('请输入码元数：');
SNR=input('请输入信噪比：');
xx=randint(1,4*N);                         %原序列
figure(1),stem(xx,'.k');                   %原序列图形
title('原序列');
B=0;
for m=1:4:4*N
    A=xx(m)*8+xx(m+1)*4+xx(m+2)*2+xx(m+3);
    B=B+1;
    ee(B)=A;
end
figure(2),stem(ee,'.b');
title('化为 0～15 的码元');
yy=star(ee,N);
  figure(3),plot(yy,'.r');                 %映射后的星座图
  title('映射后的星座图');
  ff=ifft(yy,N);                           %傅里叶反变换
  N1=floor(N*1/4);
  N3=floor(N*3/4);
  N5=floor(N*5/4);
  figure(4),stem(ff,'.m');
  title('傅里叶反变换后');
  for j=1:N1                               %加循环前缀
      ss(j)=ff(N3+j);
  end
  for j=1:N                                %变成长度为 N*5/4 的序列
      ss(N1+j)=ff(j);
  end
  figure(5),stem(ss,'.k');                 %画出图形
  title('加 N/4 循环前缀后');
  %ss=wgn(1,N5,0,10,'dBW','complex');
  ss=awgn(ss,SNR);                         %加入噪声
  figure(6),stem(ss,'.m');                 %加入噪声后的图形
  title('加入噪声后');
  zz=fft(ss((N1+1):N5),N);                 %傅里叶变换
  figure(7),plot(zz,'.b');                 %画图
  title('傅里叶变换后');
```

```
    rr=istar(zz,N);                        %星座图纠错
    figure(8),plot(rr,'.r');               %画图
    title('纠错后的星座图');
    dd=decode(rr,N);                       %解码
    figure(9),stem(dd,'.m');               %画图
    title('星座图纠错并解码后');
                                           %bb=d2b(dd,N);
    bb=d2bb(dd,N);                         %转化为0/1比特流
    figure(10),stem(bb,'.b');
    title('转化为0/1比特流后');

%星座图映射
function yy=star(xx,N)
B=[-3-3*i,-3-i,-1-3*i,-1-i,-3+3*i,-3+i,-1+3*i,-1+i,3-3*i,3-i,1-3*i,1
   -i,3+3*i,3+i,1+3*i,1+i];
for j=1:N
    yy(j)=B(xx(j)+1);
end

%星座图逆映射
function rr=istar(zz,N)
for j=1:N
    if(mod((floor(real(zz(j)))),2)==0)
        zz1(j)=ceil(real(zz(j)));
    else zz1(j)=floor(real(zz(j)));
    end
    if(mod((floor(imag(zz(j)))),2)==0)
        zz1(j)=zz1(j)+ceil(imag(zz(j)))*i;
    else zz1(j)=zz1(j)+floor(imag(zz(j)))*i;
    end
    rr(j)=zz1(j);
end

%十进制转二进制
function bb=d2b(dd,N)
for j=1:N*4
    bb(j)=0;
end
for j=1:4:N*4
    bb1=dec2bin(dd(floor(j/4)+1),4);
    for k=1:4
        bb(4*(j-1)+k)=bb1(k);
    end
```

```
end

%十进制转化为 0/1 比特流
function bb=d2bb(dd,N)
for j=1:N*4
    bb(j)=1;
end
j=1;
while(j<=N*4)
    N1=ceil(j/4);
    a4=mod(dd(N1),2);
    dd(N1)=floor(dd(N1)/2);
    a3=mod(dd(N1),2);
    dd(N1)=floor(dd(N1)/2);
    a2=mod(dd(N1),2);
    dd(N1)=floor(dd(N1)/2);
    a1=mod(dd(N1),2);
    bb(j)=a1;
    j=j+1;
    bb(j)=a2;
    j=j+1;
    bb(j)=a3;
    j=j+1;
    bb(j)=a4;
    j=j+1;
end

function yy=decode(rr,N)
for j=1:N
    switch(rr(j))                          %星座图逆映射
        case -3-3*i
            yy(j)=0;
        case -3-i
            yy(j)=1;
        case -1-3*i
            yy(j)=2;
        case -1-i
            yy(j)=3;
        case -3+3*i
            yy(j)=4;
        case -3+i
            yy(j)=5;
        case -1+3*i
```

```
            yy(j)=6;
        case -1+i
            yy(j)=7;
        case 3-3*i
            yy(j)=8;
        case 3-i
            yy(j)=9;
        case 1-3*i
            yy(j)=10;
        case 1-i
            yy(j)=11;
        case 3+3*i
            yy(j)=12;
        case 3+i
            yy(j)=13;
        case 1+3*i
            yy(j)=14;
        case 1+i
            yy(j)=15;
        otherwise break;
    end
end
```

# 实验五　m序列产生及其特性

```
clear
clc
G=63;                          % Code length
%Generation of first m-sequence using generator polynomial [45]
sd1 =[0 0 0 0 1];              % Initial state of Shift register
PN1=[];                        % First m-sequence
for j=1:G
    PN1=[PN1 sd1(5)];
    if sd1(1)==sd1(4)
        temp1=0;
    else temp1=1;
    end
    sd1(1)=sd1(2);
    sd1(2)=sd1(3);
    sd1(3)=sd1(4);
    sd1(4)=sd1(5);
    sd1(5)=temp1;
```

```
end
subplot(3,1,1)
stem(PN1)
title('M-sequence generated by generator polynomial [45]')

%Generation of second m-sequence using generator polynomial [67]
sd2 =[0 0 0 0 1];               % Initial state of Shift register
PN2=[];                         % Second m-sequence
for j=1:G
    PN2=[PN2 sd2(5)];
    if sd2(1)==sd2(2)
        temp1=0;
    else temp1=1;
    end
    if sd2(4)==temp1
        temp2=0;
    else temp2=1;
    end
    if sd2(5)==temp2
        temp3=0;
    else temp3=1;
    end
    sd2(1)=sd2(2);
    sd2(2)=sd2(3);
    sd2(3)=sd2(4);
    sd2(4)=sd2(5);
    sd2(5)=temp3;
end
subplot(3,1,2)
stem(PN2)
title('M-sequence generated by generator polynomial [67]')

%Generation of Third m-sequence using generator polynomial [75]
sd3 =[0 0 0 0 1];               % Initial state of Shift register
PN3=[];                         % Third m-sequence
for j=1:G
    PN3=[PN3 sd3(5)];
    if sd3(1)==sd3(2)
        temp1=0;
    else temp1=1;
    end
    if sd3(3)==temp1
        temp2=0;
```

```
        else temp2=1;
        end
        if sd3(4)==temp2
            temp3=0;
        else temp3=1;
        end
        sd3(1)=sd3(2);
        sd3(2)=sd3(3);
        sd3(3)=sd3(4);
        sd3(4)=sd3(5);
        sd3(5)=temp3;
end
subplot(3,1,3)
stem(PN3)
title('M-sequence generated by generator polynomial [75]')
```

# 实验六 Gold序列产生及其特性

```
%级数为7，度为127的平衡Gold序列，由m1序列和m2序列逐位模2加产生

function c=gold()
n=7;
%m1序列的多项式为211(8进制)
a=[1 1 1 1 1 1 1 1];                %m1序列各移位寄存器的初态值：a1至a8
co=[];
for v=1:2^n-1
    co=[co,a(1)];
    a(8)=mod(a(5)+a(1),2);
    a(1)=a(2);
    a(2)=a(3);
    a(3)=a(4);
    a(4)=a(5);
    a(5)=a(6);
    a(6)=a(7);
    a(7)=a(8);
end
m1=co;

b=[1 0 1 0 0 0 0 1];                %m2各移位寄存器的初态值：b1至b8
co=[];
for v=1:2^n-1
    co=[co,b(1)];
```

```
    m=mod(b(5)+b(1),2);
    p=mod(b(6)+m,2);
    b(8)=mod(b(7)+p,2);
    b(1)=b(2);
    b(2)=b(3);
    b(3)=b(4);
    b(4)=b(5);
    b(5)=b(6);
    b(6)=b(7);
    b(7)=b(8);
end
m2=co;

%生成 Gold 序列，两序列逐位模 2 加
c=xor(m1,m2);
```

# 实验七　Walsh 码与 OVSF 码产生及其特性

```
close all
clear all
global ovsf_codes
%产生 OVSF 码
spread_factor=input('请输入扩频因子：');
code_number=input('请输入码编号：');
if code_number>0 && code_number<=spread_factor
ovsf_code=ovsf_generator(spread_factor,code_number);
end
code_number2=input('请输入另外一个码编号：');
if code_number>0 && code_number<=spread_factor
ovsf_code2=ovsf_codes(code_number2,:)
end

figure(1),
title('生成的两个 OVSF 码序列');
subplot(211),stem(ovsf_code);
axis([0 spread_factor -2 2]);
subplot(212),stem(ovsf_code2);
axis([0 spread_factor -2 2]);


%计算自相关序列
print('自相关序列为：');
```

```
autocorelation_fun=corr(ovsf_code)

%计算互相关序列
print('互相关序列为：');
corelation_fun=corr(ovsf_code,ovsf_code2)

figure(2),
title('自相关与互相关函数');
subplot(211),plot(autocorelation_fun);
subplot(212),plot(corelation_fun);

%计算互相关函数
function r=corr(seq1,seq2)
if nargin==1                    %输入参数的个数
    seq2=seq1;
end
N=length(seq1);
for k=-N+1:-1
    seq2_shift=[seq2(k+N+1:N) seq2(1:k+N)];
    r(N+k)=seq1 * seq2_shift';
end
for k=0:N-1
    seq2_shift=[seq2(k+1:N) seq2(1:k)];
    r(N+k)=seq1 * seq2_shift';
end

%OVSF码生成函数
function ovsf_code=ovsf_generator(spread_factor,code_number)
ovsf_code=1;
global ovsf_codes
ovsf_codes=1;
if spread_factor==1
    return;
end
for i=1:1:log2(spread_factor)
      temp=ovsf_codes;
for j=1:1:size(ovsf_codes,1)
    if j==1
       ovsf_codes=[temp(j,:),temp(j,:); temp(j,:),(-1) * temp(j,:)];
    else
         ovsf_codes=[ovsf_codes; temp(j,:),temp(j,:); temp(j,:),(-1) * temp(j,:)];
    end
end
```

```
end
if code_number>0
    ovsf_code=ovsf_codes(code_number,:);
end
```

# 实验八　使用数字锁相环的载波恢复仿真

```
%频偏：－60Hz
%相偏：在 0－－2*pi 内随机分布

%程序及结果如下：
clear all;
close all;
%定义锁相环的工作模式：单载波为"1"，BPSK 调制为"2"，QPSK 调制为"3"
PLL_Mode = 3;
%仿真数据长度
Simulation_Length=1000;
%基带信号
if PLL_Mode == 1
I_Data=ones(Simulation_Length,1);
Q_Data=I_Data;
else if PLL_Mode == 2
I_Data=randint(Simulation_Length,1)*2-1;
Q_Data=zeros(Simulation_Length,1);
else
I_Data=randint(Simulation_Length,1)*2-1;
Q_Data=randint(Simulation_Length,1)*2-1;
end
end
Signal_Source=I_Data + j*Q_Data;
%载波信号
Freq_Sample=2400;                    %采样率，Hz
Delta_Freq=-60;                      %频偏，Hz
Time_Sample=1/Freq_Sample;
Delta_Phase=rand(1)*2*pi;            %随机初相，Rad
Carrier=exp(j*(Delta_Freq/Freq_Sample*(1:Simulation_Length)+Delta_Phase));
%调制处理
Signal_Channel=Signal_Source.*Carrier';
%%%%%%%%%%%%%%%%%%%%%%%%%%%%%%%%%%%%%%%%%%%%%
%以下为锁相环处理过程
%%%%%%%%%%%%%%%%%%%%%%%%%%%%%%%%%%%%%%%%%%%%%
%参数清零
```

```
Signal_PLL=zeros(Simulation_Length,1);
NCO_Phase = zeros(Simulation_Length,1);
Discriminator_Out=zeros(Simulation_Length,1);
Freq_Control=zeros(Simulation_Length,1);
PLL_Phase_Part=zeros(Simulation_Length,1);
PLL_Freq_Part=zeros(Simulation_Length,1);
%环路处理
C1=0.22013;
C2=0.0024722;
for i=2:Simulation_Length
Signal_PLL(i)=Signal_Channel(i) * exp(-j * mod(NCO_Phase(i-1),2 * pi));
I_PLL(i)=real(Signal_PLL(i));
Q_PLL(i)=imag(Signal_PLL(i));
if PLL_Mode == 1
Discriminator_Out(i)=atan2(Q_PLL(i),I_PLL(i));
else if PLL_Mode == 2
Discriminator_Out(i)=sign(I_PLL(i)) * Q_PLL(i)/abs(Signal_PLL(i));
else
Discriminator_Out(i)=(sign(I_PLL(i)) * Q_PLL(i)-sign(Q_PLL(i)) * I_PLL(i))...
/(sqrt(2) * abs(Signal_PLL(i)));
end
end
PLL_Phase_Part(i)=Discriminator_Out(i) * C1;
Freq_Control(i)=PLL_Phase_Part(i)+PLL_Freq_Part(i-1);
PLL_Freq_Part(i)=Discriminator_Out(i) * C2+PLL_Freq_Part(i-1);
NCO_Phase(i)=NCO_Phase(i-1)+Freq_Control(i);
end
%画图显示结果
figure
subplot(2,2,1)
plot(-PLL_Freq_Part(2:Simulation_Length) * Freq_Sample);
grid on;
title('锁相环频率响应曲线');
axis([1 Simulation_Length -100 100]);
subplot(2,2,2)
plot(PLL_Phase_Part(2:Simulation_Length) * 180/pi);
title('锁相环相位响应曲线');
axis([1 Simulation_Length -2 2]);
grid on;
%设定显示范围
Show_D=300;                        %起始位置
Show_U=900;                        %终止位置
Show_Length=Show_U-Show_D;
```

```
subplot(2,2,3)
plot(Signal_Channel(Show_D:Show_U),'*');
title('进入锁相环的数据星座图');
axis([-2 2 -2 2]);
grid on;
hold on;
subplot(2,2,3)
plot(Signal_PLL(Show_D:Show_U),'r*');
grid on;
subplot(2,2,4)
plot(Signal_PLL(Show_D:Show_U),'r*');
title('锁相环锁定及稳定后的数据星座图');
axis([-2 2 -2 2]);
grid on;

figure
%设定显示范围
Show_D=300;                              %起始位置
Show_U=350;                              %终止位置
Show_Length=Show_U-Show_D;
subplot(2,2,1)
plot(I_Data(Show_D:Show_U));
grid on;
title('I路信息数据');
axis([1 Show_Length -2 2]);
subplot(2,2,2)
plot(Q_Data(Show_D:Show_U));
grid on;
title('Q路信息数据');
axis([1 Show_Length -2 2]);
subplot(2,2,3)
plot(I_PLL(Show_D:Show_U));
grid on;
title('锁相环输出I路信息数据');
axis([1 Show_Length -2 2]);
subplot(2,2,4)
plot(Q_PLL(Show_D:Show_U));
grid on;
title('锁相环输出Q路信息数据');
axis([1 Show_Length -2 2]);
```

# 实验九　Rake 接收机仿真

```
clear all;
Numusers = 1;
Nc = 16;                                 %扩频因子
ISI_Length = 1;                          %每径延时为 ISI_Length/2
EbN0db = [0:1:30];                       %信噪比，单位 dB
Tlen = 8000;                             %数据长度

%误比特率的初始值
Bit_Error_Number1 = 0;
Bit_Error_Number2 = 0;
Bit_Error_Number3 = 0;

%每径功率因子
power_unitary_factor1 = sqrt( 6/9 );
power_unitary_factor2 = sqrt( 2/9 );
power_unitary_factor3 = sqrt( 1/9 );

s_initial = randsrc( 1, Tlen );          %数据源

%产生 Walsh 矩阵
wal2 = [ 1 1; 1 -1 ];
wal4 = [wal2 wal2; wal2 wal2 * (-1)];
wal8 = [wal4 wal4; wal4 wal4 * (-1)];
wal16 = [wal8 wal8; wal8 wal8 * (-1)];

%扩频
s_spread = zeros( Numusers, Tlen * Nc );
ray1 = zeros( Numusers, 2 * Tlen * Nc );
ray2 = zeros( Numusers, 2 * Tlen * Nc );
ray3 = zeros( Numusers, 2 * Tlen * Nc );
for i = 1:Numusers
    x0 = s_initial( i,: ).' * wal16( 8,: );
    x1 = x0.';
    s_spread( i,: ) = ( x1(:) ).';
end
%将每个扩频后的输出重复为两次，有利于下面的延迟（延迟半个码元）
ray1( 1:2:2 * Tlen * Nc - 1 ) = s_spread( 1:Tlen * Nc );
ray1( 2:2:2 * Tlen * Nc ) = ray1( 1:2:2 * Tlen * Nc - 1 );
```

```
%产生第二径和第三径信号
ray2( ISI_Length + 1:2 * Tlen * Nc ) = ray1( 1:2 * Tlen * Nc - ISI_Length );
ray2( 2 * ISI_Length + 1:2 * Tlen * Nc ) = ray1( 1:2 * Tlen * Nc - 2 * ISI_Length );

for nEN = 1:length( EbN0db )
    en = 10^( EbN0db(nEN)/10 );          %将 Eb/N0 的 dB 值转化成十进制数值
    sigma = sqrt( 32/(2 * en) );
    %接收到的信号 demp
    demp = power_unitary_factor1 * ray1+...
           power_unitary_factor2 * ray2+...
           power_unitary_factor3 * ray3+...
           ( rand( 1,2 * Tlen * Nc )+randn( 1,2 * Tlen * Nc ) * i ) * sigma;
    dt = reshape( demp,32,Tlen )';
    %将 Walsh 码重复为两次
    wal16_d(1:2:31) = wal16(8,1:16);
    wal16_d(2:2:32) = wal16(8,1:16);
    %解扩后 rdata1 为第一径输出
    rdata1 = dt * wal16_d(1,:).';
    %将 Walsh 码延迟半个码片
    wal16_delay1(1,2:32) = wal16_d(1,1:31);
    %解扩后 rdata2 为第二径输出
    rdata2 = dt * wal16_delay1(1,:).';
    %将 Walsh 码延迟一个码片
    wal16_delay2(1,3:32) = wal16_d(1,1:30);
    wal16_delay2(1,1:2) = wal16_d(1,31:32);
    %解扩后 rdata3 为第三径输出
    rdata3 = dt * wal16_delay2(1,:).';

    p1 = rdata1' * rdata1;
    p2 = rdata2' * rdata2;
    p3 = rdata3' * rdata3;
    p = p1 + p2 + p3;
    u1 = p1/p;
    u2 = p2/p;
    u3 = p3/p;

    %最大比合并
    rd_m1 = real( rdata1 * u1+rdata2 * u2+rdata3 * u3);
    %等增益合并
    rd_m2 = (real(rdata1+rdata2+rdata3))/3;
    %选择式合并
    u = [u1,u2,u3];
    maxu = max(u);
```

```
        if(maxu==u1)
            rd_m3 = real(rdata1);
        else
            if(maxu==u2)
                rd_m3 = real(rdata2);
            else rd_m3 = real(rdata3);
            end
        end

        %三种方法判决输出
        r_Data1 = sign(rd_m1)';
        r_Data2 = sign(rd_m2)';
        r_Data3 = sign(rd_m3)';
        %计算误比特率
        Bit_Error_Number1 = length(find(r_Data1(1:Tlen) ~= s_initial(1:Tlen)));
        Bit_Error_Rate1(nEN) = Bit_Error_Number1/Tlen;
        Bit_Error_Number2 = length(find(r_Data2(1:Tlen) ~= s_initial(1:Tlen)));
        Bit_Error_Rate2(nEN) = Bit_Error_Number2/Tlen;
        Bit_Error_Number3 = length(find(r_Data3(1:Tlen) ~= s_initial(1:Tlen)));
        Bit_Error_Rate3(nEN) = Bit_Error_Number3/Tlen;
    end

    semilogy(EbN0db,Bit_Error_Rate1,'r*-');hold on;
    semilogy(EbN0db,Bit_Error_Rate2,'bo-');hold on;
    semilogy(EbN0db,Bit_Error_Rate3,'g.-');
    legend('最大比合并','等增益合并','选择式合并');
    xlabel('信噪比');
    ylabel('误比特率');
    title('三种主要分集合并方式性能比较');
```

# 实验十　数字通信系统误码率的仿真

```
    %本仿真以 QAM 调制为例,QAM 调制解调部分请参见实验三
    clear;
    %用来仿真 QAM 的误比特率
    snr=1:1:11;
    %先来计算理论误比特率
    error_theory=(1-(1-(2*(1-1/sqrt(16))*1/2*erfc(1/sqrt(2)*sqrt(3*4*10.^(snr/10)...
/(16-1))))).^2)/4;
    %用理论的误比特率来决定需要仿真的点数
    N=floor(1./error_theory)*100+100;            %floor 表示取整
    N(find(N<5000))=5000;
```

```
%开始仿真
p = 0.5;                                    %产生1的概率
for i=1:length(N);
    %首先产生随机二进制序列
    source=randsrc(1,N(i),[1,0;p,1-p]);
    %对产生的二进制序列进行QAM调制
    [source1,source2]=Qam_modulation(source);
    %插值
    sig_insert1=insert_value(source1,8);
    sig_insert2=insert_value(source2,8);
    [source1,source2]=rise_cos(sig_insert1,sig_insert2,0.25,2);
    %将滤波后的信号加入高斯白噪声
    [x1,x2]=generate_noise(source1',source2',snr(i));
    sig_noise1=x1';
    sig_noise2=x2';
    [sig_noise1,sig_noise2]=rise_cos(sig_noise1,sig_noise2,0.25,2);
    [x1,x2]=pick_sig(sig_noise1,sig_noise2,8);
    sig_noise1=x1;
    sig_noise2=x2;
    %解调
    signal=demodulate_sig(sig_noise1,sig_noise2);
    %计算误比特率
    error_bit(i)=length(find(signal-source)~=0)/N(i);
end;
%画出图形
semilogy(snr,error_bit,'-*b');
hold on
semilogy(snr,error_theory,'-+r');
grid on
legend('实际值','理论值','location','NorthEast');
```

# 附录Ⅱ　Agilent E4445A 频谱分析仪使用说明

## 一、硬件介绍

E4445A 是安捷伦(Agilent)公司的 PSA 系列高性能频谱分析仪中的一种，用于测量及监测高达 13.2 GHz 的复杂 RF 及微波信号，如图附 1 所示。

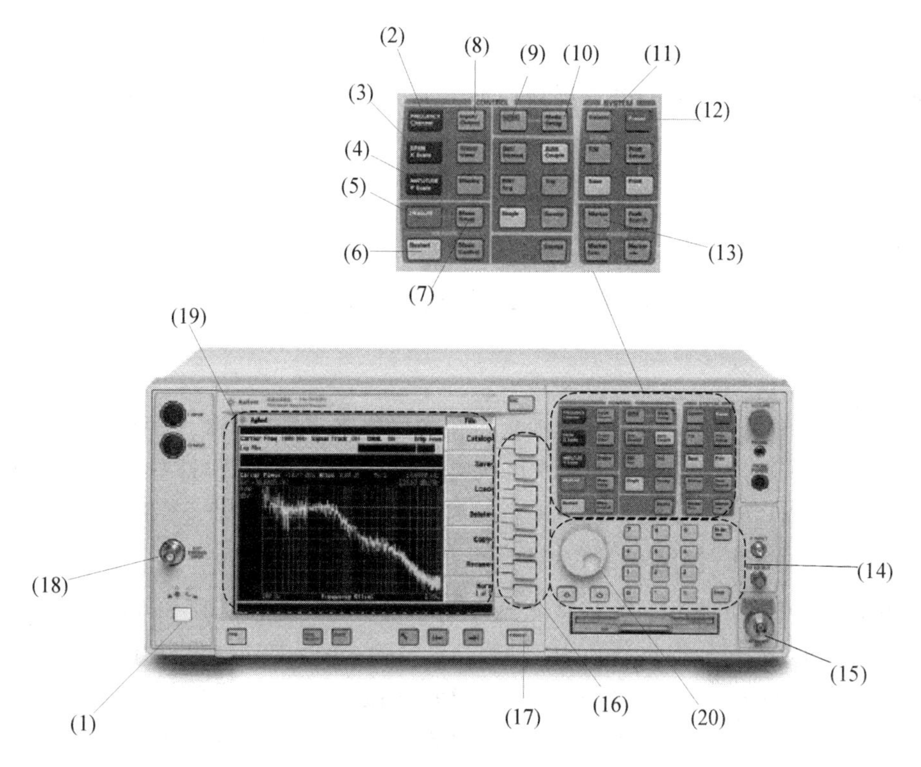


图附 1　安捷伦 E4445A 频谱分析仪

E4445A 频谱分析仪前置面板的各功能模块介绍如下。

(1) 开关按钮(On/Off)：开始通电时黄灯亮，当按下 On 按钮时绿灯亮，将启动频谱仪。

(2) 频率信道(Frequency Channel)：当按下此按钮时，可以设置频谱仪的中心频率，单位有 Hz、kHz、MHz、GHz。

(3) 频率跨度(Span)：设置显示面板显示的频率范围，默认即为频谱仪的最大范围，即 3 Hz～13.2 GHz。

(4) Y 幅度(Y Amplitude)：设置 Y 轴方向的幅度范围。

(5) 测量(Measure)：按下此按钮将在显示面板中显示出一系列针对当前模式的测量指标。

(6) 重启(Restart)：按下此按钮将根据当前设置重新测量。

(7) 测量设置(Meas Setup)：按下此按钮设置相应的测量指标。

(8) 输入/输出(Input/Output)：设置输入/输出相关参数。

(9) 模式(Mode)：按下此按钮可以设置频谱仪中已安装的相关分析软件。

(10) 模式设置(Mode Setup)：按下此按钮可以设置当前选定模式中的相关参数。

(11) 系统(System)：频谱仪系统选项，可设置系统时间、地址等参数。

(12) 预设(Preset)：按此按钮则使频谱仪回到刚开机的状态。

(13) 标记(Marker)：给显示面板中显示的波形或图像添加标记。

(14) 键盘区域：此区域为数字按键及符号。

(15) 射频输入端口(RF Input Port)：用于外接输入射频信号，最大输入功率标注在接口旁。

(16) 显示面板子菜单按钮：这些按钮用于不同模式下显示面板内出现的子菜单的选择。

(17) 返回(Return)：按下此按钮可以返回前一显示页面；若处于此菜单的第一个页面，按下此按钮将退出此菜单。

(18) 外部激励输入(EXT Trigger Input)：输入外部激励信号。

(19) 显示菜单(Display Menu)：此区域为当前模式或测量下的子菜单，可以对模式或测量作进一步的设置，显示为灰色时为不可用。

(20) 旋钮：左右转动旋钮可以调节数值的减加或 Marker 的位置。

## 二、常用操作

频谱仪的基本和常用操作都是通过对面板按钮的操作来实现的。使用面板键时，一个常见的菜单会显示在屏幕的右边，如附图 1 中区域(19)右边所示，而操作这些菜单是通过区域(14)中的按钮来实现的。

### 1. 输入数据

可利用下面的按键输入数据：数字键(0 到 9)、小数点键、退格(BK SP)或减号(—)键。如果使用数字键时出错，可用退格(BK SP)键删除最近输入的数字。如果没有输入任何数据，按 BK SP 键输入一个减号(—)。数据输入后，按 Enter 键或其他单位键之一完成操作。如果显示分析单位已经预先确定，可用数据旋钮来精确输入数据，这便于很好地调节已经输入的数据。例如，利用数据旋钮去设置参考电平为 0.5 dBm，顺时针旋转旋钮，将以 0.1 dBm 的增量增加参考电平。

### 2. 显示频谱及波形

频谱仪开机后，将自动进入频谱监测界面。也可按“Mode”，选择子菜单中的“Spectrum”进行频谱分析。进一步按“Frequency Channel”设置中心频率或起止频率，这样便于分析所要观察的某个特定频段的射频信号。按“Span”按钮也可以调节显示的频率范围。按“Y Amplitude”则调节显示信号的幅度。

也可以用“Marker”对监测的信号做标记，Marker 在什么位置，面板上会显示出 Marker 处的频率和幅度，这样便于精确定位信号的频率。转动旋钮也可以调节 Marker 在图像上的位置，使其左右移动。

按“Mode”选“Basic”，则进入时域波形的分析，同样也可设置 Marker 观察某个时刻的信号幅度。

**3. 测量指标**

在“Spectrum”或“Basic”模式下，都有很多测量指标供选用。例如，测量频谱时，有“OBW”测量，即选择右边面板上的“Measure”键，在子菜单内选择“OBW”，则测量信号的占据带宽，屏幕下方会显示出动态变化的测量结果，屏幕上也会出现不同颜色的直线以显示限定的占据带宽。

# 附录Ⅲ　Agilent 89600 VSA 矢量信号分析软件介绍

89600 VSA 是 Agilent 公司推出的与 E4445A 等频谱分析仪配套的矢量信号分析软件，使用它能够在原有频谱分析仪的基础上，大大扩充其功能和灵活性。

## 一、安装及连接

软件试用版本可以在网址 http://www.home.agilent.com/agilent/editorial.jspx?cc=CN&lc=chi&ckey=1303376&nid=-11143.0.00&id=1303376&pselect=SR.General 下载得到，获得 14 天的免费试用期。

安装硬件要求 CPU 版本为 Pentium 或 AMD K-6 及以上，内存 512M 及以上，操作系统为 Windows XP 及以上。需要有 Windows Installer 引导程序。安装界面如图附 2 所示。

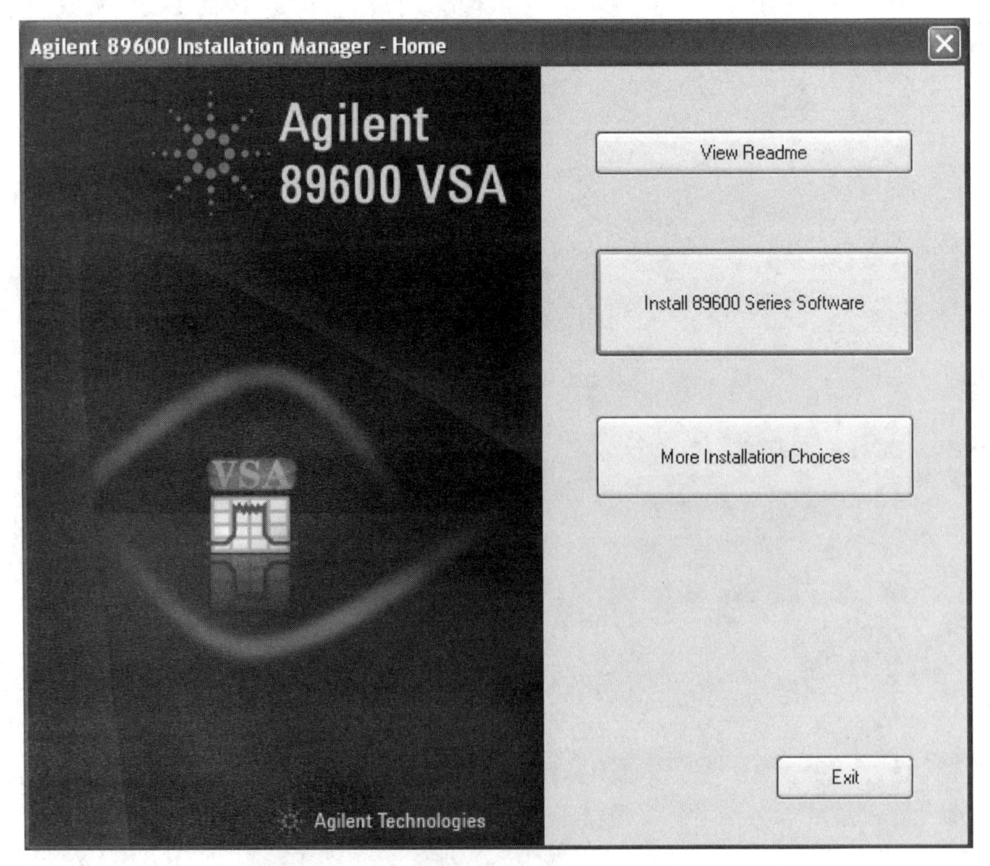


图附 2　安装界面

安装过程简单，主要问题是软件与频谱仪连接时，需要在 Agilent 官方网站免费下载

Agilent IO Libraries Suite，安装此套件，使用其中的 Agilent Connection Expert 功能进行连接。频谱仪与 PC 机之间使用普通的双绞线连接即可，也可使用 GPIB。

使用双绞线连接时，需要将频谱仪与 PC 机的 IP 地址设置在同一网段，例如，若频谱仪 IP 地址为 192.168.156.50，则 PC 机的 IP 可设置为 192.168.156.51。IP 地址可以随便设置，只要在同一网段即可。在安装的 IO Library 中启动 Agilent Connection Expert，点击 Add an instrument，选择 LAN，再配置相关参数（主要是 IP 地址）即可。正确添加后，在 Instrument I/O on this PC 中会显示出 LAN，还会标出连接设备的型号及 IP。

## 二、软件主界面

图附 3 显示了软件的主界面，分别有菜单栏、工具栏和显示窗口。当前显示了两个拆分窗口。可以点击“Stacked 2”后的“▼”，打开下拉菜单，设置显示的窗口数。最多可同时显示 6 个窗口，分别编号为 A、B、…、F。点击当前拆分窗口，再选择工具栏中带圈的 A、B、…、F，即可选择当前拆分窗口中的显示内容。

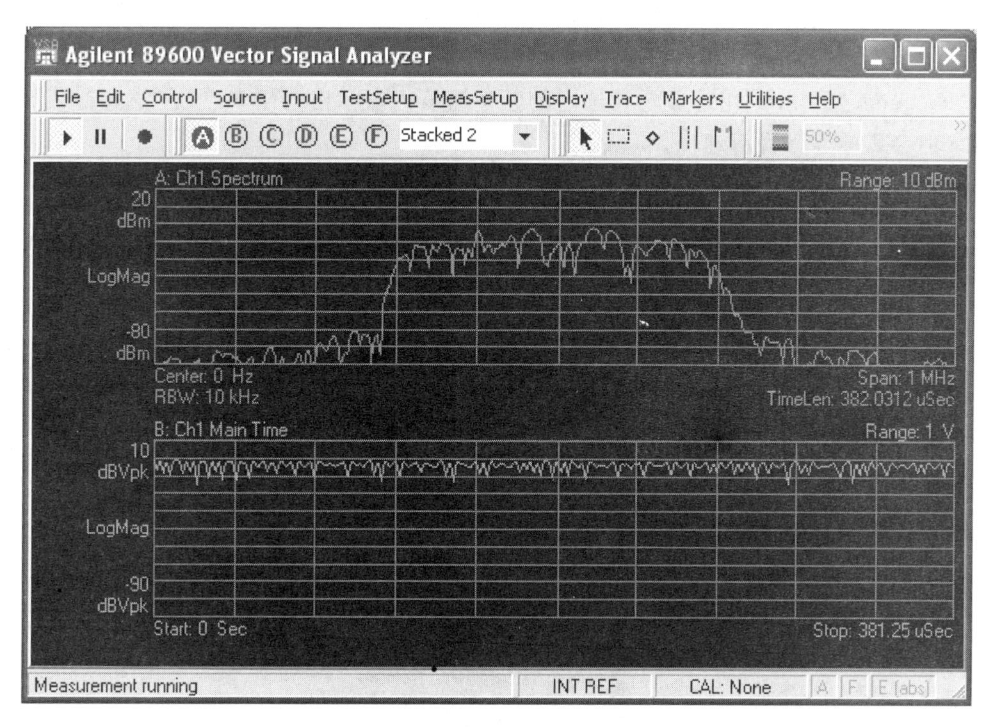


图附 3　软件主界面

## 三、常用功能

使用菜单栏中的“File”，打开下拉菜单，可以选择打开已存储的分析数据或保存当前正在测量的数据。其打开功能通常使用软件内置的“Player”，使用它可以像播放视频文件那样方便地观察已存储数据。Player 的界面如图附 4 所示。

保存时有多种选项，可以保存整个测量过程，也可以保存某个拆分窗口中的部分数据，甚至是配置参数。

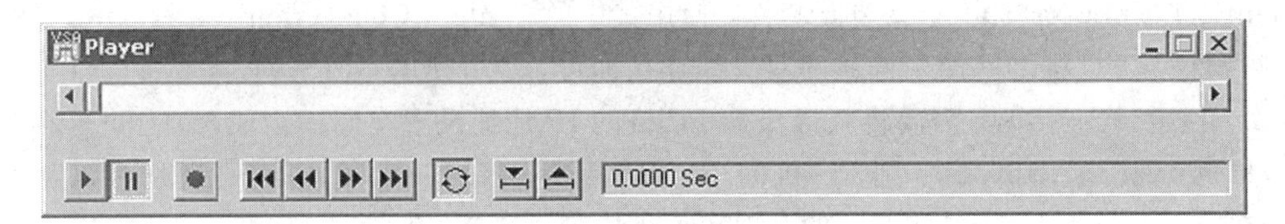


图附 4　Player 的界面

常用的“Control”功能是用来控制软件与硬件平台的连接，在关掉软件之前，务必先在“Control”里点击“Disconnect”，以断开与硬件的连接，如果直接关闭软件易造成硬件的死机。

“Source”用来选择输入源，有两个选项，“Hardware”和“Recording”，可以选择读取硬件输入还是 PC 中已保存的数据。

“Input”中的“Range”可以用来设置输入信号的幅度范围，以便更清晰地观察信号。

“MeasSetup”是最常用的，如图附 5 所示，其中的“Frequency”选项用来设置信号测量的频率，与频谱仪一样，可以设置中心频率或起止频率范围；“Span”用来设置窗口中显示的频率跨度，对于不同的信号，软件中有不同的预设最大跨度，即“Full Span”。“ResBW”用来设置软件的分辨带宽，一般来说，设置得越小，频率检测精度越高，但也有些情况不适合选的太小。“Frequency Points”用来显示在选定的频率跨度内显示出的频率点数，选得越大则图像越精确，但会影响软件计算速度。

图附 5　MeasSetup 选项卡

“Help”中包括很多内容，既有对软件操作的说明，又有专业知识、测量原理的介绍，初学者要学会经常使用“Help”。

工具栏上的“◇”也是常用功能，与频谱仪上的“Marker”一样，使用它能够精确知道图像上某个点处的频率、幅度、时间等信息。开关按钮则用来开始或暂停信号的输入和分析。

## 四、测量指标

软件提供了 GSM、3G(包括 CDMA2000、WCDMA、TD-SCDMA)、4G(LTE、WiMAX)、WLAN 等通信制式的解调及分析功能，还有对单个技术，如 OFDM、MIMO 等的测量分析，功能非常强大。对于不同的信号，软件有对应不同的测量指标。其中最常用的包括频谱分析、码域功率分析、星座图、时域信号分析、CDF、CCDF、PDF、EVM、波形质量，等等。

# 参 考 文 献


[1] 章坚武. 移动通信[M]. 4 版. 西安:西安电子科技大学出版社,2013.

[2] 邵玉斌. Matlab/Simulink 通信系统建模与仿真实例分析[M]. 北京:清华大学出版社,2008.

[3] 章坚武,张磊,姚英彪. 移动通信实验改革与实践[J]. 杭州电子科技大学学报:社会科学版,2010,6(4):62-63.

[4] 曹志刚,钱亚生. 现代通信原理[M]. 北京:清华大学出版社,2004.

[5] 佟学俭,罗涛. OFDM 移动通信技术原理与应用[M]. 北京:人民邮电出版社,2003.

[6] Proakis J G. Digital Communications[M]. 4th ed. Publishing House of Electronics Industry,2006.

[7] 廖晓滨,赵熙. 第三代移动通信网络系统技术、应用及演进[M]. 北京:人民邮电出版社,2008.

[8] 吴中一. 伪随机序列技术[M]. 哈尔滨:哈尔滨工业大学出版社,1986.

[9] 曾兴雯,刘乃安,孙献璞. 扩展频谱通信及其多址技术[M]. 西安:安电子科技大学出版社,2004.

[10] (美)李(Lee J S),米勒(Miller L). CDMA 系统工程手册[M]. 许希斌,等译. 北京:人民邮电出版社,2001.

[11] 杨大成,等. cdma2000 1x 移动通信系统[M]. 北京:机械工业出版社,2003.

[12] 章坚武,等. CDMA2000 信号的实时捕获及分析[J]. 实验室研究与探索,2011,30(1):75-77.

[13] 章坚武,崔璐璐,张磊. WCDMA 信号的实时捕获及分析[J]. 实验室研究与探索,2011,30(5):46-49.

[14] 章坚武,张磊,姚英彪. TD-SCDMA 信号的实时捕获及分析[J]. 电气电子教学学报,2012,34(1):55-58.

[15] 李世鹤. TD-SCDMA 第三代移动通信系统标准[M]. 北京:人民邮电出版社,2003.

[16] 赵长奎. GSM 数字移动通信应用系统[M]. 北京:国防工业出版社,2001.

[17] 钟章队,蒋文怡,李红君,等. GPRS 通用分组无线业务[M]. 北京:人民邮电出版社,2001.

[18] ETSI. Digital cellular telecommunications system (Phase 2+);AT command set for GSM Mobile Equipment (ME)(GSM 07.07 version 7.3.0 Release 1998)[S]. European Telecommunications Standards Institute,1999.

[19] Agilent Technologies. E4438C ESG Vector Signal Generator User's Guide (Chinese)[S]. Agilent Technologies,2002.

[20] Agilent Technologies. 89600 VSA Software Installation and VXI Service Guide[S]. Agilent Technologies,2010.